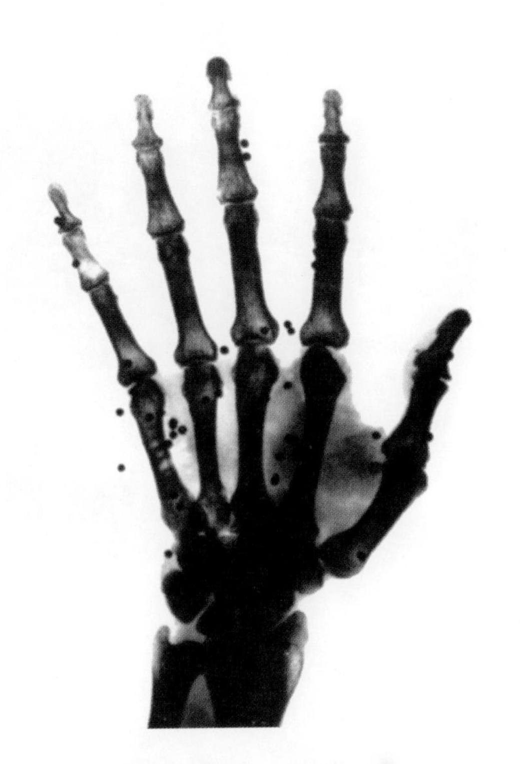

测量的故事

测量的故事

［英］ 安德鲁·鲁滨逊 著

《测量的故事》编译组 译

中国质检出版社

北 京

图书在版编目（CIP）数据

测量的故事 /（英）鲁滨逊著；《测量的故事》编译组译 .—北京：中国质检出版社，2017.1
ISB 978-7-5026-4263-1

I. ①测…　Ⅱ . ①鲁…　②测…　Ⅲ . ①测量—普及读物　Ⅳ . ① P2—49

中国版本图书馆 CIP 数据核字（2016）第 043543 号

中国质检出版社　出版发行
北京市朝阳区和平里西街甲 2 号（100029）
北京市西城区三里河北街 16 号（100045）
网址：www.spc.net.cn
总编室：（010）68533533　发行中心：（010）51780238
读者服务部：（010）68523946
北京利丰雅高长城印刷有限公司
各地新华书店经销

*

开本 880×1230　1/16　印张 14.25　字数 300 千字
2017 年 1 月第 1 版　　2017 年 1 月第 1 次印刷

*

定价：98.00 元

编 译 组 名 单

徐学林　　刘　军　　陈杭杭　　李孟婉

徐文见　　劳嫦娟　　胡志雄

科 普 顾 问

肖　健

献给世界上最有“创造力”的物理学家菲利普·安德森（Phil Anderson）（论文参考文献与引用数为 36.9），以示钦佩和感激。

左图：16 世纪后叶弗拉芒画派的《测量员》（*The Measurers*）。图中描绘了仪器制造、音乐、称重、用仪器测量、检查、称量谷物和丈量布匹等情景。

作者的话

本书脱胎于我前几本书的研究，首先是20世纪80年代末期的《世界的形状》（*The Shape of the World*），最后是19世纪博学家和一流测量员托马斯·杨（Thomas Young）的传记《最后的文艺复兴者》（*The Last Man Who Knew Everything*）。托马斯·杨在自序中写道：“对人类而言最好的便是：部分研究者的研究在某个狭窄的领域内让人折服，而其他的则在更广泛的研究圈子中迅速传播。”不论明智与否，我已受到托马斯·杨方方面面事迹的影响，开始思考用简短的文章来讲述所有关于测量的故事。非常感谢吉姆·贝内特（Jim Bennett）、乔纳森·鲍文（Jonathan Bowen）、维姬·鲍曼（Vicky Bowman）、马丁·因斯（Martin Ince）、克里斯托弗·菲普斯（Christopher Phipps）、大卫·史普林斯（David Sprigings）、安德鲁·托德-泼克洛皮克（Andrew Todd-Pokropek）以及克里斯托弗·伍德（Christopher Wood）所提的建议。

本书大部分采用米制单位，适当时有一些英制单位，在参考历史文献中保留了原来的单位。

第 Ⅰ 页图：1896 年 2 月，美国所拍的首批医用 X 光片之一。图片显示了在一次猎枪走火事故后，埋在一个男人手掌中的散碎弹片。

第 Ⅱ ~ Ⅲ 页图：公元前 2000 年的《埃及亡灵书》（*The Egyptian Book of the Dead*）中对死者的审判。用玛特（真理正义之神）的羽毛来称量死者的心脏。

译者序

测量具有悠久的历史，是人类文明繁荣的必要条件。人类对数和量的认识，可以追溯到原始社会。原始的测量几乎和人类本身一样古老。现今发现的最早泥板文献来自美索不达米亚，刻于公元前 4000 年末，记录了劳动力等级制度和国家机构发放给劳动者的口粮数量。我国古代早期，民间确定测量单位量值的方法则是“布手知尺，布指知寸”。所有测量都力图用数字和统计来简化和表达世界。

随着人类进步，测量范围不断扩大，测量精度也逐步提高，出现了专用的测量单位和器具。随着朝代更迭，制度变迁，这些测量单位和器具既传承又变化。

当今世界测量已经与人们的生活方式紧密相连，测量无处不在，例如时钟、电表、温度计、衣服尺码、食品保质期、酒精含量、体育比赛成绩、银行账户、互联网协议、无线电频率、问卷调查、人口普查以及其他形式的测量。发达国家的政府通过精密测量和税收对现代城市进行管理。英国科学家开尔文勋爵说：“实现测量并能用数量表述，才算真知；不能测量又不能用数量表述，说明学识浅薄、知之不够。”

测量技术的发展与经济、社会发展需求相适应。大规模机械生产的发展，对零部件提出了互换性要求。贸易活动的日益扩大提出了建立统一的测量标准的要求。一旦这些标准建立起来，不同人在不同时间、地点进行的测量过程就有了统一的依据，测量结果可以相互比较。也就是说，测量过程可以溯源到统一的标准。这种可以溯源到统一标准的测量就称为计量，而统一的标准就是计量标准。关于测量及其应用的科学称为计量学。虽然计量学在公众心目中，甚至在学术界都没有太高的名气，但计量学的研究却为世界性的测量体系的建立提供了技术基础。我国政府在过去几十年来，一直对计量工作给予充分的重视。1999 年，中国计量科学研究院代表中国政府正式签署了《国家计量基（标）准互认和国家计量院签发的校准与测量证书互认》协议。目前我国已有 1266 项国际互认的计量标准，排名亚洲第一，世界第四。一批前沿的科研成果达到国际先进水平，一批自主科研成果服务我国经济和社会发展需求，但仍存在重技术，轻

“文化”现象。世界各国的计量都对世界文化的发展和传承有着深远的影响。《测量的故事》这本书给我们阐述了广泛的测量，小到“原子”和“思想”，大到“宇宙”和“社会”。通过一系列测量的故事，向读者展示了测量的世界、计量的历史，深入浅出、感同身受。

本书适合所有对测量以及计量文化感兴趣的人员阅读。

中国质检出版社为本书从策划到出版提供了有力帮助和支持，国家质检总局计量司及北京市科协对本书的出版提供了经费支持，在此表示衷心的感谢。本书主要由中国计量科学研究院的同志完成翻译并审读，由于专业知识和时间的限制，书中肯定会有不妥之处，恳请各位读者对本书提出批评和建议，以便于我们不断修订、完善。

《测量的故事》编译组

2016 年 6 月

北京

目录

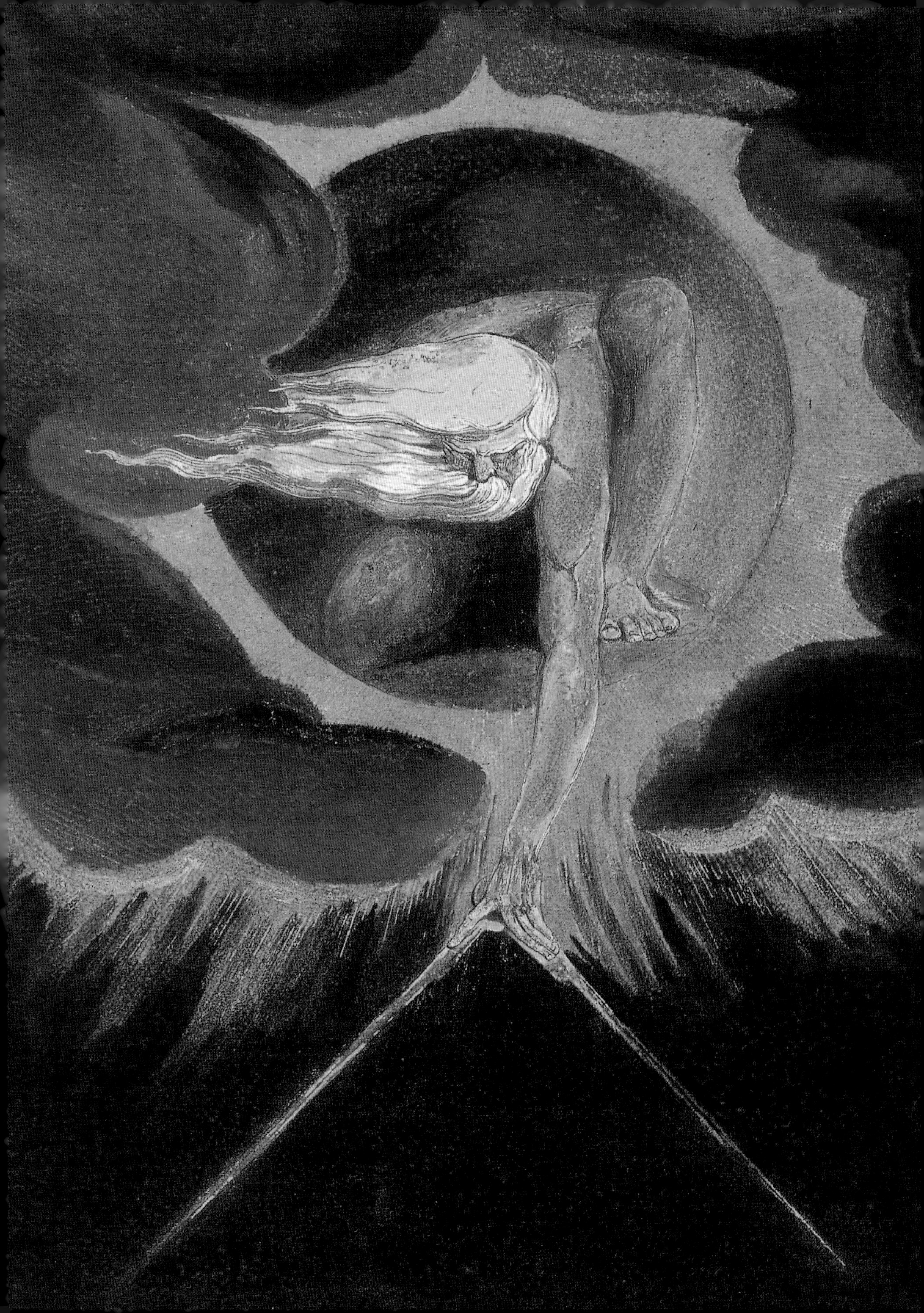

引言

在整个历史长河中，人类对测量都是处于矛盾之中。就拿米制来说吧，“统治会更迭，但这项工作会永存。”这个具有远见的论断是拿破仑·波拿巴（Napoleon Bonaparte）对开创新型计量单位制的法国科学家的贺词。但是，拿破仑本人却拒绝使用米制，并且引得很多法国人纷纷效仿。拿破仑不无沮丧地说：“没有比组织人的思维、记忆和想象力更矛盾的了……新的计量单位制将成为几代人的绊脚石和麻烦的代名词。”

虽然，人们通常认可测量是文明繁荣的必要条件，但同时又认为测量将人类的价值简化为一个个冷冰冰的数字，就像在填表一样。据最早的美索不达米亚泥板文献记载，在公元前4000年末期，就有记录统治者颁发给劳工的劳动力等级和口粮量（通常是很微薄的）。古希腊有一个普罗克汝斯忒斯（Procrustes）的传说，普罗克汝斯忒斯是一个残暴的强盗，他把受害人放置在一张铁床上，身长超过铁床的砍断腿，而不足铁床长度的则强行拉至与床齐。他后来被提修斯（Theseus）用相同的方法杀死。《圣经》中有很多关于短斤少两之罪恶的名言警句。比如上帝对先知弥迦（Micah）说：“我能纵容虚假称量或者（比实际）轻的袋子吗？”耶稣（据《路加福音》，*Luke's Gospel*）是这样赞美慷慨的举措的：“你们要给人，就必有给你们的。用十足的升斗，连摇带按、上尖下流地，倒在你们怀里。因为你们用什么量器量给人，也必用什么量器量给你们。”威廉·莎士比亚（William Shakespear）在《恺撒大帝》（*Julius Caesar*）中这样写道，恺撒被刺死后，安东尼问：“对于这么苛刻的尺度，他们是去征服、获胜、凯旋、破坏呢，还是退缩不前？”查尔斯·狄更斯（Charles Dickens）在《艰难时代》（*Hard Times*）中这样写道：成功商人和市民领袖托马斯·葛擂梗（Thomas Gradgrind）总在袋子里装着“一把尺子和一台天平”，随时准备“称量任何人性的包裹，并准确告诉你结果是什么”。

稍微动动脑筋我们就会发现，测量在我们的日常生活中无处不在。例如，我们经常接触的时钟、日历、尺子、衣服尺码、占地面积、烹饪食谱、保质期、酒精度、比赛比分、乐谱、地图比例尺、互联网协议、字数统计、记忆芯片、银行账号、金融指数、无线电频率、计算器、速度计、弹簧秤、电表、照相机、温度计、雨量计、气压计、体检、药物处方、体重指数、教育测试、民意调查、小组讨论、问卷调查、消费者调查、退税、人口普查以及其他形式的测量——所有这些都致力于用数字和统计简化世界。因此，本书章节标题异常广泛，小到“原子”和“思想”，大到“宇宙”和“社会”。

左页图出自1794年威廉·布雷克（William Blake）的水彩浮雕蚀刻《永恒之神》（*The Ancient of Days*）。此图描绘了受《圣经》箴言篇中的一句话启发，正在测量世界的造物主（布雷克称之为乌里森）。这句话是：“我在那里：他在渊面的周围，画出圆圈。”但是，自布雷克以来，与《圣经》所述相反，认为世界是邪恶的，认为其创造的是一个噩梦。“噩梦中，圆圈就像黑夜和风雨之夜的一道闪电”（见恩斯特·贡布里希（Ernst Gombrich）《艺术的故事》（*The Story of Art*）。因此，布雷克的这幅名画似乎表达了人类在测量方面持久的矛盾心理。

   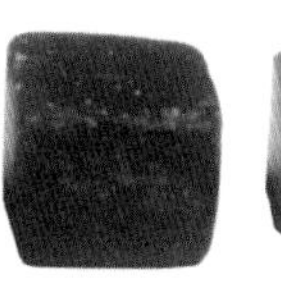 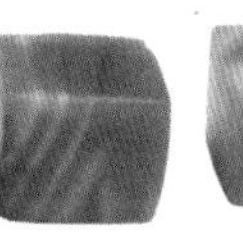 

现代都市的一切存在，至少在发达国家，离开了精密科学和税收之类的严格的政府监管，是不可想象的。“量化是一种不像决策的决策，其客观性为几乎没有权柄的官员提供了权威。”这一敏锐的评论来自美国历史学家西奥多·波特（Theodore Porter）的一本关于公共生活中测量问题的著作《信任数字》(*Trust in Numbers*)。一方面，我们欣然接受测量的好处，并且为技术创造的奇迹而激动不已，如近几年才出现的手机、互联网、卫星导航和iPod。但是我们也意识到为测量所付出的代价，并且渴望摆脱它的限制。我们的一个成语舒缓了这种紧张情绪。这个成语就是“人多势众”，但是我们知道，群体思维没有自我存在的自由。自由市场资本主义和民主政体可以带来“最大多数人的最大幸福”，但是作为个体，我们知道众口难调。总的来说，我们可能不愿意接受“我们的日子屈指可数”——如《圣经》所说的“七十岁，一辈子”——但我们仍然尽我们的最大努力来拒绝必然的死亡。

就拿学生来说，他们为了学校和学院考试寒窗苦读，其成绩则成了国内报纸的标题，并引发对教育标准的无休止的争论。然而，创新力、创造力和领导力却根本无法用这样的智力测验来考量。美国一家顶级教育报——《高等教育纪事》(*Chronicle of Higher Education*）中有一篇文章，对美国社会流行的多重选择问题表达了不满，并伤心地断言：“如果我们仍将坚持用机器为学生评分，那么我们就等着他们坚决要求能用其口袋里的机器来回答考试题吧”——他们的手机可以连接因特网。

而他们的老师，那些大学老师们，在越来越倾向于采用引文索引、期刊影响因子、星级评定和排名表来衡量学术出版物、学科、大学院系和大学本身的同时，追求数量胜于追求质量，追求符合性胜于所希望的创造性。剑桥大学哲学家西蒙·布莱克本

古代重量和长度测量工具

左图：来自印度河流域的立方形砝码（由带条纹燧石或其他带图案的石材制成）是古代独有的标准砝码体系的组成部分。前六个砝码的尺寸从右至左按1∶2∶4∶8∶16∶32的比例倍增，其中最常见的是16倍比例的砝码，大约能称量13.7 g。更大的砝码采用十进制。令人惊奇的是，4 000多年后的今天，在巴基斯坦和印度的传统市场，仍在采用印度河流域的这一测量体系。

下图：埃及腕尺棒（“前臂”）分为多个指（趾）尺（“手指宽度”），并进一步按指（趾）尺的二分之一至十六分之一分为多个部分。皇家腕尺约为52.3 cm，等于7个掌尺（不算大拇指）或28个指（趾）尺。但是，埃及也采用其他更长或更短的腕尺，而古巴比伦、以色列、希腊和罗马所用的腕尺更是尺寸各异，从46 cm以下至56 cm左右不等。

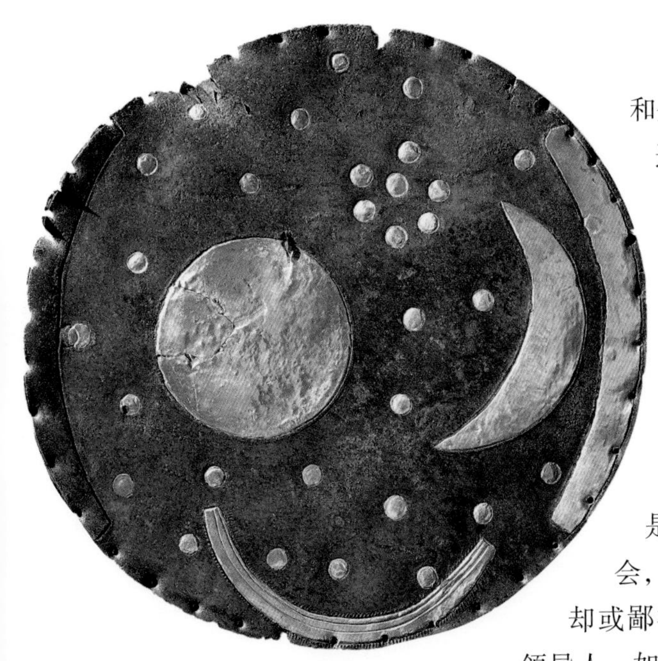

（Simon Blackburn）在《泰晤士报高等教育增刊》（*The Times Higher Education Supplement*）中反问道："苏格拉底能够得到何种颜色的星星呢？他从来没写过任何东西。根本没有任何可测量的成果。荒谬！"

对于日常生活其他领域的测量，我们的态度也如出一辙。我们鼓励测量，但怀疑其结果。部分经济学家认为，财富创造和人类动机能简化为由一系列数学公式表述的理性经济模型，而这部分经济学家或许是当今热衷于测量的人中最引人注目的。他们硕果累累，他们的文章频见于各大学术期刊，他们的成果屡获诺贝尔奖，但是他们的声誉瞬息即逝，如昙花一现，在公众心中几乎不留痕迹。唯利是图，眼中只有账本底线的金融家和生意人，可能会富可敌国，但却不能像发明家和企业家那样赢得无限尊重。这也是他们中大多数人在晚年热心慈善，资助那些不能单单以金钱衡量的教育、艺术和社会项目的原因所在。通过推行那些能让其在民意调查中赢得高支持率的政策，政治家可能再次当选，但是他们通常不能显著改变社会，因此一旦离任，便会被忘却或鄙视。受人尊重的政治家或领导人，如温斯顿·丘吉尔（Winston Churchill）和马丁·路德·金(Martin Luther King)，至今仍是贡献难以估量的卓越领袖。认为智力、谎言和人格特征能通过 IQ 这样简单的数字量化，或通过测谎仪和脑部扫描仪这样的仪器测量的心理学家，必然会引发关注。但是他们的数据和结论几乎总是引发争议，尤其在心理学家之间。物理学家和外科医生执着于使用最新的、价

左图：青铜时代的内布拉（Nebra，德国的一个镇）星象盘，可追溯至公元前 1600 年，是世界上第一个天文钟。该盘由青铜制成，其内镶有金色太阳、月亮和星星。在保持阳历和阴历准确性方面能与公元前 7 世纪巴比伦的等同物媲美。虽然对其真实性尚存争议（译者注：目前已确定为真品），但非法寻宝人确实于 1999 年发现星象盘，以及青铜剑等其他青铜器件。

左下图：《大宪章》（*Magna Carta*）度量衡——约翰王（King John）迫于贵族的压力于 1215 年签署英国宪政规范文件，即著名的《大宪章》。《大宪章》由中世纪拉丁语翻译而来，其中写道："全国应有统一的度量衡。酒类、烈性麦酒与谷物之量器，以伦敦夸尔为标准；染色布、土布、锁子甲布之宽度应以织边下之两厄尔为标准；其他衡器亦如量器之规定。"（1 英制厄尔约为 45 英寸或 114 厘米。）

格高昂的仪器和药物注射来测量和操纵人体，就像做一个科学实验一样。他们扰乱了医疗体系的优先级，降低了公众对医药的信任。医治者仍然是比技术专家更受普遍尊重的医疗从业人员。

即使在对测量最敏感的（包括这个形容词的两个方面意义。译者注：英文“susceptible”有两个含义，一是易受……影响的，一是感情丰富的）物理学家之间，都普遍认为，决不能容许量化来支配洞察力和想象力。科学中的大部分事物可以通过充分发挥人类智慧予以测量，但不是所有均可测量。“实现测量并能用数量表述，才算真知；不能测量又不能用数量表述，说明学识浅薄、知之不够。”发明绝对温标的19世纪物理学家开尔文男爵（Lord Kelvin）的这句话，代表了他那个时代大部分科学家的观点。尽管如此，一些最伟大的物理学家，包括阿尔伯特·爱因斯坦（Albert Einstein）和理查德·费曼(Richard Feynman)受观点的启发丝毫不亚于受实验数据的启发。爱因斯坦写道：“似乎……知识不能单从经验中得出，而只能从智力发明与观察到的事实两者的比较中获取。”

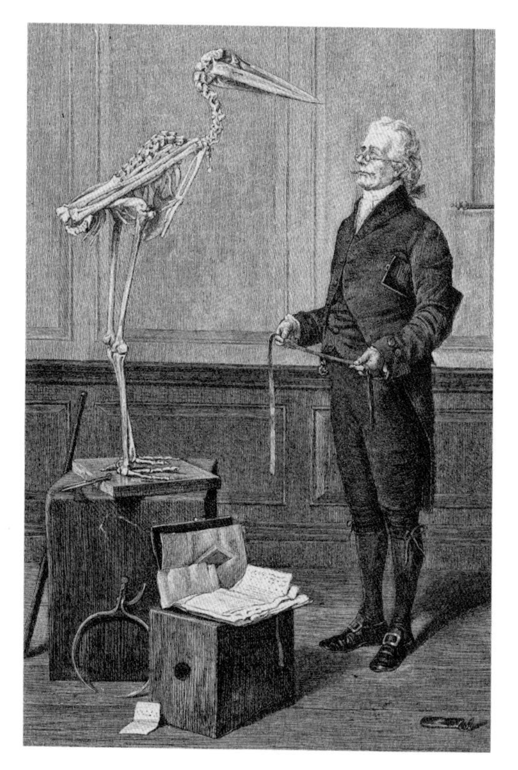

“科学就是测量”，这一短语 是1879年 —1880年所创作的这一雕刻品的标题。图中一名科学家拟用卷尺测量大鸟骨架。本图展现了科学家本身、社会科学家及公众对科学的普遍观点。事实上，虽然测量无疑是科学的必要组成部分，但不是科学的全部；科学需要数据，也需要观点和理论。

常用单位

在17世纪下半叶，如果艾萨克·牛顿（Isaac Newton）想从剑桥给位于50英里之外伦敦的英国皇家学会（Royal Society）秘书寄一封信，他将这样写姓名、地址：寄给亨利·欧德堡（Henry Oldenburge），他的房子大约在威斯敏斯特的詹姆斯·菲尔兹大街老帕梅尔中部位置。没有房屋编号，也没有邮政编码，甚至没有所在城市的名称。然而在开发伦敦西区之前，这样明显模糊的地址对通信来说已经足够了。

对“从一个水源到另一个水源的距离是生死两重天”的撒哈拉沙漠游牧民族很早就采用各种奇特的术语作为远距离的度量单位。经济历史学家维托尔德·库拉（Witold Kula）在《测量与人》(*Measures and Men*）一书中写道：“因此，他们用扔棍棒的距离或者箭的射程、声音传播距离、肉眼在地平面或骆驼背上的可视距离；或从日出、清晨、上午或上午晚些时候至日落的步行距离；或人们在无负重、负重或牵着驮货的驴子、牛时行走的距离；或者穿过容易或复杂地形时的步行距离作为距离的单位。”

这种过于简单的方法，往往使人们联想到使用这种互不相容且不规范的常用测量单位作为大部分人类历史的规则必定会造成无休止的混乱、争吵和欺骗。难怪阿里斯托芬（Aristophanes）描绘的古雅典阿戈拉（Agora）市场到处充斥着对度量的争吵。完全支持米制的法国启蒙哲学家马奎斯·孔多塞（Marquis de Condorcet）在1793年写道：“度量衡的统一只会让那些害怕看到诉讼案件数量减少的律师以及那些害怕任何使得商业交易便捷化和简单化而造成利润损失的商人感到不愉快……一部好的法律应该对所有人一视同仁，就像一个几何学真命题对所有人均为真一样。”我们现代人不禁要问，我们的远祖是如何设法完成测量的？他们是如何适应那些诸如英寸、英尺、腕尺、英寻这些原本依赖于人体易变部位尺寸的古代长度单位的，尤其是那些复杂的体积计量单位——及耳、加仑、蒲式耳等——不仅随被测产品类型，还随着称量时所在国家的变化而变化？

其中的一个答案可以简单归结于古代非凡持久的技术成就。例如古埃及人建造的金字塔、古希腊人的帕台农神殿、古罗马人的角斗场以及神奇的引水渠。事实证明，从过去千年到科学革命之前，虽无精确测量，但来自完全不同文明的建筑师、工程师和工匠仍可圆满完工吴哥窟、沙特尔大教堂和泰姬陵等建筑物。

另一答案是提醒我们，与当今相比，早期社会狭小很多——国际贸易远不如今、国际交流少之又少、国际合作几乎没有。因此，上文提及的古迹，尽管令人惊讶，但却是按地域、语言、宗教和文化统一的生态群落的成果。它们不像当今的大型项目，不同部件可在全球各地生产，然后现场组装。在前期，只要所涉及的各方同意采用同一测量单位，不论这些单位是什么，设计均会环环相扣。毫无疑问，这样也会犯下代价高昂的错误，而这

科学测量之前的古迹。埃及金字塔是前现代众多惊人建筑之一，它们让我们谨记常用测量单位的实用性。现代社会中单位的统一只是科学和商业国际化的必然要求。

种错误是建筑史学家乐于发现的。不过，这些错误并非测量单位不一致所致，而是因为本可避免的误解和粗糙的工艺所致。

另一个以当今视角看来不太明显的答案是，由通用标准约定的客观单位的概念，虽然我们现在认为是理所当然的，可能并不适合那些早期的工业化前的社会。例如在欧洲，甚至一直到 18 世纪末期，面包师在歉收和食物不足时，还常常采用保持面包价格不变，但缩小面包尺寸的做法。这样做不但避免了当价格小幅上涨时，适合付账所用的较小面额硬币不足引起的实际困难，而且维持了权威人物——圣托马斯·阿奎那（St Thomas Aquinas）对特定产品推荐的“合理价格”。

面包尺寸的调整，只要不过于明显，都会被公众接受，反之则会引发暴乱（“面包师的一打是十三”这个谚语，可能源自另一个解决面包尺寸可变问题的方案，即每购买一打面包，面包师便可能赠送一个面包）。对我们来说属于欺诈手段甚至非法的行为在那时却未受官方和公众禁止。另外一个例子是，从中世纪早期到 19 世纪提出米制，土地测量不一定用当地面积单位表示，如英亩、杆、阿邪等表示，而是以两种完全不同的方式（耕地所耗时间和该土地所需种子量）测量可耕地面积。对农民和土地所有者而言，这些测量数字实际上比土地的几何面积更为有用、更具代表性。因此，在米制之前库拉写道：“测量不是一种约定，而是一种价值观。”

测量魔法。上图：采用全球卫星定位系统（GPS）的导航和（左图）采用磁共振成像（MRI）的非侵入性大脑扫描是现代测量最奇妙、最深远的应用。它们集中体现了科幻作家亚瑟·查理斯·克拉克（Arthur C. Clarke）的第三定律：“任何非常先进的技术，初看都与魔法无异。”

统一与精度的由来

尽管常用单位有很多优点，但是到了 1789 年，无论国王、民众，还是科学家，都已经无法忍受拖累法国商业的复杂测量。设计米制的目的在于，以 18 世纪 90 年代科学家 / 测量员所测量的 1 m 等于地球周长的千万分之一这个传统为基础，全面采用十进制（时间除外）

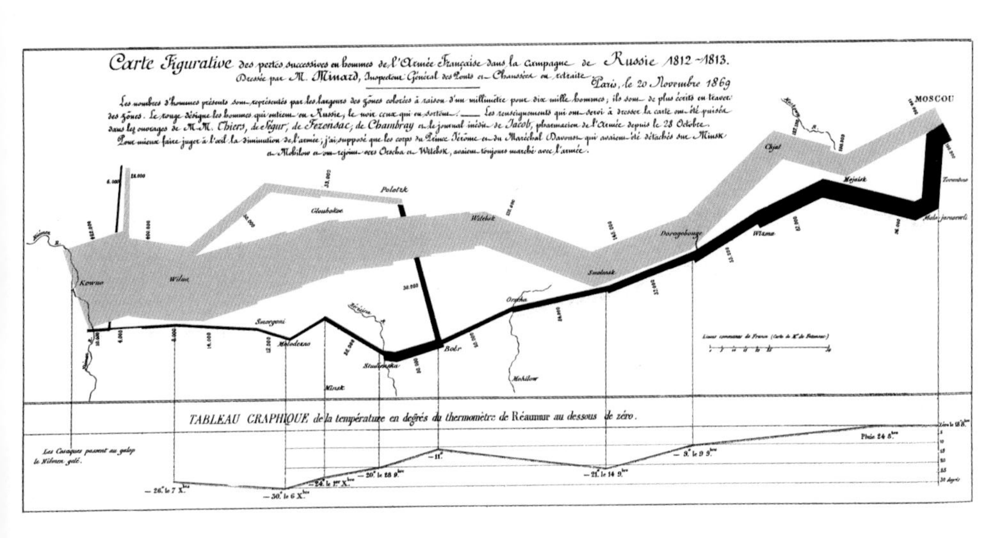

的简单度量衡体系取代之前混乱的体系。但是，新体制经历的严重经济困难迫使拿破仑于1812年废除原有立法，而允许在采用米制的同时又采用很多旧的计量单位。此举有违科学家期望，并将这项妥协措施视为“一项逆行法令和混蛋体系”。1814年，拿破仑下台后不久，复辟的波旁王朝在路易十八统治下，重申拿破仑的这一妥协措施。直到1837年的后波旁王朝时期，法国政府才重新完全施行米制，并在1840年开始具有法律约束力。

在妥协期间，英国皇家调查委员会（Royal Commission）负责英国度量衡改革的一名英国科学家做了一些生动的评论。19世纪20年代，“天才”托马斯·杨不仅是最伟大的启蒙运动博学家之一，他与法国科学家联系密切，并被他们推举为法国科学院8名外籍非正式会员之一，而且是英国皇家学会外交大臣、英国政府重要《航海天文历》（*Nautical Almanac*）负责人。但是，尽管托马斯·杨投身科学，而且完全融入法国科学家中，但他依然无力支撑英国统一度量衡的立法。

1823年，在为《不列颠百科全书》（*Encyclopaedia Britannica*）所撰写的有关这个主题的大篇幅历史调查中，托马斯·杨写道，在法国“人们习惯于随身携带一把小的三棱尺，尺子的一面刻着皇家英尺的老式刻线和英寸，第二面刻着改革派的毫米、厘米和分米，第三面则是雅各宾派尺度与皇室分支的新超皇室组合。”经“冷静思考”，杨得出，英国政府应“通过增加词汇表与这些词汇的正确定义以及对比表的方式，既努力促进现有的各类正确和统一的法定测量标准的获取，也要提供所有广为人知的、用于测量的地方和局部术语，不论其规范

对“冬将军”（译者注：俄罗斯的冬天是相当寒冷的。历史上许多侵略者——拿破仑、希特勒都败于严寒的天气，所以俄罗斯人亲切地称严寒为“冬将军”。）而言，人多势众并意味着安全。正如统计学家爱德华·塔夫特所言，查尔斯·约瑟夫·米纳德于1869年绘制的这幅图表“很可能是历史上的最佳统计图”。该图展示了拿破仑军队于1812年冬季大肆入侵俄国时军队减员的情况（水的冰点为0°R）对测量的0度以下的秋冬列氏温度计温度。塔夫特翻译的法语原文的意思是：“法国军队在1812年一1813年俄国战役中的减员示意图”。该图由已退休的桥梁和道路监察长米纳德 于1869年11月20日在巴黎绘制。幸存的人数通过彩色区域的宽度表示，比例为1 mm代表1万人，并在这些区域上进一步标识。棕色表示进入俄国的人数，黑色表示离开俄国的人数。绘制本图所参考的信息来自10月28日以来，梯也尔、塞居尔、费藏萨克、尚布雷以及军队药剂师雅各布的未公开的日记。

与否”，而不应像法国政府那样在整个国家强制推行一套体系。换言之，杨认为，尽管从理论角度，就所有计量单位强制推行具有科学准确度的通用标准非常紧迫，但是仅在一个科学的道义下扰乱非科学家的价值尺度是极不可取的。与其冒险让民众厌恶创新性的思想，不如让政府顺应民众习惯。杨一定赞同库拉的观点，即测量单位的价值不止于传统。

美国的基本观点也与此相同。狂热量化论者托马斯·杰斐逊（Thomas Jefferson）不管是在法国大革命期间以及之后任美国总统期间，都一直赞成米制，但是他放弃了让国民改用米制的个人意愿。1821年，当选总统约翰·昆西·亚当斯（John Quincy Adams）被要求就米制这一主题向美国政府报告时，杰斐逊告诉他：“在度量衡这个话题上，你可能在开始之时会发现一个问题，即梭伦（Solon）和莱克格斯（Lycurgus）对此的反应截然不同。我们应让国民适应法律，还是让法律适应国民呢？”

正如法国和其他大部分欧洲国家一样，19世纪米制在英国和美国尚不具备法律约束力。虽然，如今英国大部分生活领域在法律上有义务标识出米制单位，但事实上英国和美国仍然尚未完全引入米制。不过在19世纪中期，全球各国推广米制的趋势已经很明显了。1875年，包括阿根廷、奥匈帝国、比利时、巴西、丹麦、法国、德国、意大利、奥斯曼帝国、秘鲁、葡萄牙、俄罗斯、西班牙、瑞典和挪威、瑞士、美国和委内瑞拉（不包括英国）在内的17个国家和帝国的代表，在巴黎签署《米制公约》(*the Convention of the Metre*)，“旨在实现计量标准的国际统一和精确”。

国际单位制

国际计量局（International Bureau of Weights and Measures）是依1875年的《米制公约》(英国于1884年签署）所创建的，位于巴黎附近的塞夫勒（Sèvres)，受国际计量委员会（International Committee on Weights and Measures）监督，而国际计量委员受国际计量大会（General Conference for Weights and Measures）领导。自1875年接下来的几十年间，这些组织逐步完善了诸多测量单位的标准，并为科学工作最一致、最方便的测量体系进行了激烈辩论。最终，实现了单位的统一。在1960年第11届国际计量大会上，为科学界创立了国际单位制（通常称为SI制），并很快成为国际合作的典范。SI包括7个基本单位：m（长度单位）、kg（质量单位）、s（时间单位）、A（电流单位）、K（热力学温度单位）、mol（物质的量单位）以及cd（发光强度单位）。从这几个基本单位又衍生出很多其他非SI基本单位（称为SI导出单位），如Hz（频率

对页图：国际米制化进程。图上所示的大部分日期并不是某个特定的国家正式推广米制的日期，因为这类活动经常因反对而告吹（例如，20世纪20年代及之后的日本所面临的情况），而是这个国家正式成功开始米制化的时期。即使如此，推广过程也会耗费数十年才能完成，例如中国自20世纪20年代，英国自20世纪60年代（对米制敷衍了事，见第24~25页）。虽然米制已在美国日常生活，尤其是科技领域中广泛应用，但美国、缅甸和利比里亚三个国家（黑色所示）仍未就米制立法（地图中的日期摘自美国米制协会所提供的数据，有所调整）。

单位)、W(功率单位)及℃(摄氏温度单位)。

是什么造就了《米制公约》，进而造就 SI？当然是 19 世纪和 20 世纪科技的空前发展与突飞猛进。世界各地的科学家均要求创建一套普遍易于理解的、计算方便的测量和计算体系。它既可以表示小到原子和亚原子级的微小物质，又可以表示大到天文世界的浩大物体——测量范围跨越 10 的 40 多次方，即从夸克到银河系。10^{-6} 为百万分之一(0.000 001)；10^{-3} 为千分之一(0.001)；10^{3} 为一千(1000)；10^{6} 为一百万(1 000 000)，依此类推。但是，10^{40} 是一个如此大得不可思议的测量范围，以致超出了人类大脑所能想

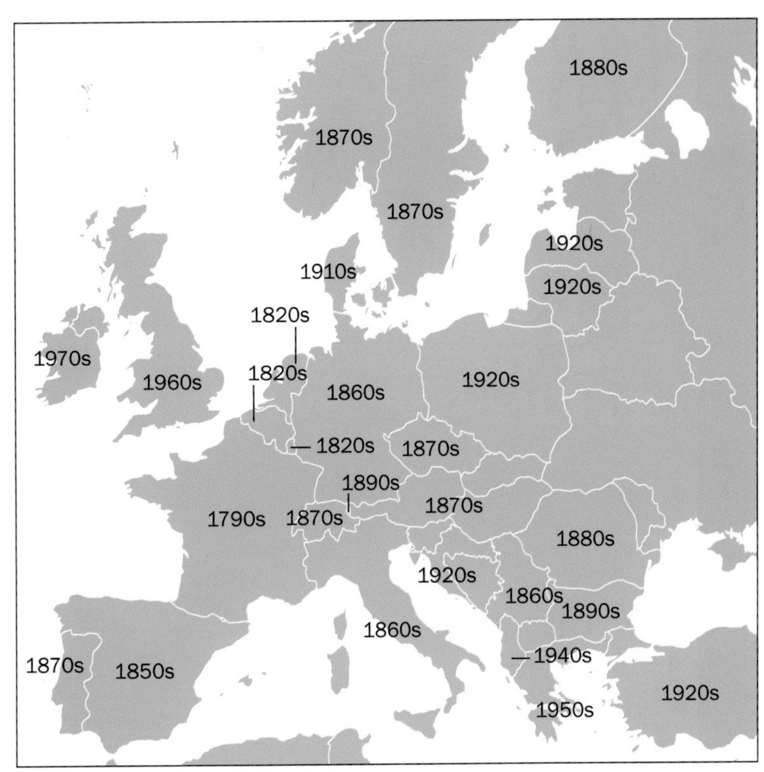

象的范围。相比之下，不论此类数字有多大，用 SI 表述就毫无困难。

以 2006 年《自然》(*Nature*) 杂志上发布的一篇简短的新闻报道为例，来领略一下在极小尺度上的科学测量前沿。阅读时请务必谨记，纳米（nm）是 10^{-9}（0.000 000 001）m 的法定 SI 单位名称，而仄克（zg）是 10^{-21}（0.000 000 000 000 000 000 001）g 的法定 SI 单位名称。

新闻内容如下："美国科研人员已经成功发明了一项质量测量分辨力高达 zg 级的传感技术。原则上，该技术使得测量数十个原子或单个分子的质量成为可能……为制作测量装置，加州理工学院（California Institute of Technology）的一个科学家团队采用仅 70 nm~100 nm 宽的碳化硅梁，并使其在极高的特征频率下振动。该团队在梁上喷射氙和氮气流，同时记录振动频率的变化。通过比较频率相对于所释放气体量的漂移，实现 zg 级的可靠质量测量。"

测量者的独出心裁令人惊讶。但是，尽管仄普托世界（一个国际单位制词头，符号 z 代表 10^{-21}）的理念引人入胜，但其似乎与我们没有太大关系。当然，更为惊人的是原始测量时代锡拉库扎市（Syracuse）阿基米德（Archimedes）的一个鲜为人知的思想实验。公元前 3 世纪，这位希腊先驱科学家，采用他所谓的《数沙者》（*Sand Reckoner*）计算出 10^{51} 或 1 000 000 000 000 000 000 000 000 000 000 000 000 000 000 000 000 000 000 粒沙便可填满整个宇宙，直至晶体球的最外层。人类是否真如希腊最著名诡辩家普罗塔哥拉（Protagoras）在 2500 多年前首次所述，最终为"万物之尺"？抑或，人类就如同地球上的一粒沙，只不过是浩瀚宇宙中一粒微不足道的物质？

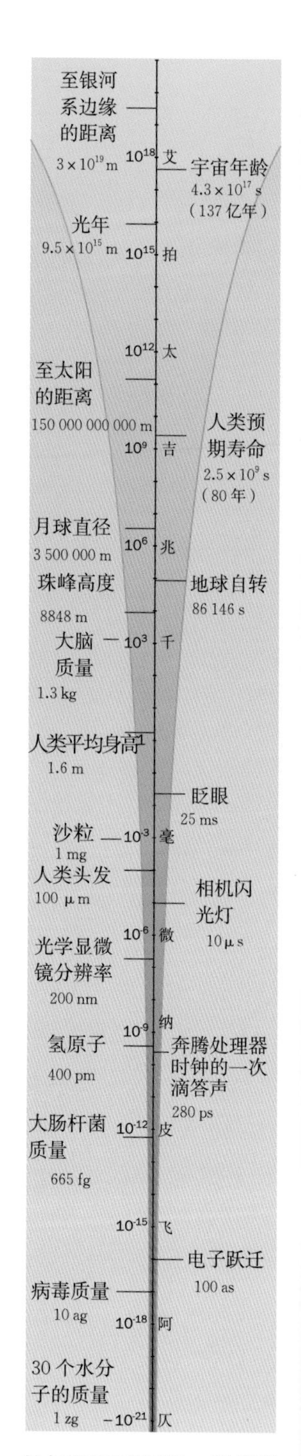

从银河系到原子，科学能够测量 10 的 40 多次方

测量：编年史

冰河时代	骨骼上所刻阴历
公元前 8000 年	用黏土“币”作为计数器
公元前 4000 年末期	写在泥板文献上的测量值
公元前 2000 年早期	发明字母表
约公元前 500 年	地圆说理论
公元前第 3 世纪	发现浮体原理 测得地球的周长
公元前 129 年	星球分类
公元前 46 年	提出儒略历
公元第 1 世纪	已创建坐标的世界地图
1215	大宪章要求统一英国度量衡
1543	太阳系日心说
1582	引入格里高里历
1594	发明对数表
第 17 世纪早期	发明光学显微镜
1609	发明望远镜
1609—1620	行星运动定律
1628	测得血液循环
1644	发明水银气压计
1676	测得光速
1687	力学和万有引力定律
1705	彗星运动定律
18 世纪 20 年代	发明水银温度计和华氏温标
1735—18 世纪 50 年代	生活形态系统化
1742	引入摄氏温标
1761	通过航海天文钟测量经度
1791	法国批准将测量标准基于子午线
1792—1799	测量通过法国的子午线
1801	在整个法国强制推行米制
1807	发现弹性模量
1808	发现原子量和分子式
1812	引入摩氏矿物硬度表
1816	发明听诊器
19 世纪 30 年代左右	引入地质时标
19 世纪 30—40 年代	测量电磁现象；电磁理论
1835	发明血压计
1839	发明摄影术
1844	发明莫尔斯电码
1852	测量世界最高峰（珠穆朗玛峰）
1859	测量发射和吸收光谱 天演论
1869	发现元素周期表
1875	17 国在巴黎签署《米制公约》；国际计量局创建；测量世界最深海沟
19 世纪 80 年代	发明地震仪 测量电磁波
1884	格林威治子午线用作经度零点；创建格林威治标准时间（GMT）和时区
1888	发明国际音标
19 世纪 90 年代	引入指纹识别
1895	发现 X 射线
1897	发明道琼斯工业平均指数
1900	量子论
1900—1902	发现血型
1905	狭义相对论
1911	测量原子核结构
1912	通过斯坦福 - 比奈智力测验测量 IQ 通过 X 射线晶体学测量原子
1913	原子结构的“太阳系”理论 放射性同位素理论
1916	广义相对论
1923	引入分贝标度
1927	海森堡不确定度原理
1928	发明盖革计数器
1929	测量宇宙膨胀
1931	发明透射式电子显微镜
1932	发现中子
1935	引入里氏震级
20 世纪 40 年代	发明电子计算机
20 世纪 50 年代	发明铯原子钟
1953	发现 DNA 的双螺旋结构
1957	前苏联发射首颗人造地球卫星
1958	监测到大气中的二氧化碳
1958—1960	发明激光器
1960	引入国际单位制（SI）
20 世纪 60—70 年代	标准模型理论描述了亚原子粒子
1965	探测到宇宙微波背景辐射
1968—1972	阿波罗月球探测器
1969	引入国际标准书号（ISBN）
20 世纪 70 年代	发明电子计算器 发明全球定位系统（GPS）
1975	分形理论
20 世纪 80 年代	发明磁共振成像（MRI）
1990	推出哈勃太空望远镜
1991	发明万维网
2004	人类基因组测序完成
2008	启动大型强子对撞机、粒子加速器

Apothek
531. P.Z. - BERN

第一篇　测量的含义

在我们测量的万物中，时间是人类日常生活中感受最深的。每个人都认识钟表并熟知时间单位：秒、分、时、天、周等。人们已经习惯于1分钟是60秒，1小时是60分钟、1天是24小时，1周是7天。当法国大革命试图将每天分为10小时，每小时分为100分钟，每分钟分为100秒并创建10天为1周的时间体系时，遭到了公然反对。甚至科学国际单位制——十进制，也以秒为基本单位。但是，像60、24和7这样有点令人吃惊的数字又源自何处呢？

古美索不达米亚地区的巴比伦人把1小时定为60分钟。古埃及人将1天分为白天和夜晚，各12小时，也即1天为24小时。希腊占星学和犹太基督教日历视1周为7天。

令人困惑的是，古文明的这些特殊划分究竟有何魅力，以致几千年之后的现代人仍在沿用。某些数字有什么重要意义？常用单位，如英尺、英磅及加仑等又是如何演变至今？它们又为何对人类如此的意义重大？

本图为16世纪瑞士首都伯尔尼（Bern）的钟楼。主时钟下方是一个带移动黄道带的天文钟，右侧是一个钟琴。在钟楼最顶部，有一个男性画像，象征其每小时敲钟一次。在钟琴内部，有一个小丑画像，象征其轮流敲击两钟，而七只熊不断旋转，每一只代表一周中的一天。本张照片摄于1900年左右，也就是年轻的爱因斯坦在瑞士伯尔尼专利局做职员，开始思考时间奥妙之时。

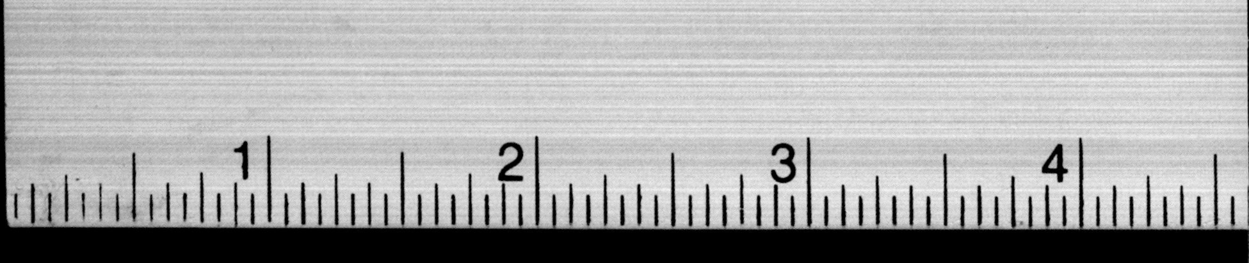

古希腊人对地球的测量

一般认为，测量地球的方法源自古希腊人的两个基本观点：地球是一个球体，而不是平的；太阳是围绕着地球转动的（即地心说），而不是地球围绕太阳运动（即日心说）。第一种是毕达哥拉斯（Pythagoras）在公元前 6 世纪根据理论基础提出的。此外，根据观察性证据，公元前 4 世纪的亚里士多德也持这种观点。在当时，这并没有引起多少人的反对。第二种观点的支持者包括阿基米德和托勒密（Ptolemy）在内的几乎所有的思想家，阿里斯塔克斯（Aristarchus）除外。阿里斯塔克斯是公元 3 世纪的反对派天文学家，他提出了地球围绕太阳旋转的论点，并解释了季节的变换。在 16 世纪哥白尼（Copernicus）的理论出现之前，这种地心说的共识一直持续了将近 2 000 年。

后来，有三位思想家作出了进一步重要的贡献，他们是埃拉托斯特尼、喜帕恰斯和托勒密。埃拉托斯特尼在公元前 235 年任亚历山大港图书馆的馆长，对地球的周长作出了极其精确的估计。据说，他用到了遥远的西恩纳［Syene，今为阿斯旺（Aswan）］的一口井和亚历山大港图书馆里的一座方尖塔。由于西恩纳位于北回归线之上，因而在夏至日那天，太阳光可以直射到井中，同时不在井壁上产生阴影。这时，埃拉托斯特尼测量了亚历山大港方尖塔和其影子所形成的角度。由于两地几乎处于同一子午线，所以这一角度代表了西恩纳和亚历山大港在纬度上的差别。因而，如图中所示，从简单的几何学来看，地心、井以及方尖塔所形成的角度（根据定义，此角度即为井和方尖塔的纬度之差）必定与影子的角度相同（当然，在此必须适当地假设太阳处于无穷远的地方，因此射向地球的光束是互相平行的）。这个角度为 7.2° 。考虑到从亚历山大港到西恩纳骑行骆驼的距离，大约为 5 000 斯塔德（stadium），将 5 000 斯塔德乘以 360 再除以 7.2，即得到地球的周长为 250 000 斯塔德。虽然斯塔德的长度值存在争议，但是经过一种现代方法的换算

下图：喜帕恰斯（Hipparchus）在罗德岛（Rhodes）或亚历山大港（Alexandria）观察天空。

底图：埃拉托斯特尼（Eratosthenes）是如何测量地球周长的（见文中详述）。

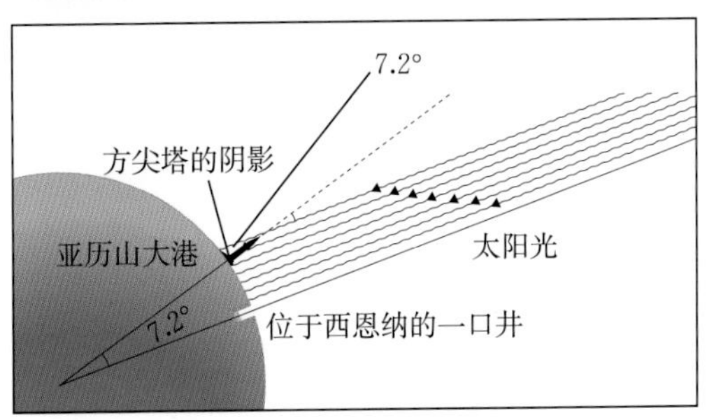

后，这一长度为 39 690 km，非常接近目前测得的地球赤道周长值 40 075 km。

虽然古典时期的世界地图无一幸存，但是我们可以根据埃拉托斯特尼尚存的原文数据来重构。从这幅推测的地图中可以明显地看出，埃拉托斯特尼并未使用到经纬线的概念（虽然他将西恩纳与亚历山大港置于同一条线上）。经纬线是喜帕恰斯的发明。喜帕恰斯是埃拉托斯特尼的地理学著作的严厉的批评家，生活于公元前 2 世纪，在公元前 129 年编制了已知最早的星表。这是一项非常了不起的成就，他使用了与现在相似的 6 个亮度星等的体系，并通过黄纬、黄经以及表观亮度测量了约 850 颗恒星。

在公元 1 世纪，喜帕恰斯的观点对托勒密（地图学之父）产生了巨大的影响。托勒密采用了喜帕恰斯的经度体系，在幸运岛［Fortunate Isles，即加那利群岛（Canaries）］沿本初子午线向东测量，同时也采用了喜帕恰斯的纬度体系，测量了赤道的南方和北方。

根据经纬度，喜帕恰斯发明了用于描述地球上地理位置的理论坐标系。但是，即便在这一发明之后长达几百年的贸易和探险之中，旅行者们（尤其是航海员）却仍然不得不依靠各种实用方式来定位。

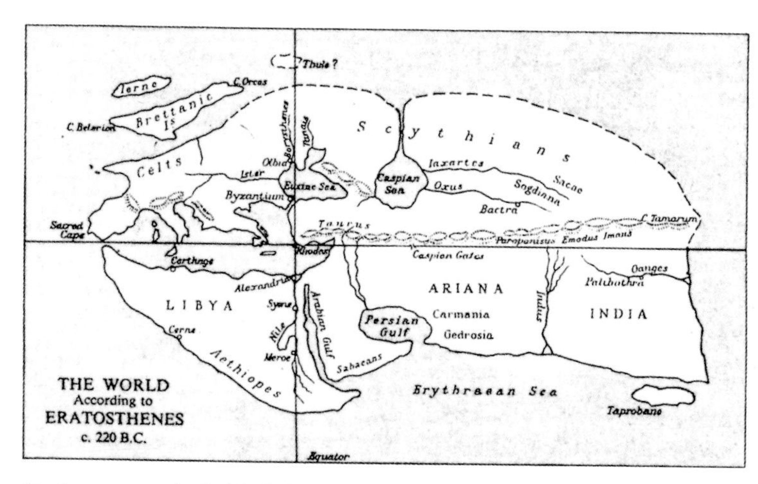

上图：推测重构的埃拉托斯特尼已知世界的地图。

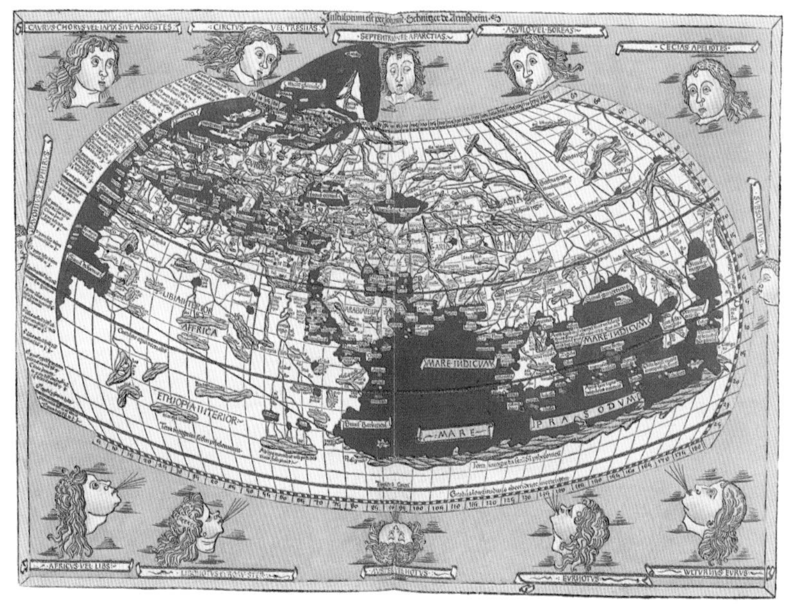

左图：1482 年出版的托勒密世界地图。尽管其原作已经全部散佚，但是在 15 世纪的意大利和德国，人们用他的世界地名索引（约有 8 000 个由坐标来命名和定位的地点）重构了世界地图，如左图所示的出版于 1482 年的地图。尽管存在许多不准确的地方，并且在文艺复兴时期涌现了大量新的地理学知识，但是托勒密的古地图却产生了非常深远的影响。

经纬度

在海上，通常采用“航位推测法”，也就是用计程仪、计程仪绳外加天文观测的方法。水手将缚有绳子（即计程仪绳）的木头（即计程仪）从船头抛向船外，并观测它漂向船尾。通过测定木头从船头漂至船尾的时间，水手便可以计算出船舶的航行速度（不过，这种简单的计算没有考虑洋流的作用）。然后，通过直角十字杆、戴维斯象限仪或星盘来观察太阳和夜间恒星的角位置，可以计算出船舶所处的纬度。这样，他们便知道了船舶的航向。

经度的计算则更加复杂。托勒密利用毕达哥拉斯的勾股定理来计算位置A点和B点的经度之差。麻烦的是，三角形的两个已知边的边长分别是A、B沿纬度圈之间的距离和A、B之间的直线距离（即直角三角形的斜边），然而由于地球大小和形状的不确定性，这两条边长都不准确。即便如大部分思想家那样将地球假设为一个球体，也没有人能知道它的确切周长，也不知道地面上一个纬度或经度所代表的长度。

另一种可能性则是希腊人所熟知的经度与时间的方程。由于地球绕地轴的自转，对于一个给定经度的地方，日出的时间越晚，则越靠近西边（1884年，本初子午线固定于伦敦的格林威治：纽约比格林威治晚5个小时，旧金山比纽约晚3个小时）。地球完整地自转一圈，即为360个经度，表示24个小时，这意味着，经度每变化1度，当地时间就变化4分钟。因此，正如预期的那样，我们与地球对面的当地时间相差720分钟，也就是12个小时。

上图：水手星盘。星盘的历史可追溯到6世纪，但是为天文学家广泛使用则起始于中世纪前期的欧洲和伊斯兰世界，而水手则开始于15世纪中期使用星盘。通过星盘测量太阳或其他恒星在水平面以上的高低角，从而确定船舶所处的纬度。最终，星盘被六分仪所取代，后者采用望远镜进行观察（左上图）。

左图：从威廉·霍加斯（William Hogarth）的作品《浪子的生涯》（*The Rake's Progress*）中的局部细节可以看出，疯人院的墙上绘有古怪的经度线。

没有准确的便携钟表，航海家无法比较由详细的天文观测而得到的天体钟测得当地时间与伦敦所测的时间。因而，经度（如纬度一样）只能完全靠天文学方法来确定，在此例中，即“月角距”的方式。18 世纪，随着望远镜的日趋完善，航海家们可以将在当地测量的月球地平高度、某个特定恒星的地平高度以及月球和太阳间的角距，与已发布的、在同一日期特定时间于伦敦或巴黎所测得的相同参数表进行比较。由于航海家可以根据天空情况得知当地时间，这样他便可以算出当地时间与伦敦时间或巴黎时间的差值，进而可以算出其所在位置的经度。虽然如此，这种计算相当困难，需要对折射效应、水平视差和眼高差进行校正。而且，当船舶的甲板在摇晃时，这种操作几乎不可能完成。

左下图：约翰·哈里森（1693—1776），航海天文钟的发明者。哈里森是一位木匠的儿子，他一生都致力于钟表的制造，并且制作了 5 个越来越精确的计时器，其中最著名的是 4 号（如左图所示）。1761 年，从英格兰到西印度群岛（West Indies）的两个多月的试验之中，这一计时器仅仅慢了 5 秒。在詹姆斯·库克船长（Captain James Cook）第二次远航时，特意打造了 4 号计时器的复制品，这使库克船长对开始绘制太平洋的地图充满信心。1773 年，在乔治三世国王（King George III）的亲自过问下，哈里森获得了令人垂涎的 20 000 英镑的奖金，这一奖金由国会设立于 1714 年，用来奖励那些能在海上确定经度的人。在这一画像中，哈里森的 3 号计时器位于他的身后（画得非常大），他的右手边则是 4 号计时器。

对于像英国这样的航海国家来说，一直到 19 世纪，这些由皇家天文学家自 1767 年在《航海天文历》中定期发布更新的参数表（称为星历表）仍具有着国家级的重要性。但在同时，自 18 世纪中期约翰·哈里森设计航海天文钟开始，钟表的准确度和便携性获得了极大的提升。1884 年后，通过向某一钟表溯源，航海家们可以通过将当地时间与格林威治标准时间进行比对，从而很容易地计算出所处的经度。当然，如今在全球卫星定位系统的帮助下，只需要按下几个按钮，就可以知道经纬度。

地球形状的研究

左图：巴黎天文台，建造于1667年—1672年间。其第一位主管为让－多米尼克·卡西尼（Jean-Dominique Cassini）。巴黎天文台是当时欧洲天文学和地图绘制的主要中心。

在15世纪末期，古希腊人的地圆说以及托勒密的经纬度理念得到普遍认同。地图的绘制开始蓬勃兴起，不仅仅是绘制于纸上，同时也开始制造地球仪。不过，当时对地理学的描述还是很原始的，著名的事例是哥伦布（Columbus）以为他所发现的西印度群岛是位于亚洲东部海岸的岛屿，但如今的欧洲人一般认为，如果他们沿着一条纬线向西或者向东行进时，最终还是会返回到起点的。

经过16世纪的大航海时代后，人们对地理愈加清晰，同时也带动了陆上勘测技术准确度的逐渐提高。1533年一本出版于安特卫普（Antwerp）的书中首次记录了三角测量法。在17世纪，带十字线的望远镜应运而生，可以用作三角测量点的观测。17世纪70年代，法国引进了这种望远镜，并在让－多米尼克·卡西尼的指导之下，成为第一个尝试自主进行精确勘测的国家。这一勘测使得当时地图上的西部海岸线相对巴黎子午线大约向东移动了1.5个经度，南部海岸线也大约向北移动了1个纬度。布雷斯特（Brest）移动了110英里，马赛（Marseilles）则移动了40英里。1682年，路易十四国王（King Louis XIV）参观了他曾经下令创建的、用于进行他认为最重要的一次国家勘测的皇家天文台，一幅疆域被截短了的新地图展现在他眼前时，他气愤地对勘测员说："你们的行程是以我的王国的大部分领土为代价！"

在英吉利海峡另一边的剑桥大学，牛顿在计算万有引力时用到了法国人关于地球大小的数据。牛顿的革命性万有引力理论带来了一个十分重要的预测：牛顿认为地球并不是一个完美的球体。

下图：尚存的最早地球仪之一，由约翰尼斯·舍恩那（Johannes Schöner）于1520年在纽伦堡制作。该地球仪以马丁·瓦尔德泽米勒（Martin Waldseemüller）1507年的地图为基础，图中展示了以一条海峡为界的南美洲和北美洲，同时将日本表示为北美洲西边的一个大型岛屿。

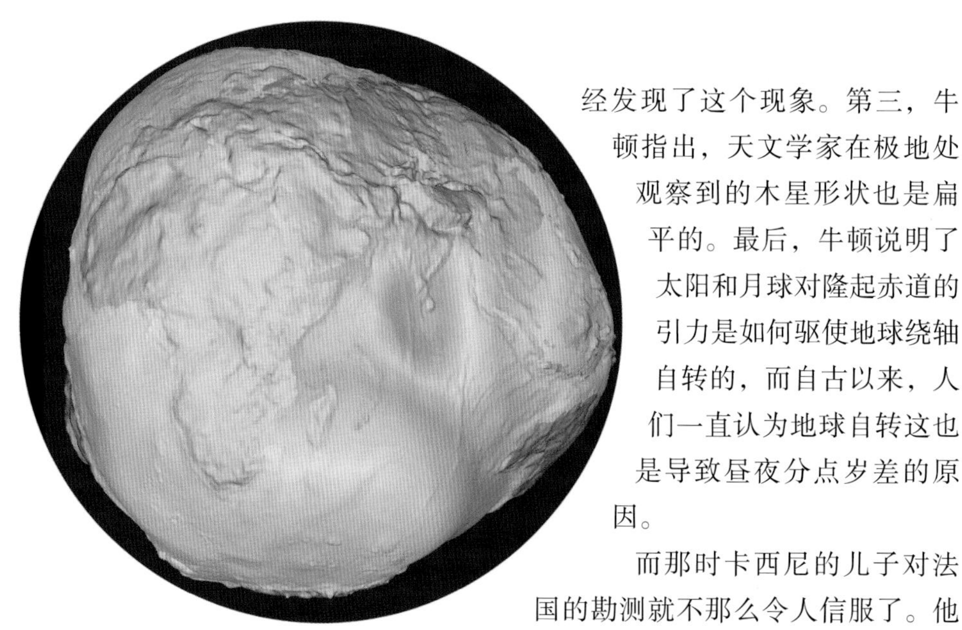

绕轴自转产生的离心力要通过万有引力来平衡，但是离心力在地球表面的分布并不均匀。赤道上的离心力比极地区域要大一些，因此赤道上必须稍微凸出一点，而极地则必须平整，形成一个扁的椭球体。于是，地球就像是一个捏扁了的西红柿一样。同时，根据牛顿的理论，某处的万有引力随着该位置到地心距离的增加而减小，因此赤道处的引力比极地的引力稍小一点。

为了证明他的说法，牛顿列举了一些关键的证据。首先，为了说明纬度是由南向北逐渐增加，即预测的从隆起的赤道向扁平的两极增加，牛顿再次分析了法国的子午线测量。其次，牛顿指出，因为赤道处的引力更小，因而摆钟移至赤道后会走得稍微慢一些。其实早在 1672 年，一位法国的学者带着时钟来到加勒比海（Caribbean）时，就已经发现了这个现象。第三，牛顿指出，天文学家在极地处观察到的木星形状也是扁平的。最后，牛顿说明了太阳和月球对隆起赤道的引力是如何驱使地球绕轴自转的，而自古以来，人们一直认为地球自转这也是导致昼夜分点岁差的原因。

而那时卡西尼的儿子对法国的勘测就不那么令人信服了。他坚称其数据揭示了相反的结果，即地球是一个长椭球体，赤道处扁平，而极地处隆起。直到牛顿逝世后的 18 世纪 40 年代，为了测量极地附近拉普兰（Lapland）和赤道附近秘鲁的纬度，法国学者经过两次充满艰辛的考察，终于解决这一问题，并得出偏向牛顿观点的结果。牛顿的拥护者伏尔泰（Voltaire）说，这些已经足以证明“极地和卡西尼都是扁平的”。

左图：扁平状地球。该计算机模型也被称为大地水准面，说明了地球表面不同位置万有引力的变化，包括牛顿万有引力理论首次预测的、赤道因相对较弱的引力而形成的凸起。大地水准面上，引力势为常数。大地水准面揭示了陆地被移走，且其位置被水填充后的地球的形状，因此它是最佳的地球平均海平面。大地水准面的表面高差达 100 多米。在全球定位系统出现之前，大地水准面是确定世界各地海拔高度的基准面。

左下图：让－多米尼克·卡西尼（1625—1712），法国地图绘制家族的先祖。在法国大革命之前的整个世纪，卡西尼家族的四代人对法国进行了勘测，并且制作了“卡西尼地图”（La Carte de Cassini），这是史上第一次全国性的科学勘测。

左图：艾萨克·牛顿爵士（1642—1727），近代物理学的奠基人，他的万有引力理论利用到了卡西尼的测量结果。

测量米

据说，戴高乐将军曾经对法国发过一句著名的感慨："你如何能管理一个拥有246种奶酪的国家？"尽管这一数字看起来十分可观，但与法国大革命前夕法国度量衡的多样性相比，就小巫见大巫了。

当时有人估计，在法国大革命前的旧制度（ancien régime）时期，表面看约有800个单位名称，例如欧纳（anue，长度单位），阿邪（arpent，面积单位）以及斗（boisseau，容积单位），其实令人震惊的是还有250 000种度量标准。在这种封建体制下，一个村民用三种不同的单位来交易同一种商品是司空见惯的事。第一种单位用于市场交易，第二种用于支付教会的什一税，第三种则是支付给庄园的费用。即使在首都巴黎，计量体系也是完全混乱的。欧纳的标准由位于坎康普瓦大街（Quinquempoix）的马尔尚·梅西埃（Marchands Marcier）同业公会掌管；干燥和液体容量的计量标准由巴黎市政厅管理；砝码的标准原器则是由造币厂和大夏特勒（Grand Chatelet）保管。尽管1778年皇家勒令禁止，但在城市市场中，仍采用来自凡尔赛（Versailles）和圣但尼（St Denis）的两套不同重量单位。自查理大帝（Charlemagne）时代（公元789年）以来，有8位法国国王，包括"太阳王"路易十四，都试图制定关于计量标准的法律。但所有的尝试均以失败告终，因为单位制的统一不符合封建贵族阶层的利益；贵族及其管家往往可以利用常用单位多样性使其符合自己的利益，而不是农民的利益。但是到了1789年，即使是贵族阶层也意识到这样的混乱不能一直持续下去，这就是人民在呈给路易十六的陈情书中表达的无可阻挡的需求："一个上帝，一位国王，一部法律，一个重量，一种尺度。"

这正是法国大革命能够接受米制化这样意义深远的社会变革的原因，也正因如此，法国成了第一个采用米制的国家。人们对当时计量体系的混乱状况极为不满，从而导致其愿意接受一套完全未经尝试的体系。然而，民众所收获的远远超过预

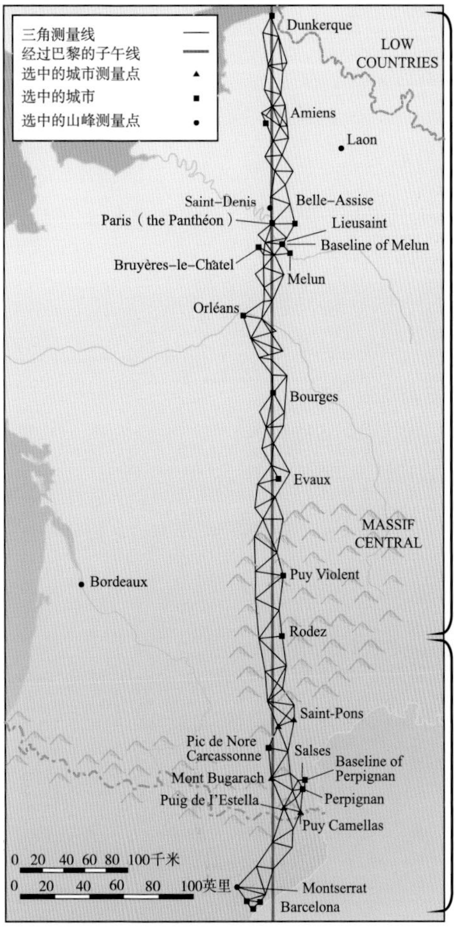

测量法国子午线弧长。为了计算米的长度，1792年—1799年利用三角测量法测量了从敦刻尔克（Dunkerque，亦作Dunkirk）至巴塞罗那（Barcelona）的弧长（见102~103页），并通过天文观测确定两个终点间的纬度。北部的测量工作由德朗布尔（Delambre）完成，南部的测量工作则由梅尚（Méchain）完成。

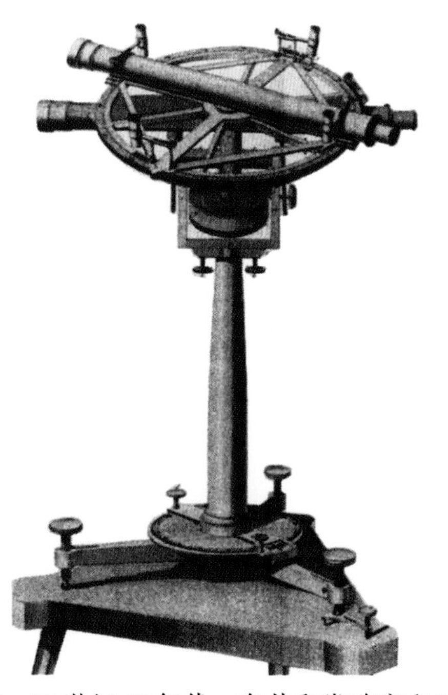

期。18 世纪 90 年代，在共和党政客和后来拿破仑的支持之下，法国科学家利用这一政治契机，根据科学要求而非人类的习惯和心理，引进了一套完全十进制的体系（时间除外）。这种十进制体系与旧计量体系不再冲突。在 1812 年，拿破仑却走了回头路，他本人仍然使用旧制单位，并且不顾学者反对，颁布法令允许部分旧的非十进制比率继续存在，与公制一起使用。直到 1840 年，即法国大革命开始半个世纪之后，法国才最终确立了米制。

经济史学家维托尔德·库拉在《计量与人》中写道：“盼望了几个世纪的、法国大革命前夕为大众普遍要求的、受到大量忠实革命者的称赞并由当时最优秀的科学家所构想的计量标准化改革，最终不得不强加于人民的身上。”

最早提出按地球尺寸（而非人体或人造尺寸）将所有测量与十进制联系起来的是一位叫加布里埃尔·莫顿（Gabriel Mouton）的法国传教士，于 1670 年提出。他建议，基本长度单位应等于地球一周（即周长）上角度为一分的弧长，即仅略短于 2 000m 的长度。法国科学院最终于 1791 年接受的单位是一米等于地球大圆的四分之一的千万分之一，也就是从赤道到北极距离的千万分之一（假设地球是一个球体）。由于地球的周长为 40 075 km（见 16 页），因而其四分之一略小于 10 019 km，然后除以 1 千万，于是得到略大于 1 m 的数值，即 1.001 9 m。

在此之前，也考虑过一种基于钟摆长度的标准。在 18 世纪以前，科学家们就很清楚钟摆的摆动速度与摆锤的重量无关，只取

左图：身着法国科学院制服的子午线弧测量师，让－巴蒂斯特－约瑟夫·德朗布尔（Jean-Baptiste-Joseph Delambre，1749—1822）和皮埃尔－弗朗索瓦－安德烈·梅尚（Pierre-FranQols-Andre Mechain，1744—1804）。

左上图：波达的经纬仪度盘。在 1792 年—1799 年测量子午线的这 7 年中，这种三角仪器对保证测量的准确度发挥了重要的作用。在此期间，让－查理斯·波达（Jean-Charlesde Borda）估计了用于贸易的临时米长，直到通过子午线弧的测量确定了精确的米的长度。翻译后，他的铁制折叠式米尺（左下图）上刻的内容为：“米尺等于地球子午线四分之一的千万分之一，波达，1793”。

左上图：在这幅描绘法国大革命的绘画之中，市民（从左上方的顺时针方向开始）分别演示着升、克、米、立方米、法郎和两米的正确使用方法。但在现实中，新旧计量标准的并行会引起极大的混乱。

决于钟摆的长度。因而，可以用摆动周期来定义长度。事实上，在标准重力条件下，所谓的秒摆，即每秒摆动一次的钟摆，在海平面高度及纬度 45° 下（即赤道和极点中间）的长度为 0.994 m，略小于 1 m。然而，通过钟摆来测量米的长度却遭到了反对，一部分原因是因为钟摆的摆动周期取决于重力，而众所周知，重力会因经纬度的变化而变化；另一部分原因是因为时间单位本身也会发生变化（如前所述，学者们曾认真考虑过时间的十进制化，将一天分为 10 小时，每小时为 100 分钟，每分钟为 100 秒，不过这一想法最终并未得到人们的认同）。

钟摆的方法本有可能避免为尽可能准确地测量从敦刻尔克北部到巴塞罗那南部的子午线弧长度所带来的大量时间消耗和麻烦。这项富有挑战性的任务实施于法国动荡时期以及法国与西班牙的战争期间，花费了七年多的时间才得以完成，最终一位科学家还因患疟疾而死亡。测量结果的准确度令人难以置信，但即使如此，还是有些误差，部分原因是因为地球并不是一个完美的球体，部分是测量仪器本身的误差，还有一部分原因是在漫长而苛求的观测中所产生的人为误差。另一方面，这次科学大考察的确奠定了米的合法性基础，提高了米制的影响力。尽管最初并不受欢迎，但从长远来看，米制化是必然的。拿破仑在 1806 年说的这句话是对的：“统治会更迭，但这项工作会永存。”

BASE

DU SYSTÈME MÈTRIQUE DÉCIMAL,

OU

MESURE DE L'ARC DU MÉRIDIEN

COMPRIS ENTRE LES PARALLÈLES

DE DUNKERQUE ET BARCELONE,

EXÉCUTÉE EN 1792 ET ANNÉES SUIVANTES,

PAR MM. MÉCHAIN ET DELAMBRE.

Rédigée par M. Delambre, secrétaire perpétuel de l'Institut pour les sciences mathématiques, membre du bureau des longitudes, des sociétés royales de Londres, d'Upsal et de Copenhague, des académies de Berlin et de Suède, de la société Italienne et de celle de Gottingue, et membre de la Légion d'honneur.

SUITE DES MÉMOIRES DE L'INSTITUT.

TOME PREMIER.

PARIS.

BAUDOUIN, IMPRIMEUR DE L'INSTITUT NATIONAL.

JANVIER 1806.

左图：《基本十进制米制体系》（*Base du Sytème Métrique Décimal*）的扉页，出版于 1806 年。这是德朗布尔自己的抄本，他在书中记述了拿破仑对此书的评论：“武力征服已经过去，但是其作用依然存在。”

左下图：拿破仑·波拿巴（1769—1821），1804 年—1814 年期间法国的皇帝。尽管拿破仑对科学非常感兴趣，但他自己从未使用过米制单位。在 1815 年垮台之后，拿破仑如此抨击法国那些痴迷于米制的学者们：“他们不止想让 4 千万的人民满意，他们想签下整个宇宙。”

国际米制化进程

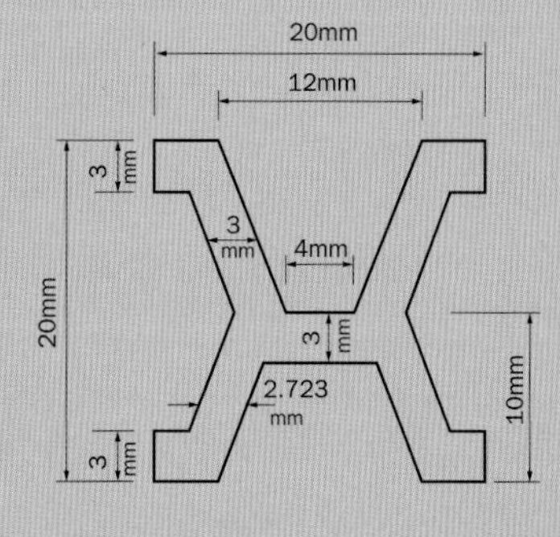

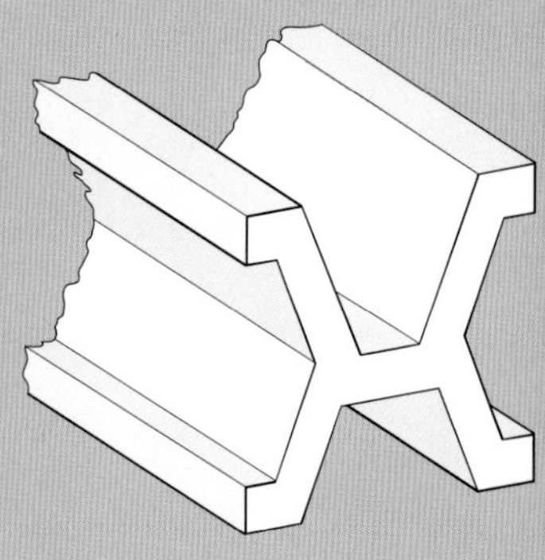

左上图：锻造新米尺。这幅1874年的版画展现了科学家们在位于巴黎的法国国立工艺学院（Conservatoire Nationale des Arts et Métiers）的车间中尝试锻造一种新的米尺。上图展示了铂铱合金国际米尺的侧视图和截面图。

从法国大革命到1960年引入国际单位制（SI）的一个半世纪里，米是通过保存在巴黎附近塞夫勒的国际计量局的金属尺长度来规定的，其复制品已分发给各国的国家标准机构。在1889年，用致密的铂铱合金制造了一个新的原型尺。该原型尺横截面为X形，目的是使得支撑良好时，下垂和变形最小。在两端的抛光面上有细的水平标线，适合用千分尺进行可视设置，较粗的垂直线则用于监测在0℃~20℃范围内的金属膨胀。标准长度始终在0℃下测量。

这种金属尺的缺点很明显。在20世纪的上半叶，科学家们想尽各种办法，寻找用光波波长重新定义米长度的技术，即可以在任何实验室利用适当设备进行测量的恒定标准。1960年，用氪的谱线重新定义了米。随后在1983年，现行基于光速的米定义被采纳：如今1 m等于光在真空中（1/299792 458）s所行进的距离。下表列出了米的可测量准确度的改进过程：

时间	定义米的基准	准确度
1791年	地球子午线四分之一的千万分之一	±0.06 mm
1889年	原型尺	±0.002 mm
1960年	氪的波长	±0.000 007 mm
1983年	光速	±0.000 000 7 mm
至今	同上，用改进后的激光器	±0.000 000 02 mm

米制在全球的普及见第9页。继法国之后采用米制的国家都是受法国规则直接影响的邻国。令人惊讶的是，在1815年拿破仑倒台之后，低地国家（Low Countries）仍在继续使用米制。在1840年之前法国新旧计量体系的妥协时期，卢森堡、荷兰和比利时仍然遵循米制。

西班牙在19世纪50和60年代推行了米制。随后，作为各自政治统一的一部分，德国和意大利也采用了米制。不久后，葡萄牙、挪威、瑞典、奥匈帝国和芬兰等国纷纷加入这一阵营。到1900年，远超一半的欧洲国家推行了米制。殖民帝国扮演着他们预期的角色。在20世纪下半叶之前，西班牙的米制化意味着其在南美洲剩余殖民地计量体系的改变（至少是官方的），法国的米制化则支配着阿尔及利亚和突尼斯。而英国迟迟未采用米制，使得澳大利亚、加拿大和印度的米制化延迟到了20世纪后半叶。

1918年，蒙古国改用米制，是第一个改用米制的亚洲国家。随后，20世纪20年代，阿富汗与柬埔寨也改用米制。在日本，米制遭到强烈反对，直到20世纪50年代才完成米制的转变。而中国的米制化则要等到1959年，也就是新中国成立之后第10年。至于在前苏联，十月革命之后的1924年就推行了米制，是政治剧变推动了米制化。

英国政府在1965年正式承认了米制，然后在1979年恢复了英尺，并废除了米制化委员会。自1974年以来，英国的学校一直教授着米制，同时包装上除了用英制外，也逐渐引入了米制，但是却没有打算改变道路标志，而且新闻报道也随意混用英制与米制单位。要英国接受米制可能还需等待十年——大约自1965年算起，像法国从1791年—1840年需要半个世纪的时间一样！

至于美国，则没有丝毫政治意愿推行米制。甚至在科学领域，旧的计量单位有时与米制一起使用。比如1999年发生的一件令人哭笑不得的事，由于一个设计团队使用了传统的单位，而另一团队则使用米制单位，导致美国国家航空航天局向火星发射的探测器在太空中失联。在美国民众中，盖洛普（Gallup）民意测验表明，从1971年—1991年，人们对米制的认识从38个百分点增长至80个百分点，但是赞成采用米制的却从50个百分点降至26个百分点。

英国与美国的米制化。英国的这一限高标志使用了四种不同的单位：码、英尺、英寸和米。在美国，在联邦政府用如下图所示的换算标志的引导下，人们对米制的认识逐渐提升，但是强制性的米制化在短期内却不可能发生。

第二章　数字与数学

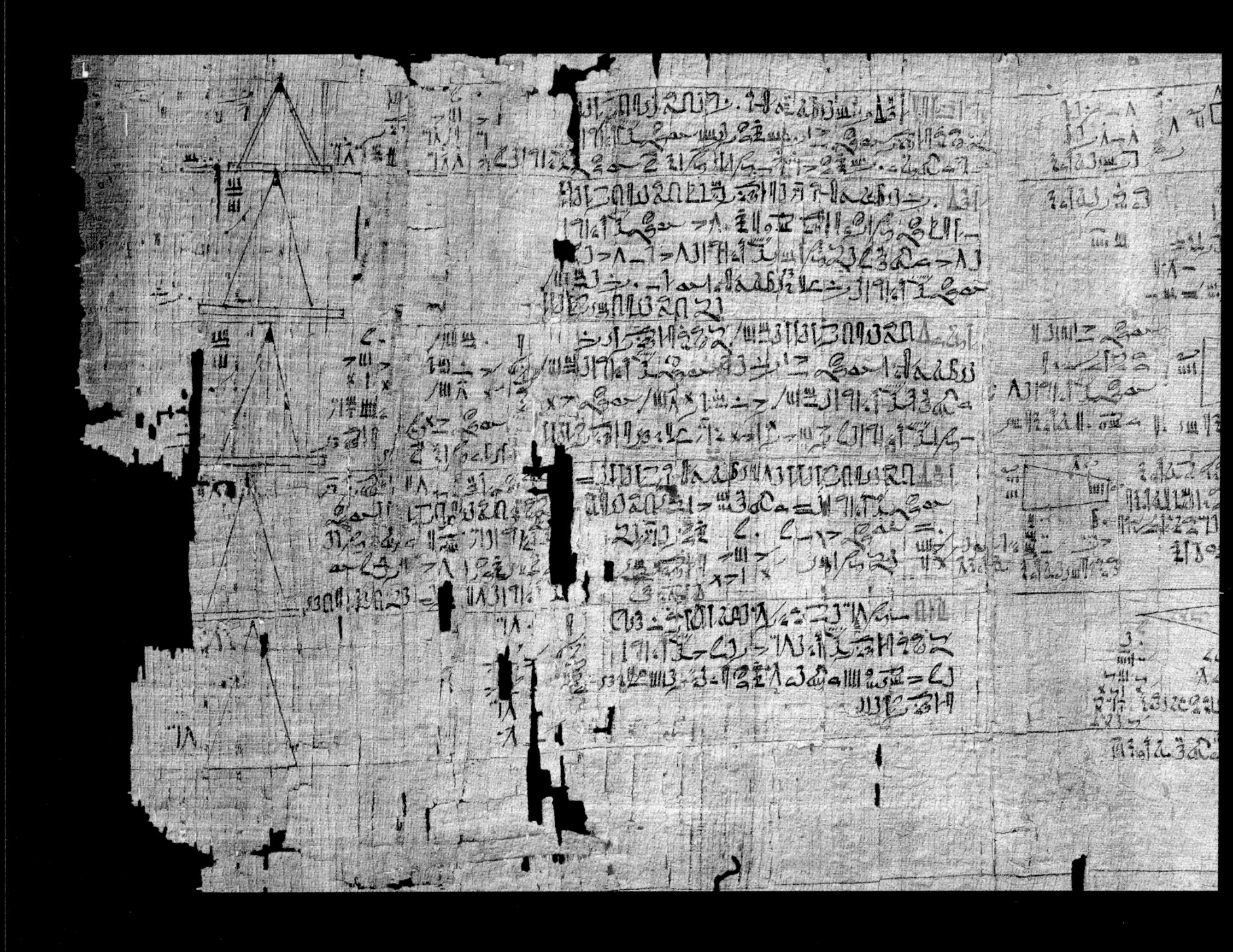

古埃及数学。莱因德（Rhind）数学纸草书起源于公元前约1550年的第15个王朝，但却声称是第12个王朝的摹仿品。图中所示部分涉及大量的矩形、三角形和金字塔的系列问题。另一部分包含圆周长与直径的比率 π 的近似值，$(16/9)^2$=256/81，或候，巴比伦数学家通过计算内切于圆中的六边形的周长估算出 π 为3.125。后来，阿基米德改进了这种几何方法，估算出 π 为3.1418，非常接近现在的约3.1416。在这一点上，古埃及数学家与巴比伦和希腊数学家不同，与理论相比，他们对实践

计数与会计

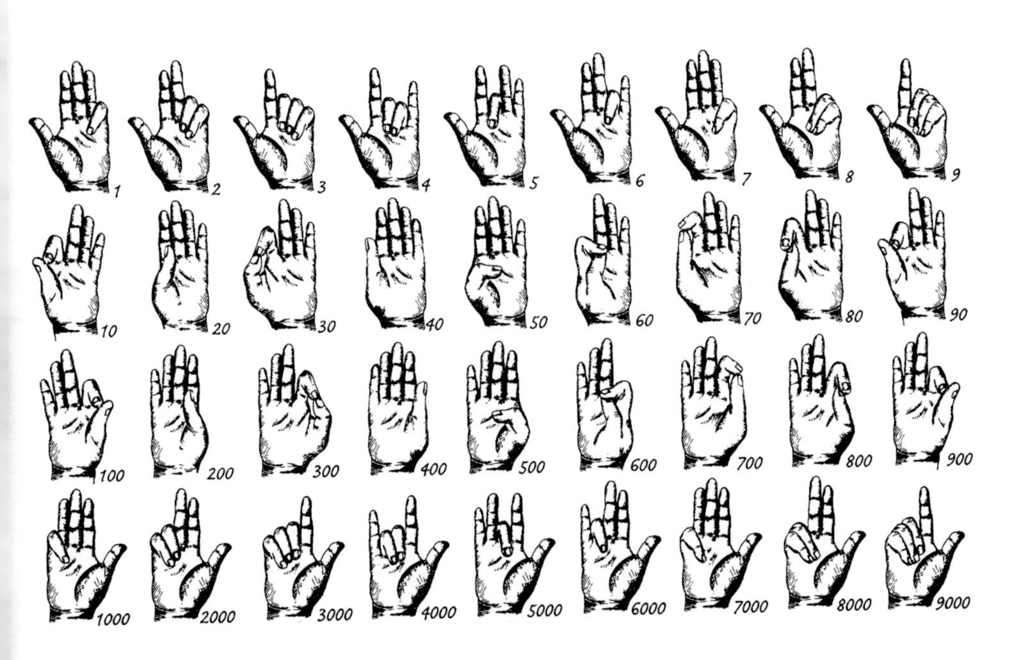

左图：手指符号，出自1520年出版的手册。我们可能会想，也许我们拥有十根手指就是创造十进制的原因。但是这个猜想忽略了这样一个事实，也就是我们同样也有十根脚趾，在可以光脚或穿凉鞋和盘腿而坐的文化习俗中，也可用于计数。

与测量能力不同，计数能力意指抽象的智力。人们可以用手指、手臂或脚具体地测量事物，但是通过手指和脚趾计数却首先需要一个脑力过程，即从具体概念过渡到抽象概念。不同于我的或你的手指，人们必须想象出手指的概念。伯特兰·罗素（Bertrand Russell）敏锐地发现："必须经过多年才能让人们认识到，一对野鸡和两天都是数字'二'的实例。"

现存最古老的计数例子是冰河纪末期刻有凹痕的骨头（见下页）。其次是在中东发掘的古迹中发现的，从公元前8000年直至公元前1500年的所谓的黏土"符号"，尽管从公元前3000年之后的这种发现有所减少——这与公元前4000年末期前后出现的美索不达米亚泥板刻字相符。最早的符号十分简单，是一些几何图形——球形、盘形和锥形等等，而后来符号通常为雕刻的，并且形状更为复杂。没有人明确知道这些符号的用途，最可能的解释就是这些符号是会计学中的计数单位。这些符号形状不同，用途也可能不同，比如用来表示羊群中的一只羊，或某个产品的特定尺度，如1蒲式耳粮食。会计学推动了所有早期计数体系和方法的发展。

下图：中东的黏土"符号"，起源于公元前8000年—公元前1500年。这种有划痕的符号似乎曾用于记录羊的数量。

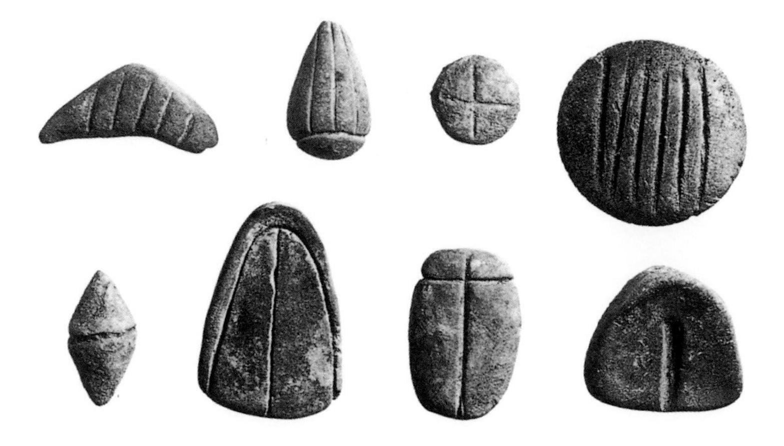

算筹，结绳与算盘

根据希腊历史学家希罗多德（Herodotus）的说法，波斯国王大流士(Darius)在征战塞西亚(Scythians)叛军期间，在后方留下了一支希腊军队（他的同盟）来守卫一座具有战略意义的桥梁。在将要离开的时候，大流士给了希腊军队一根有六十个结的细绳，并叫他们每天解开一个结。他说，若最后一个结解开时他还未返回，他们则可以乘船返回家园。

最早已知的算筹便是冰河时代的骨头，例如公元前 13 500 年左右法国西部夏朗德普拉卡德（Le Placard）的刻有整齐凹痕的鹰骨（最右图）。显微镜检查显示，这些凹痕是在一段时间内用各种工具刻成。一个似乎合理的解释说这些骨头是月球的符号：通过跟踪月相，冰河时代的人们创造了实用的日历。

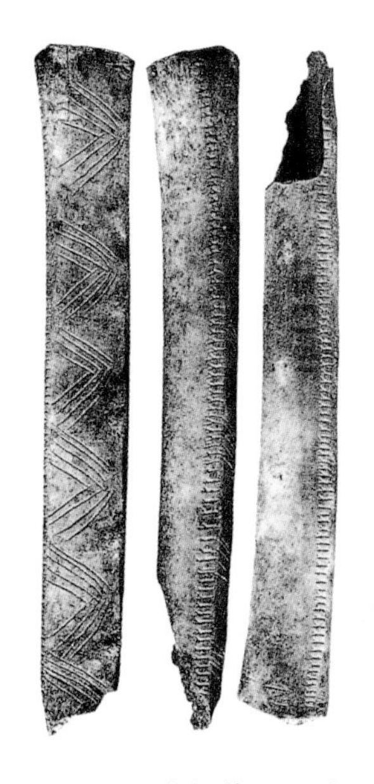

左下图：财务算筹。在12 世纪到 19 世纪早期，英格兰财政部使用木质算筹棒来登记客户的债权和债务。交易都写在木棒上，然后在上面刻上所有人都明白的标准符号；总数越大，去除的木头量越多。然后将算筹垂直分为两半，债务人持“箔”(foil)，债权人持“干”(stock)[此后便出现了“股票持有人”(stockholder)]。金属算筹（左图）由金镶嵌在铜上制成，起源于中国，可追溯到西周时期，也就是公元前 1046 年—公元前 770 年。很显然这是竹筹的仿制品，现今无保存完好的实物。

南美洲安第斯（Andes）山脉中部的印加文明是一个没有文字的王朝［不像中美洲的玛雅（Maya）和阿兹特克(Aztec)文明］。为记录商品的流动，他们在绳索上打结，被称为结绳。因此结绳是印加人唯一的官方记录方法。各城镇中，由奇普统计官或绳结保管员负责结绳或诠释绳结记录。该体制运行良好，在16世纪西班牙征服者到来之后，还保留了一段时间。结绳可能不单单只是记录了数字。杰弗里·奎尔特（Jeffrey Quilter）在绳结文字奥秘研究的《叙述线条》(*Narrative Threads*）中指出："数字可以解读为量级或数量，但也可以解读为标签，这些标签可能带有叙事属性和功能。"绳结的方向、颜色和其他结绳原理还远没有被现代人所完全理解。

与结绳相比，算盘作为现代计算器和计算机的原型，历史悠久并且广为流传。这个词的衍生就表明了其来源的线索。算盘可能来自闪语的希腊文形式"abakos"，例如希伯来语动词"ibeq"（擦去灰尘），名词形式为"abaq"（灰尘）。在巴比伦尼亚（Babylonia），最初算盘可能是一块上面有沙子的木板或平板，可用手指进行计算。后来为了快速移动，又加上了线和计数器，线固定在槽内，计数器系在线上。在欧洲，随着阿拉伯数字的使用，算盘渐渐消失，但它却在中东、中国和日本幸存了下来。在这些地方，算盘高手的速度可与许多现代机械计算机相媲美。算盘在中文中的含义为"计算的盘子"。算盘采用的是现代的十进位制。

2 0 5 8 4 7 3 2 6 2 1 2

左图：这幅约1613年绘制的图画表示的是一个印加（Inca）帝国职员手持一根结绳。绳结的"头端"在图片的左侧，"尾端"在右侧。学者认为是从尾到头进行记录和读取。绳结有很多种，每一种都代表十进制中的一个值，没有绳结表示为零。例如，一根绳子从上到下有一个2个单结串，再有一个4个单结串，还有一个扭了5圈的长结，这根绳子表示数字245。绳结在绳子上位置的不同，代表的数字也不相同。

下图：中国的算盘。在上部，1个珠子表示5个单位，而在下部，1个珠子代表1个单位。将珠子向中间分隔条拨动，表示数字和相加。图中表示的数字是205 847 326 212。

古代数字

在一些关键领域，我们仍然采用苏美尔人（Sumerians）五千年前使用的计数方法。在表示时间和角度时，我们采用基于60倍数的六十进制：1分钟等于60秒，1小时等于60分钟，1度等于60分，1圈等于360度。苏美尔人的计数体系中包含许多子体系，其中重要的一系列数字如下：

36 000　36 00　600　60　10　1　1/2

这些特殊的数字用于计算大多数独立的对象，例如人类、动物、乳制品、纺织品、鱼类、木质和石质工具以及容器。

巴比伦人在其楔形文字体系中保留了六十进制。当然，这些数字符号如同所有的楔形文字符号一样，变成了楔状。巴比伦数字如下：

$60^2\times10$（36 000）　60^2（3 600）　60×10（600）　60　10　1

到古巴比伦时期（公元前2000年的前半叶），这种体系就已臻至完美。与我们现在一样，当时就已经采用进位制表示数字，单个数字的值取决于其在整个数中的位置。例如：十进制数555中的每个5都表示不同的值，分别为：500、50和5。从右到左，每一位的值以10倍递增。这种方式唯一的严重缺陷就是4000年前没有代表零的符号。在我们写“零”的地方，巴比伦抄写员在计算时，据说是训练自己在脑海里给数字留出一个空位（公元前300年后，他们引进了一种两个斜楔形组成的占位标志）。

发展完善的进位制中的符号如下：

5　4　3　2　1

50　40　30　20　10

$60^2\times10$（36 000）　60^2（3 600）　60×10（600）　60

60和3 600采用相同的符号，就会出现明显的歧义，600和36 000也是如此。虽然最高位值的数字总是在左边（如同我们的十进制），但是每个数字还是有三种可能：

60+10+5=75
或 60^2+10+5=3 615
或 1+(15/60)=1.25

(2×60)+40+5=165
或 (2×60^2)+(40×60)+5=9 605
或 2+(45/60)=2.75

在亚述（Assyrian）历史上，有一个著名的操纵进位制数字的事件。公元前689年，西拿基立（Sennacherib）洗劫巴比伦后宣布按照主神马杜克(Marduk)的旨意，这座城市必须荒废70年。到了公元前680年，西拿基立的儿子以撒哈顿（Esarhaddon）继位后宣称将恢复巴比伦，原因是主神马杜克已经网开一面，颠倒了原来的数字，使这个诅咒只持续了11年。

70　　11

60 10　　10 1

与我们现在一样（亦如巴比伦人），在公元250年—公元900年期间繁荣兴旺的玛雅文明也采用了位值的概念。但是我们的位值是以10倍递增，而玛雅体制中是以20倍递增（即1，20，400，8 000等）。他们用贝壳代表零，在这一点上玛雅人（后来的印度人）领先于罗马人和巴比伦人，但是后来只传到了欧洲（见第33页）。一个圆点代表1，一杠代表5。示例如下：

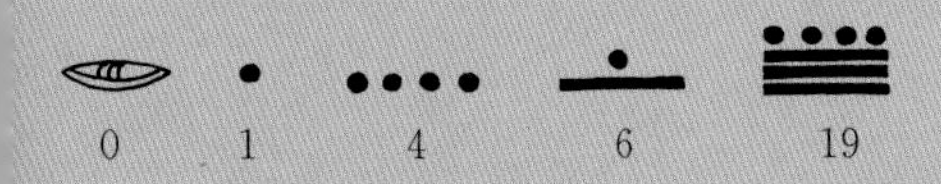

与我们数制中位值从右到左水平增加不同，在玛雅的数制中，位值是垂直向纸的上方增加的：

1×20=20

0×1=0
合计=20

12×20=240

9×1=9
合计=249

2×400=800

0×20=0

19×1=19
合计=819

另一种早期文明——公元前2000年中期的米诺斯（Minoans）文明和迈锡尼希腊(Mycenaean Greeks)文明，采用的是十进制数字，但是没有位值。这种文字称为“B类线形文字”，其中的计数符号如下：

| =1　　— =10

○ =100　　=1000

以下为“B类线形文字”泥板中的两个数字示例：362和1 350；

古希腊人和罗马人也采用十进制，同样也没有位值，但是他们用字母代表数字。例如，在希腊体制中，α，β，γ，δ和ε分别代表1，2，3，4和5；ι，μ和π分别代表10，40和80；ρ，τ和ψ代表100，300和700。因此14表示为ιδ，781表示为ψπα。在罗马体制中，仍采用I，V，X，L，C，D和M代表1，5，10，50，100，500和1 000。因此日期1 486表示为罗马数字就是：MCDLXXXVI。

如今西方的数字1~9以及他们的十进位制都是在10世纪通过哈伦·拉希德（Harounal-Rashid，8世纪晚期巴格达著名的哈里发）传入欧洲，但是最初却是起源于6世纪—7世纪的印第安数学家。因此，按理说应称为印度数字，而并非阿拉伯数字。但是也有反对使用这种数字的，佛罗伦萨（Florence）在1299年明令禁止使用这种数字，原因是相比罗马数字而言，这种数字更容易被篡改。但是由于相比所有之前的其他数字体系，这种数字更加便利且更具影响力，因此阿拉伯数字最终必然胜出。

数基

为什么一些远古文明，例如米诺斯和埃及，选择基数为10的十进制，而其他如玛雅和巴比伦则分别选择基数为20的二十进制和基数为60的六十进制，或其他不同的数基，如十二进制（基数为12）或各种数基的结合？其中，巴比伦人选择60作为基数（虽然带有一些十进制的原理）因流传久远而特别引人注意。虽然学者做了很多调查，但是仍然不明其中缘由。似乎是巴比伦人受到了一个月“30”天，一年“360”天的影响。当然，同样也是因为60可被30，20，15，12，10，6，5，4，3和2整除：这种特点对日常交易有显著的帮助（在这方面，基数12优于10，因为12可分为两等份、三等份、四等份和六等份，而10只能分为两等份和五等份）。

具有讽刺意味的是，塑造了现代文明的数基，至少与基数10一样，既未在古代使用，也对除法无任何帮助。二进制计数基数为2，是电子数字计算的基础，反映了这样一个事实：电气开关有2个方向，即“开”或“关”，磁盘和磁带上任一点的磁化方向亦是如此。如果“关”代表0，“开”代表1，则一系列开关，或二进制数字（称为“比特”），能够以2为基数的位值符号代表任何整数。具体示例参见右图。

约翰·纳皮尔（John Napier）在1594年发明了对数（同样也发明了小数点），而数基于对数而言至关重要。常用对数，即底数10的对数log10，通常简写为“log”。通过以下几个例子便可明了。回想一下，$10^2=100$，$10^3=1\ 000$，$10^6=1\ 000\ 000$，$10^9=1\ 000\ 000\ 000$，那么这些数字的对数为log 100=2，log 1 000=3，log 1 000 000=6，log 1 000 000 000=9。介于中间的数字也有对数：例如log 24=1.38，log 759=2.88，log 8 525 000 = 6.94。这意味着对数标度，与我们习惯的线性标度相反，能够包含广泛的量级，这在科学上是一个至关重要的功能。例如，对数标度用于测量酸碱度（pH）、声（音）量（分贝）和地震（里氏震级）。1622年发明的便携式计算尺也是基于对数刻度，是电子产品出现之前，科学家主要使用的计算器。

十进制	二进制
0	0
1	1
2	10
3	11
4	100
8	1000
10	1010
32	100000
64	1000000
100	1100100

下图：计算尺带有对数刻度，无论数字大小，这种计算尺都是数字相乘、相加以及幂数和方根计算的理想工具。辉柏嘉2/83N（Faber-Castell 2/83N）计算尺分辨率高，使用简单，因此广受欢迎。1968年—1972年期间，阿波罗月球探测器都携带了计算尺作为电子计算器的备用。但是之后不久，电子计算器凭借其可靠性和价格优势，使得计算尺沦为博物馆的展品。

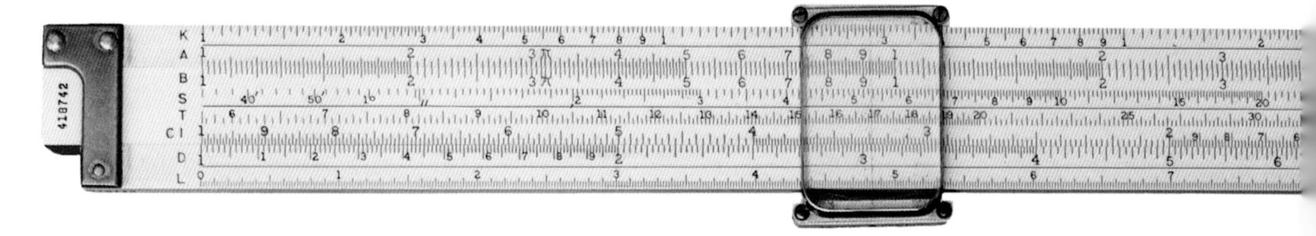

零和无穷大

谈到零和其他阿拉伯数字的发明时，皮埃尔·西蒙·拉普拉斯（Pierre-Simon Laplace）这样写道："是印度给了我们用十个符号来表示一切数字的独创方法，且每个符号都被赋予了位置值和绝对值。这真是一个意义深远且重要的想法……当我们记起它避开了阿基米德和阿波罗尼奥斯(Apollonius)这两位伟人的天赋时，我们会更欣赏此成就的宏伟。"

虽然这是历史事实，但是却回避了这样一个棘手的问题，即表示"零"的"第十个"符号是否代表与其他九个符号同类的数字呢？若我口袋里有5个硬币，拿出来3个，则口袋里还剩2个硬币。如果我没有拿出硬币，则口袋里还剩5个硬币。但是，说我从口袋里拿出0个硬币表示什么呢？

1~9中任意数字相加，都会得到不同的数字。例如$2+2=4$，$7+8=15$。相减、相除和相乘亦是如此（但是结果可能是负数或分数）。但是对于0而言，加上或减去0结果都不变；任何数乘以0，结果都为0；任何数除以0则是一个复杂的问题。虽然我们常常被教导说除以0产生的结果是无穷大，但是说除以0"不表示任何意义"才更为准确。通过一个简单的等式：$6\times0=8\times0$，便可明白其原因。在任何等式中，常见的规则是，若等式两边进行相同的操作，等式仍然平衡。例如：$4\times12=6\times8$，在两边分别除以2，得到$2\times6=3\times4$。但

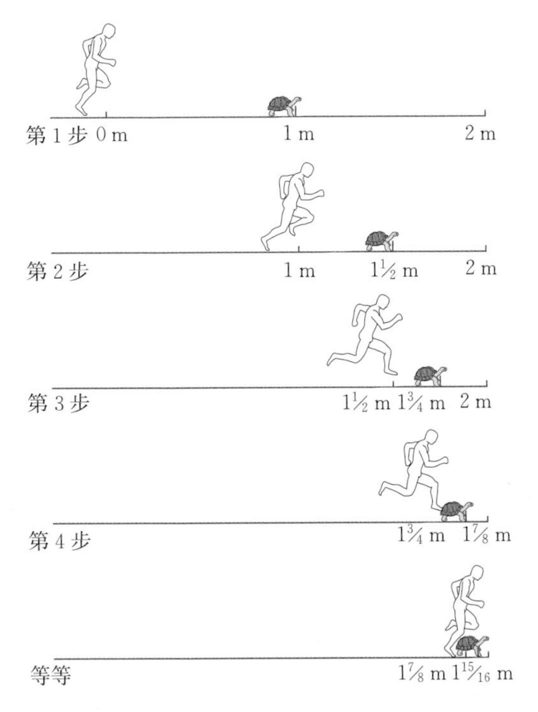

是若在$6\times0=8\times0$两边分别除以0，却得到$6=8$，这是不成立的：假设这是成立的，则所有的数字都将相同，因为任何两个数字都可以代入等式$a\times0=b\times0$中，并且得到相同的结果。

古希腊哲学家拒绝使用零（无、空或真空）和无穷大，并非因为他们不知道这些概念，而是这些概念就像是他们逻辑系统中的"特洛伊木马"。阿那克萨哥拉(Anaxagoras)曾写道："对小来说没有最小，只有更小的。对大来说没有最大，只有更大的。"因此阿基米德探究宇宙可以装多少粒沙时，试图通过《数沙者》中的方法计算沙子的数量，而不是采用"无穷大"这个答案。

公元前5世纪希腊哲学家芝诺(Zeno)提出芝诺第二悖论(Zeno's Second Paradox)。它假设在一次赛跑中，阿喀琉斯的速度是乌龟的两倍，但是起点在乌龟的后面，因此确切地应称为"阿喀琉斯和乌龟悖论"。如图中所示，阿喀琉斯在乌龟后1 m处起跑，速度为1 m/s，乌龟的速度为0.5 m/s。阿喀琉斯永远不可能追上乌龟，因为当他到达乌龟的起点时，乌龟已经又向前移动了。现代的解答承认阿喀琉斯必须跑无穷步才能在2 m处追上乌龟：在数学关系式中，无穷级数$1+1/2+1/4+1/8+1/16+\cdots$收敛至总和2。芝诺的这个悖论和其他令人困扰的悖论对希腊人排斥零和无穷大有着重大影响。

坐标

所有的地图册都含有坐标。我们都知道，这个概念是托勒密和喜帕恰斯发明的，但却是笛卡尔在 17 世纪将坐标引入到数学中。如今这种坐标系仍在使用，它有 2 或 3 条轴，分别标为 X、Y 和 Z，每条轴相互垂直，能够表示 2 维或 3 维位置。与英国牛津的 51.46° N 1 .15° W 这样的地理坐标表达式不同，笛卡尔坐标的表示式为（2，4）或（2，4，5）。

中间各轴线的交叉点，也称为“原点”，其值为零。由于古希腊拒绝使用零、空或真空，这便是根本的分歧点。天主教受到哥白尼日心说中宇宙无限大的观点的影响，也拒绝使用零和空，但是也有许多异教徒。尽管如此，唯一公开发表数学著作的教皇西尔维斯特二世（Sylvester Ⅱ），也是将阿拉伯数字（包括零）引入到欧洲的先驱中的一员。笛卡尔是一名耶稣信徒，查尔斯·塞费（Charles Seife）在《零》（*Zero*）中这样描述他：“拒绝使用‘空’，但却将其作为自我世界的中心。”

有了笛卡尔坐标，阿拉伯人发明的代数（起源于巴比伦人和希腊人）就可与希腊的几何学相关联。坐标帮助爱因斯坦通过一个简单的思想实验发现狭义相对论。你站在匀速前进的火车车窗边，换句话说就是火车速度不变，不加速也不减速，松手丢下（不是用力投掷）一块石头到路基上。如果不计空气阻力的影响，虽然你在移动，但却可以看到石头是垂直下落的。但是，路上静止的行人，也就是从小路上看到动作［爱因斯坦称为“misdeed”（不端行为）］的“静止不动”的人，看到的则是石头是沿抛物线落到地面上的。那么所观察到的路线实际上是直线还是抛物线呢？答案是两种路线都是正确的。这里，“事实”取决于观察者的参考体系架构——用几何术语来说就是观察者连接的坐标系是火车还是路基。爱因斯坦在《相对论》（*Relativity*）中表示，可以用相对关系将所发生的复述如下：“石块在基于车厢的坐标系中走过了一条直线，但在基于底面（或路基）的坐标系中却走过了一条抛物线。借助于这一实例可以清楚地知道不会有独立存在的轨线（字面意义是‘路程－曲线’），而只有相对于特定的参考物体的轨线。”

勒奈·笛卡尔（René Descartes，1596—1650），哲学家、数学家、科学家。发明了将代数与几何相联系的坐标系。左下图表示带有二维笛卡尔坐标的四个点和四个代数方程：两条直线、一个圆和一条抛物线（将坐标系延伸至负数是笛卡尔同事的贡献）。方程式 $x=y$，在笛卡尔坐标轴上是一条直线，斜率为 1；$2x=y$ 也是一条直线，斜率为 2。其他简单方程式在坐标中表示为曲线：$x^2=y$ 是一条抛物线；$x^2+y^2=1$ 是半径为 1 的圆。

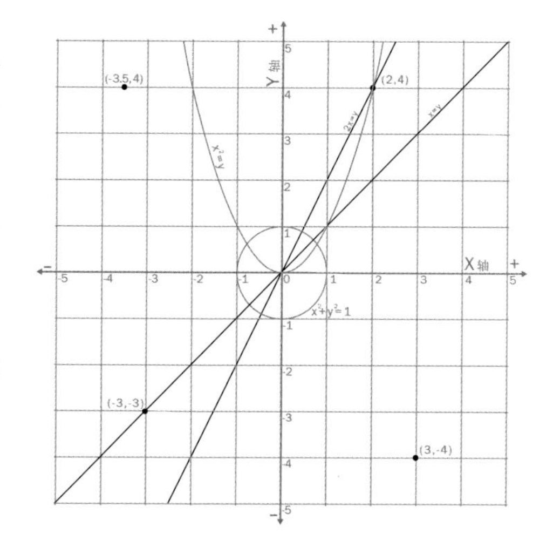

几何学

柏拉图学院(Plato's Academy)大门上的题词写道(字面意思):“不懂几何学者不得入内。”虽然古希腊人尊崇几何学研究的确出于纯粹的好奇心,但他们的研究与现实世界也有联系。他们口中“几何”这个词意思就是“地球测量”。在古典时期之前,几何学无疑具有重要的现实意义。事实上,在法老的测量技术中,几何学和算术可能拥有一个共同的基础。一根拉紧的绳子便是埃及测量员绘制直线的尺子,旋转的绳子便是绘制圆的圆规。

几何学对修建金字塔至关重要。一开始,需要用它来确定金字塔各侧轴线的基本方向。将一根直杆垂直竖立在沙子中作为指时针(类似于日晷的指针),找到正午太阳的方向,即可得到南北方向。O. A. W. 迪尔克(O.A.W.Dilke)在《数学和测量》(*Mathematics and Measurement*)中解释说:“然后观察杆影顶端移动的轨迹。将该轨迹与以指时针为圆心的适当的圆相交,并将相交点A和B相连。然后将AB线平分,以此确定正午太阳的方向。”(另外,也可以用平分星星升角和降角的方法。)

除了最早的塞加拉(Saqqara)的阶梯金字塔以外,金字塔倾斜面的底面投影均为正方形,其倾斜度取决于顶点高度和边长。倾斜度的象形文字为“skd”,表示比率。通过将边长(单位:掌长)的一半除以顶点高度(单位:腕尺),可得到单位为掌长的倾斜度(7掌长=1腕尺)。莱因德数学纸草书中有许多这类算术练习(见第26页)。例如:一个金字塔的垂直高度为$93\frac{1}{3}$(腕尺),边长为140(腕尺),求其“skd”。首先将140除以2,得到边长的一半为70,再乘以7,转为掌长,得到490。然后用490除以$93\frac{1}{3}$,得到答案为$5\frac{1}{4}$掌长。因为1掌长等于4指幅,最终答案为5掌长1指幅。若是吉萨(Giza)的大金字塔(见第5页),其边长为440腕尺,从平面到顶点的原高为280腕尺,则“skd”为$5\frac{1}{2}$掌长,计算方法同上。

希腊人将几何学提升到了埃及人从未想象到的抽象领域。欧几里得(Euclid)约在公元前300年首次提出了五条公理和五条公设,主导了19世纪之前的几何学和20世纪的教科书。其中“给定一个圆的圆心和圆上的一点,则该圆是给定的”的公设仍然适用。另外一个最著名的公设,称为平行公设,吸引了许多人试图证明其正确性。直到19世纪20年代,再一次的失败终于催生了一个全新的、重要的领域,即著名的“非欧几里得”几何。

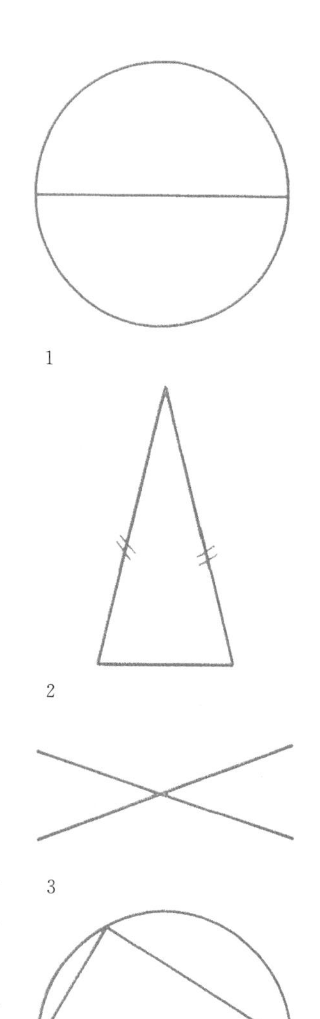

早期的希腊几何命题。它们是公元前6世纪米利都(Miletus)的泰利斯发现的。1. 一个圆可被其直径平分为两份。2. 等腰三角形两底角相等。3. 两条相交直线形成两对相等的角。4. 内切于半圆中的角为直角。

黄金分割

人们常说，达·芬奇（Leonardo）的画作《蒙娜丽莎》（*Mona Lisa*）的脸形蕴含了黄金分割的比例。也就是说，若在她的脸周围画一个矩形，则矩形的高与宽的比例接近 1.618∶1（略略超过 8∶5）。达芬奇从未注意到这个比例，但是他有一个好友叫卢卡·帕乔利（Luca Pacioli）发表了一部关于比例的著作《神圣比例》（*Divina Proportione*），共三卷。帕乔利坚信“神圣比例”是在人类脸上发现的。

在其他许多场合也有发现这个比例，如希腊的帕台农神殿、《古腾堡圣经》（*Gutenberg's Bible*）的双列型文字区域、鹦鹉螺壳的螺旋形，甚至现代信用卡的比例。这个比例吸引了许多数学家，从欧几里得（首先在著作中定义黄金比例的人）到开普勒（Kepler）、罗杰·彭罗斯（Roger Penrose）。天体物理学家马里奥·利维奥（Mario Livio）在《黄金分割》（*The Golden Ratio*）一书中写道：“生物学家、艺术家、音乐家、历史学家、建筑师、心理学家，甚至是神秘主义者都在思考和讨论其普遍性和吸引力的原理。事实上可以这么说，在数学发展的历史上，唯独黄金分割这个数字启发了所有学科的思想家。”但是并无证据表明黄金比例是人们蓄意而为。

黄金分割，如今称为 Φ（phi）［希腊雕刻家菲狄亚斯（Phidias）表示在帕台农神殿中使用了这个比例后］的确切数学定义是，将一条直线分为较长部分 a 和较短部分 b：

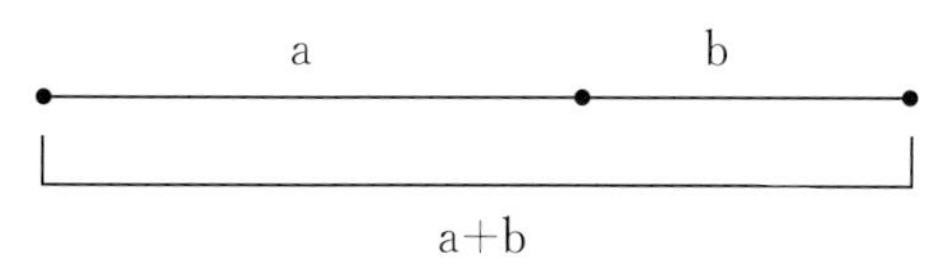

黄金分割就是指整条直线与较长部分之比等于较长部分与较短部分之比。更精确地说是：$\Phi=(a+b)/a=a/b$，等于 $(1+\sqrt{5})/2$，无理数约为 1.618。

左上图：公元前5世纪雅典的帕台农神殿。图中标出了两个明显的黄金分割示例：A∶B 和 C∶(A+B)。但是并无明确的证据表明这座神殿的希腊设计者特别尊崇黄金比例。

上图：鹦鹉螺壳。连续的螺旋形壳室（使外壳可以漂浮）构造的比率类似于黄金分割。

分形

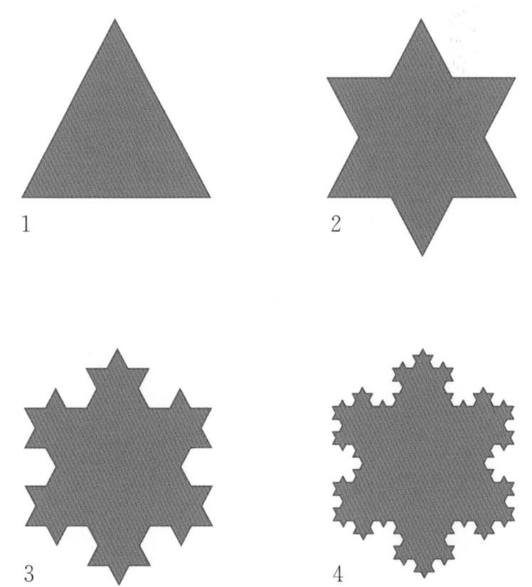

沿海岸线徒步的旅行者都有这样一个共同的感受，徒步走到目的地比路标上标示的公里数要远得多。同样地，古希腊人在测量撒丁岛（Sardinia）和西西里岛（Sicily）的大小时也存在这样的问题。许多证据表明西西里岛比撒丁岛大（如今已知西西里岛在面积上是略微大一点），但是那些经验丰富的水手却反对地理学家这种说法。他们环航撒丁岛的时间比环航西西里岛的时间要长，因为撒丁岛的海岸线更长。然而到底海岸线有多长并没有明确答案。一艘大船可以测量的一个形状，对一艘小船来说却是较大的形状，对一个徒步旅行者则是更大的形状，对一只蚂蚁来说甚至是更加巨大的形状。我们越是放大，海岸线的形状越断裂，并且变得越长。正确的答案取决于我们测量海岸线的方式。

欧几里得平滑几何中没有这种不规则图形，但是这种图形却是大自然的一部分。20世纪，出现了新分形几何——“分形”一词由数学家本华·曼德博（Benoît Mandelbrot）在1975年创造，来源于拉丁文“fractus”（“零碎”或“破裂”之意）。曼德博在《大自然的分形几何》（*The Fractal Geometry of Nature*）一书的绪论中写道：“云不是球形，山不是锥形，海岸线不是圆形，树皮并不平滑，闪电的行进也不是一条直线。”

天然分形和人工分形。罗马花椰菜（Romanesco，左下图）的每个蓓蕾都与整个花椰菜完全一样，并且花椰菜可以不断被分为许多更小的自相似蓓蕾。前五次分形可以用肉眼看到，之后只能通过放大镜或显微镜看到。各个放大倍率下的自相似性是分形的关键属性，但是自相似性的程度从完全相似到定性相似（如蕨类植物和血管）各不相同。数学中两个简单的分形——科赫（Koch）雪花（上图）和谢尔宾斯基（Sierpinski）地毯（左上图）就是完全自相似。科赫雪花是将一个等边三角形反复以四条线段代替一条线段，形成一个三角“凸形”而形成的（第一、第二、第三和第四次迭代如图所示）。因此，科赫雪花的边界长度是无限大的，而面积却是有限的。

最近几年，人们对美国抽象艺术家杰克逊·波洛克的画作进行了分形分析。杰克逊·波洛克醉心于描绘他所说的“自然之韵”。波洛克被称为“滴洒手杰克”（Jack the Dripper）。他喜欢将巨大的画布平铺于车库地面，用浸入旧颜料罐的木棒将家用颜料滴到画布上进行创作。他的作品具有神秘的吸引力，例如他著名的画作之一——创作于1950年的《秋韵》（*Autumn Rhythm*）。虽然许多艺术家受到启发模仿波洛克的手法（有一些为伪造），但是却没有一个人能成功模仿出他代表作里的韵味，例如下图所示的非波洛克滴画作品。

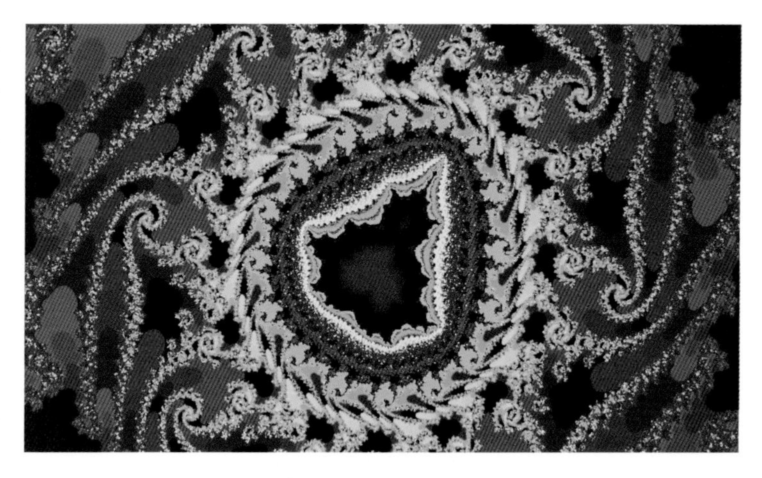

左图：著名的“曼德博集合”分形，图中只是其中一个很小的片段。这个图形远比科赫雪花或谢尔宾斯基地毯（上页）要复杂得多，因为这个图形并非完全的自相似。曼德博提到：“若整个曼德博集合以相同比例绘制，那么末端都快要到天狼星（Sirius）上去了。”

分形结构可能是波洛克艺术的基础，这个想法激起了一位物理学家，同时也是一名抽象派画家，理查·泰勒（Richard Taylor）的好奇心。他和他的同事将各类的波洛克画作（为了进行比较，也包括一些非波洛克滴画作品）用电脑进行分析，图案尺寸小至一个斑点，大到约一米。他们发现，波洛克的图案都是明显的分形，而其他的则不是。泰勒2002年在《科学美国人》（*Scientific American*）中报告称：“在整个尺度范围内，他们全都是分形，其中最大的图案比最小的大1 000倍。”原来，早在曼德博揭示自然界分形的25年前，波洛克就已经用画来表达了。

上图：杰克逊·波洛克（Jackson Pollock，1912—1956）。与他的模仿者（左图）不同，他关于大自然的画作中的形状就是明显的分形。

数学：自然科学？人文科学？

我们如何看待自然界和物理现实可以通过人类构想出的数学进行解释呢？数字以及数字之间的相互关系是否是人类“发现的”独立于思想而真实存在呢？或者他们纯粹只是我们强加给现实的思想产物呢？比如说，自然界中真的存在黄金比例和分形吗？

自从伽利略（Galileo）提出他在实验中发现的、用于证明他所推断的运动规律的数值，并非属于他的，而是属于自然界本身，他的这个观点引起了科学家们对这个深奥问题的思考，但是却未能得出任何结论。物理学家海因里希·赫兹（Heinrich Hertz）表示：“人们不能摆脱这样的感觉，即这些数学公式独立存在，并且有它们自己的智力，它们比我们聪明，甚至比它们的发现者聪明，我们从它们那里得到的比原先我们投入到它们那里的多得多。”爱因斯坦一如既往地讽刺说：“只要数学的命题涉及真实存在，那么它就是不可靠的；只要它是可靠的，它就不涉及真实存在。”但是后来，他明显修正了这一说法：“当然，实践始终是检验数学构造的物理效用的唯一判据。但是这种创造性的原理却存在于数学之中。因此，在某种意义上，我认为，像古人所梦想的那样，纯粹思维能够把握现实存在这种看法是正确的。”

但是另一名物理学家，诺贝尔奖获得者尤金·维格纳（Eugene Wigner）做了一个题为《数学在自然科学中不合理的效用》的著名演讲。其中他描述了这样一件轶事：两个高中时的朋友在谈论其工作，其中一个人是一位统计学家，致力于研究人口趋势。他给老同学展示他的著作。就像通常那样以高斯（正态）分布的钟形曲线开始，而且这位统计学家还给他的老同学解释表示当前人口、平均人口等的那些符号的意义。他的同学认为这位统计学家是在和他开玩笑。“你是怎么知道的呢？”他问道，“还有这个符号是什么？”“哦，”这位统计学家说，“这是 π”“那是什么东西？”“圆周长和它直径的比。”“好吧，你的玩笑开得太过了。”老同学说，“人口肯定和圆周长没什么关系。”

维格纳将这种反应称为“简单的常识”。他承认：“数学概念常常出现在完全意想不到的联系中。而且，它们还会对这些联系中的现象进行异常紧密且精确的描述……数学在自然科学中的巨大作用是某种处于神秘边缘的东西，而且对它没有什么合理解释。”

M.C. 埃舍尔（M.C.Escher）1959 年创作的《极限圆Ⅲ》（*Circle Limit Ⅲ*）。埃舍尔的经典作品深深吸引着每一个人，尤其是数学家，因为他的作品将自然和数学之间的关系形象化了。这个示例为非欧几里得几何中的平面图。这个不常见的弯曲空间几何图形，对于爱因斯坦的广义相对论至关重要，图中“视曲线为直线；视所有三角形（以及所有鱼）的尺寸大小一致；边界圆在‘无穷’远处，在‘无穷’远处交汇的线条互相平行”（卢克·霍奇金《数学史：从美索不达米亚到现代》）。

第三章 常用单位

冰河时代的涂鸦。图中印在圆石上的手掌印和红点大约已有20 000年历史。它位于法国南部洛特省（Lot）派许摩尔（Pech Merle）的一个洞穴里。这幅简单却生动的图画要表达什么呢？“我曾在这里放牧？”还是有更深层次的象征意义？该洞穴里还有很多类似的画，其他的画作展现的动物外形似马、野牛和猛犸象，有的旁边有红点，有的没有。没有人知道确切的意义，但可以肯定的是人类的手和其他身体部位，如手臂和足部为最早的长度计量系统提供了依据。

重量与密度

印度河流域文明的系列标准化石砝码可以说是世界上现存最早的计量系统，可以追溯到公元前 2500 年（见第 2 页）。我们也许不应感到奇怪，该系统是用于测量重量而不是长度、面积和体积，因为重量是买卖食物和金银等贵金属时最重要的计量方式。因此，这也许是大家所熟知的“度量衡”一词中重量是强调的重点；并且是秤代表了公正这一重要概念的原因。古代最有名的故事之一便是阿基米德大呼“尤里卡！尤里卡！”（希腊语“Eureka”，意即“我找到啦！”）。这是一个关于重量测量的故事。

使用米制重量单位前，人们曾使用过种类繁多的重量单位——从苏美尔人的谢克尔（shekel）和塔兰特（talent）到希腊的迈纳（mina）和罗马的磅（libra），再到当今美国的磅（pound）和盎司（ounce），更不用说药剂师使用的吩（scruple）和珠宝商使用的克拉（carat）等专用重量单位。

15 世纪和 16 世纪在日内瓦使用的单位“袋”（sack）是个有趣的例子。该单位用于评估向行商征收的税收。当时，货物是搭在家驴的两侧运输的，显然，由于这种评估方式取决于麻袋的数量而非其重量，容易被商人钻空子。商人可以将袋装满沉重的货物，支付的税收与半袋相同。这时候就需要有一个平衡机制来维持麻袋的标准重量。维托尔德·库拉在《计量与人》中写道：“毕竟，驴子所驮的重量既不能太少也不能太多，这一点最符合‘大多数商人’的利益，否则他的驮兽很可能累倒在阿尔卑斯山的某个山口，而货物则散落在一旁的岩石地面上。”

当时保证商品标准重量的规范方法包括社会控制、官方监督与宗教约束，同时也适用于其他计量方式。社会控制是通过将标准展示在市政厅前或市场里来进行的，方便解决争端时查看。按照国家和地方政府的指示，将长度和体积标准刻在石头中，或铸在重金属中，通常使用复杂的工艺，使它们难以消除或伪造，也有的是铆接到墙壁上的。即便

下图：乔治三世国王的常衡盅，重量：28 磅、14 磅、7 磅、4 磅、2 磅、1 磅、8 盎司、4 盎司、2 盎司、8 打兰、2 打兰。1 常衡磅（0.454 千克）为 7 000 格令。格令最初指“从麦穗中部摘取的大麦粒平均重量，即 64.8 毫克”［R.D. 康纳（R.D.Connor）《英格兰度量衡》（*The Weights and Measures of England*）］。1 磅为 16 盎司，1 盎司为 16 打兰。“Avoirdupois”（常衡）源自古法语“aveir de peis”，即“货物的重量”。

如此，发生激烈争执时，这些标准也会被有权有势的人无视。最终的上诉标准往往保存在犹太神殿（Jewish Temple）、罗马国会（Romen Capitol）或拜占庭圣索菲亚大教堂（Byzantine Hogia Sophia）等祭典场所里。今天保存计量单位的机构有位于巴黎附近塞夫勒的国际计量局（该机构保存有标准千克）以及一些国家计量院，如英国的国家物理实验室等。

公元79年庞贝城由青铜制成的罗马天平。“磅”(libra)[“磅”(pound)]是罗马的标准单位，有时连着“pondo”，便有了短语“libra pondo”(“1磅重”)，因此“pondo”一词本身的意思是“磅(pound)重”。令人困惑的是，英语中“pound”(磅)一词来自“pondo”，其缩写“lb”却来自于“libra”。1 libra(磅)等于12个“uncia”(十二分之一)，1 uncia等于21 g~27.5 g，该词是“ounce”(盎司)一词的来源，但英制中1磅等于16盎司。

约公元前1400年的一幅图中，一个埃及人用一个牛头形状的砝码称金环的重量。传统的埃及单位是德本(deben)， 约93.3 g。但随后增加了凯特(kite，9 g~10 g)，并确定1德本为10凯特。德本用于铜、银和金的计量，凯特只用于金银的计量。“还可以表示各种非金属商品的当量值，从而形成了法老时期非货币经济的基本价格体系”(伊恩·肖和保罗·尼科尔森《大英博物馆古埃及词典》)。

制衡。15世纪比利时图尔奈大教堂（Tournai Cathedral）的彩色玻璃窗（左图）展示了用大型杠杆秤称重物的情形。杠杆秤往往难以获得消费者的青睐，原因是这种秤容易出现缺斤短两或其他损失。就面包而言，问题就不同了：面包师可能会无意或故意烘培出重量不足的面包。不老实的面包师将被判游街示众，将次品面包挂在脖子上，情节严重的还要戴枷锁，如下图在《白皮法典》（*Liber Albus*，1419年）中所示。

密度是重量与体积的比值。一袋水泥的重量远远超过一袋锯末的重量。冰比水“轻”，因此浮在水上，石头比水“重”，因此沉在水底。但更准确地说，石头的密度比水大得多，水的密度比冰略高。当然，黄金的密度又远高于这些物质。1 cm^3 的黄金重 19.3 g，同样体积的银重 10.5 g，同样体积的水重 1 g。与水相比，黄金的相对密度是 19.3。相等体积的金、银和水的重量比较如图中所示。

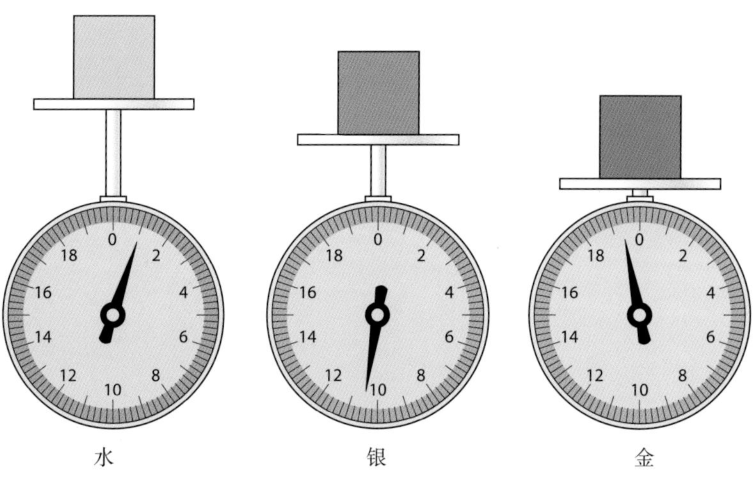

公元前 3 世纪，阿基米德在锡拉库扎把重量、体积和密度的知识投入到了实际应用。该城的统治者赫农王二世（Hieron Ⅱ）怀疑金匠打造的皇冠不纯，要求阿基米德检验皇冠是纯金的还是掺有银，但检验时不能损坏皇冠。据说，阿基米德是在澡盆洗澡时，发现了他身体的浮力和排出水重量的关系，才灵光一现想到了检验的方法。他兴高采烈地跳出澡盆就向街上跑去时也许衣服都没穿，边跑边喊：“尤里卡！”大概的意思是“我找到啦！”。结果，可怜的金匠最后被判了死刑，至少罗马人维特鲁威（Roman Vitruvius）是这样告诉我们的。

然而我们并不知道阿基米德究竟做了什么实验，我们也没见过阿基米德用他自己的话陈述阿基米德定律。用现代的话说：“浸入液体中的物体重量的损失等于该物体排开的液体重量”（冰山失去足够的重量会漂浮起来）。如果两个物体重量相同但体积不同即密度不同，浸在水中时，体积较大（密度较低）的物体排开的水更多，而变得“更轻”。换句话说，如果皇冠不纯，那么其密度必然低于纯金的皇冠，当浸在水中时，其重量比纯金的重量低。阿基米德可能是把一块纯的黄金绑在天平上，并浸入水中来测量其重量损失，从而得到了黄金的相对密度，进而计算出纯金皇冠的重量损失。然后再用该方法对皇冠进行了测量，发现其在水中的重量比计算的重量低，进而得出皇冠掺假的结论。

用阿基米德那个时代的常用单位，是这样描述阿基米德定律的：“完全浸没在水中的物体，每水罐（khoes）体积（即 1/12 古希腊和罗马的双耳酒罐（amphora）损失的重量为 $7\frac{10}{19}$ 迈纳（mina）。”［亚历克斯·希伯拉（Alex Hebra）所著的《计量单位》（*Measure for Measure*）。］尽管阿基米德可能很熟练地使用过这些单位，但它们并没有像他的定律那样幸存下来。

阿基米德（约公元前 287— 公元前 212），希腊数学家和物理学家，被公认为古代最伟大的人。2006 年发现了一张记载了他著作的羊皮纸手稿，其中包括浮体的相关内容。

长度与距离

在缅甸这个尚未实施米制的国度，人们仍然在使用一些传统的长度单位，特别是用于测量布的单位，比如：

10 **sanchi**（即 1 根头发的宽度）=1 hnan，1 颗芝麻籽大小

6 **hnan**=1 muyaw，1 粒米大小

4 **muyaw**=1 let-thit，1 根手指的宽度

6 **let-thit**=1 maik，拇指伸开时手掌的宽度

12 **let-thit**=1 twa，手的跨度

3 **maik** 或 2 **twa**=1 taung，前臂或腕长

7 **taung**=1 ta，1 个土地丈量单位

1 000 **ta**=1 taing，约 2 英里

世界各地均有采用人体、种子和粮食来定义的特殊长度常用单位。例如，英格兰曾采用大麦粒来表示长度。在 14 世纪初，爱德华二世（Edward Ⅱ）统治时期，英寸的定义是"三颗干燥圆形的大麦粒首尾相连摆放的长度"。对于更小的长度单位，将大麦粒分为四等份，每等份为 1 个线（line）单位。因此，12 线为 1 英寸，12 英寸（36 大麦粒）为 1 英尺，3 英尺为 1 码。不过，1566 年颁布的一项法规规定："4 颗大麦粒为 1 个指宽；4 个指宽为 1 个手宽；4 个手宽为 1 英尺。"这意味着 1 英尺为 64 大麦粒。在这数个世纪的变迁中，是大麦粒变小了，还是英尺变长了？"古代单位使用中的混乱和矛盾，让当今所有协调和解释的尝试都变成徒劳"，亚瑟·克莱恩（Arthur Klein）在《测量的世界》（*The World of Measurements*）中评论道。

尤其令人不解的是腕尺这个单位的不一致性，该单位约等于从一个人的肘关节到手伸开时最远的指尖的距离，约半米。例如，在缅甸的计量体系中，1 taung（腕尺）约为 18 或 24 let-thit。在古埃及，短腕尺等于 6 个掌长，而皇家腕尺（用于金字塔的建造）等于 7 个掌长。根据 A.E. 贝里曼（A.E.Berriman）的《历史计量学》（*Historical Metrology*）中的记载，如果我们比较早期文明中的腕尺，就会发现长度有以下变迁：

腕尺	等效于米制
罗马	0.444 m
埃及"短腕尺"	0.450 m
希腊	0.463 m
亚述	0.494 m
苏美尔	0.502 m
埃及"皇家腕尺"	0.524 m
犹太法典	0.555 m
巴勒斯坦	0.641 m

下图：约公元前 450 年的阿伦德尔（Arundel）浮雕，是希腊的计量雕塑。其用途尚不完全清楚，但它可能是设立在公共场所的计量标准。如果将破碎的部分对称地补齐后，则手臂的跨度［称作英寻（fathom）］为 2.08 m，前臂（称作腕尺）长 0.52 m，脚长 0.297 m。然而这些尺度与当时的其他标准并不一致，如希腊腕尺一般是 0.463 m。

左图：英尺的标准化。雅各布·科贝尔(Jacob Koebei)的《几何》(*Geometrie*，1531)中的这幅版画展示了在德国如何定义路特(rute)"正确而合法的"长度(约12.36英尺)。在英格兰称为"杆"(rod，约16.5英尺)，也叫做路得(rood)或路德(rode)。杆与路特的定义相似，但长度不同。这幅图描绘了周日做完礼拜后，测量师"从出来的人中挑选16个高矮不一的人"，然后将这些穿着礼拜服的人以"左脚前后相接"的方式排成一行(背景中的三个观察员可能是当地管理度量衡的官员)。科贝尔版画中路特单位的计算结果表明，左脚的平均长度为9.27英寸。这一数值似乎太短了，更何况图中的人还穿着鞋。所以，他测量的很可能是杆而不是路特。

赛马中仍在使用的英国弗隆等于八分之一英里。最初弗隆是马在耕地面积为10英亩的正方形普通田地时的犁沟长度，因此也称为"犁沟长"。伊丽莎白一世（Elizabeth I）时期的法律将1弗隆从625英尺增加至了660英尺（220码），这样8弗隆就等于5 280英尺或1 760码，即今天1英里的长度。它比罗马的"milliare"大约长9％，并因此而得名"mile"(英里)。"milliare"是以人体尺寸为基础的，由"mille passuum"——罗马军团长征时的1个"千步"演变而来。这样1罗马"步"(pace)约等于58英寸或1.5米，但平均步长显然没有这么长。因此罗马"步"必定是指左腿－右腿－左腿或右腿－左腿－右腿向前行进时的整个过程，因此1步的合理距离约为29英寸或0.75米。

左图：开罗罗达岛（Roda Island）上的水位计，完成于公元861年—862年。中间的八角柱是用来测量尼罗河的水位，单位是腕尺。前伊斯兰时期的水位计用石阶高度表示。

面积与体积

“面积”一词源自拉丁语“area”，意思是“一块空置的平地”，也指运动场或打谷场。该词与另外一个拉丁词“arere”的词根相同，意思是“干燥”，英语中“arid”（干旱）来源于该词。现代罗曼语中也有一些相关的词：意大利语中的“ara”、西班牙语中的“área”和法语中的“are”。法语中的“are”是面积的米制单位，相当于100 m^2，通过添加前缀“hecto-”（百），该前缀来自于希腊语“hekaton”，（意思是“100”），便有了“公顷”（hectare），1公顷为10 000 m^2。

在采用米制的英国，公顷现在已经取代了最重要的英制面积单位古英亩（ancient acre，1公顷为2.5英亩）。1英亩被定义为1对牛在1天内可犁的土地面积。当然，这也受诸如土壤、坡度和排水等可变因素的影响。一英亩的官方定义是一个40杆长4杆宽的矩形区域的面积。由于1弗隆为40杆，1英亩也等于1/8英里长，1/80英里宽。因此，一平方英里等于640英亩（8乘以80）。

用亚瑟·克莱恩的话说，英国的容量（体积）单位与面积相比，是一个“历史的杂烩”。例如，在伊丽莎白一世女王时期，“所谓的谷物加仑恢复为原来的268.8立方英寸，而酒加仑仍保持在23立方英寸 。大小为282立方英寸的旧谷物加仑，则成为新的麦芽酒加仑，用于麦芽酒的度量”。这样就同时有三种不同的加仑：一种供干量，两种供液量。这显然违反了几个世纪前《大宪章》（见第3页）中“一个重量，一种尺度”的要求。

酒类用的容量单位最为华丽，除品脱（pint）、夸脱（quart）、加仑（gallon）和桶（barrel）外，由小到大还有一口（mouthful）、量杯（jigger）、革制杯（jackpot）、及耳（gill）、半加仑（pottle）、配克（peck）、蒲式耳（bushel）、豪克海（hogshead，63美制加仑）、费金（firkin）、最大桶（pipe，126美制加仑）或巴特（butt，108美制加仑淡啤酒）和基尔德坎（kilderkin，相当于16~18加仑），最后是桶（tun，通常为252加仑）。豪克海与加仑相似，其容量差异很大。有一段时间，麦芽酒豪克海（ale hogshead）只有48加仑；伦敦以外的啤酒豪克海（beer hogshead）为51加仑；伦敦的啤酒豪克海更慷慨，有54加仑。一个最大桶为两个豪克海，等于126旧酒加仑——莎士比亚笔下快活的酒鬼福斯塔夫（Falstaff）在白葡萄酒（雪利）买卖中使用的就是这个单位。遗憾的是，莎士比亚的这些台词，例如奥赛罗中的“Potations pottle-deep”（酩酊大醉），随着“pottle”（两夸脱、半加仑或约2.3升）的消失，也就失去了意义。

现存最古老的世界地图，绘制于公元前600年。该地图将巴比伦王国视为一个扁平的被海洋所包围或浮在海洋之上的圆盘。边缘标有三角形（最初可能有8个），每个区域之间的距离用楔形文字标注。北方为顶部。巴比伦河用长方形标出，与幼发拉底河（River Euphrates）弯曲的平行线相交。河水向南进入沼泽，河口用矩形标识。旁边的运河可能是阿拉伯河（Shattal-Arab）水道的前身。中间带点的圆圈表示城市。

左图：该镶嵌图案出自奥斯蒂亚（Ostia）的“Aula dei Mensores”（测量仪厅）。奥斯蒂亚曾是罗马的1个港口，图中奴隶们将船上的谷物搬进大厅，并填满1个摩第（modius）。1摩第约为8.7升，通常翻译成“蒲式耳”，是当时最为常用的干量单位（用于液体测量的双耳酒罐尺寸各不相同，但均可容纳约26.2升的酒或油）。

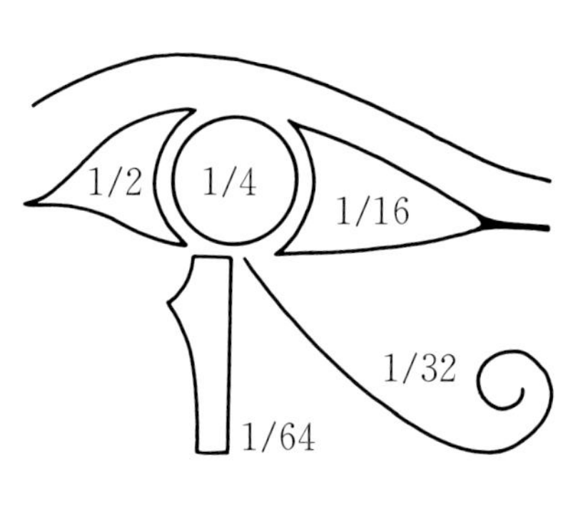

左下图：荷鲁斯（Horus）神之眼形状的护身符，常见于古埃及；传说荷鲁斯与赛特神（Seth）战斗后，哈托尔神（Hathor）治好他失去的左眼。这些护身符象征着“变完整”或愈合的过程。当时，荷鲁斯神之眼被埃及抄写员用作记录赫克特（hekat）分数的符号，赫克特是官方的粮食容量计量单位，约等于4.8升；约20或16赫克特为1哈尔（khar，“袋”）。

最左图：1601年温彻斯特的标准品脱，上有伊丽莎白一世女王的手臂图案。一品脱等于32口、16把或小量杯、8革制杯、4及耳或2杯。虽然这些计量单位大多数已经过时，但品脱仍在牛奶和啤酒的买卖中使用（英国的液体品脱比美国液体品脱约大20%）。

角度

差不多半个世纪前，天文学家弗雷德·霍伊尔（Fred Hoyle）提出了一个激进的建议：应将圆分为1000等份，每1份称为1转（milliturn），而不是我们称为度的360等份。转可以进一步分成微转（microturn），1转等于360/1000=0.36度或圆弧的21分36秒，因为一度为60分，一分为60秒。由于科学家们已经使用了国际单位来测量角度，即弧度（见下文），并且世界其他地区也习惯于使用拥有5000年历史的巴比伦六十进制（以及测量时间的六十进制钟面），改变的动机不足，因而他的建议无疾而终。

尽管角度的测量对于测量师、建筑师和领航员以及天文学家至关重要，但在日常生活中，其重要性尚及不上重量、长度、面积和体积的测量。因此除度、分、秒外，没有其他的角度常用单位。最早的关于角的概念也许源于观察者比较头正上方最高点与所看见的、穿过美索不达米亚冲积平原的任意一边的遥远地平线；很明显，无论在相对的哪两个方向，顶点和地平线之间的角距均为直角。两个直角组成一个半圆，这一点也是显而易见的。为什么巴比伦人选择把整圆分成360度，如前所述，我们不得而知，但可以肯定的是，方便的可分性有助于测量和分割不同的角度。

几个世纪以来，测量物体之间角距的仪器已经很发达并更加准确。用象限仪可以测四分之一圆（90°），用六分仪可以测六分之一圆（60°），用八分仪可以测八分之一圆（45°）。起初，测

约翰·赫维留（Johannes Hevelius，1611—1687）的黄铜六分仪。该图出自《天文机器》（*Machina Coelestis*，1674），图中没见到望远镜。1679年，当爱德蒙·哈雷（Edmond Hailey）带着望远镜瞄准器到但泽（Danzig）拜访赫维留时，哈雷发现赫维留可以在没有辅助器材时使用他的六分仪精确地测定恒星的位置，且精确度与带有望远镜的六分仪相同。

量师或领航员用肉眼粗测远处的物体，然后辅以镜子和望远镜观测。在 17 世纪，望远镜比肉眼好不了多少。但到了 18 世纪，望远镜极大地提高了法国大革命期间子午线弧长测量的精度。波达的经纬仪度盘（见第 22 页）所测的角度不是以度、分和秒为单位，而是以百分度（grade）表示。一百分度等于直角的 1/100，即整圆的 1/400，因此整圆分为 400 百分度而不是 360 度（1 百分度等于 0.9 度）。

今天的国际单位制将弧度作为角的单位。这个概念对于科学家以外的人来说，似乎有点复杂，却很有意义，因为圆的周长是圆的半径乘以 2π。任何圆的弧度都是 2π，1 弧度 $=360/2\pi=57.296°$。这比将圆划分为 360° 更合乎常理！

象限仪和其制作人。从天文学家第谷·布拉赫（Tycho Brahe，1546—1601）到约翰·佛兰斯蒂德（John Flamsteed，1646—1719）之间的一个世纪左右，天文观测的精度从约 1 分到 20 秒，增加了 3 倍。埃利亚斯·艾伦（Elias Allen，1606—1654，见左图）和罗伯特·胡克（Robert Hooke，1635—1703）是其间两位重要的仪器制作人，其象限仪和螺杆刻度法如下图所示。“艾伦手持一副圆规，前方的工作台上是一副地平式日晷、一个赤道环和一个圆周罗盘。墙上挂着一个函数尺和一个象限仪”（艾伦·查普曼（Allan Chapman）《圆的分割》（*Dividing the Circle*）。在胡克的示意图中，图 1 是一个完整的象限仪。“通过旋转螺杆，整个照准仪（瞄准装置）和望远镜瞄准镜将通过表盘所示的规定角度前进。”图 11 为螺杆详图。图 13 为象限仪的特殊反射瞄准镜。胡克象限仪在一定程度上提高了精度，但还无法与 18 世纪相比。到了 18 世纪，角度的测量精度提高了 200 倍。

货币与价值

奥斯卡·王尔德（Oscar Wilde）对愤世嫉俗的人定义是："知道所有东西的价格，却不知道任何东西的价值。"这句话道出了现代世界的一个重要理念。我们太习惯于用钱来衡量商品的价值，以至于忘记了还有其他的交易方式。我们假定，如果一个产品的价值增加，则价格一定提高。但是事实上，人们往往通过减少货物的数量，保持价格的恒定。这曾是面包交易的标准做法，上文已经提到。此外，修道院就是利用这一点来回避基督教对营利的限制规定——修道士买进大桶的葡萄酒，再以同样的价格小桶卖出。度量衡中的可变标准实际上就是一种货币。

相比于粮食、酒等商品，货币有一个核心优势，就是可以不受时间空间的限制而自由兑换，这也是它优于早期经济手段的原因。如果每个人都信任货币，且不论其是金属、纸质还是电子货币，那么它就是一种非常方便的比较商品价值的方式。此外，货币可以促进贷款和其他融资。最简单的贷款形式是一种"跨期价值转移"。威廉·戈兹曼（William Goetzmann）和哥特·罗文霍斯特（Geert Rouwenhorst）在《价值起源》中写道："无任何资金的借款人订立协议后会突然有一笔财富。另一方面，贷款人获得现有财富，将其置于'时光机'的合约等价物中，并转换为自己可能更好地使用这笔财富的某个未来日期的价值。"贷款人通常会收取利息作为回报。

公元前 19 世纪的一份由楔形文字撰写的期货交割财务合同。该合同记录了交付木制品和白银的承诺。刻碑的正面和反面有几处相当于署名的印鉴。另一个楔形文字碑（未展示）记录了约公元前 1820 年的白银贷款。碑上借款人的名字为伊尔庶巴尼（Ilshu-bani），贷款人的名字为辛塔扎尔（Sin-tajjar）。碑上写着："纳比伊里庶（Nabi-ilishu）的儿子伊尔庶巴尼，从（太阳神）沙马什（Shamash）和辛塔扎尔处收到一又六分之一谢克尔的白银（即 9.33 g），标准利率另计。应在收割期及五名证人在场的情况下偿还白银和利息（证人名字列出）。阿皮尔辛（Apil-Sin）在以利普（Elip）修建伊南娜（Inanna）神庙之年 7 月。"

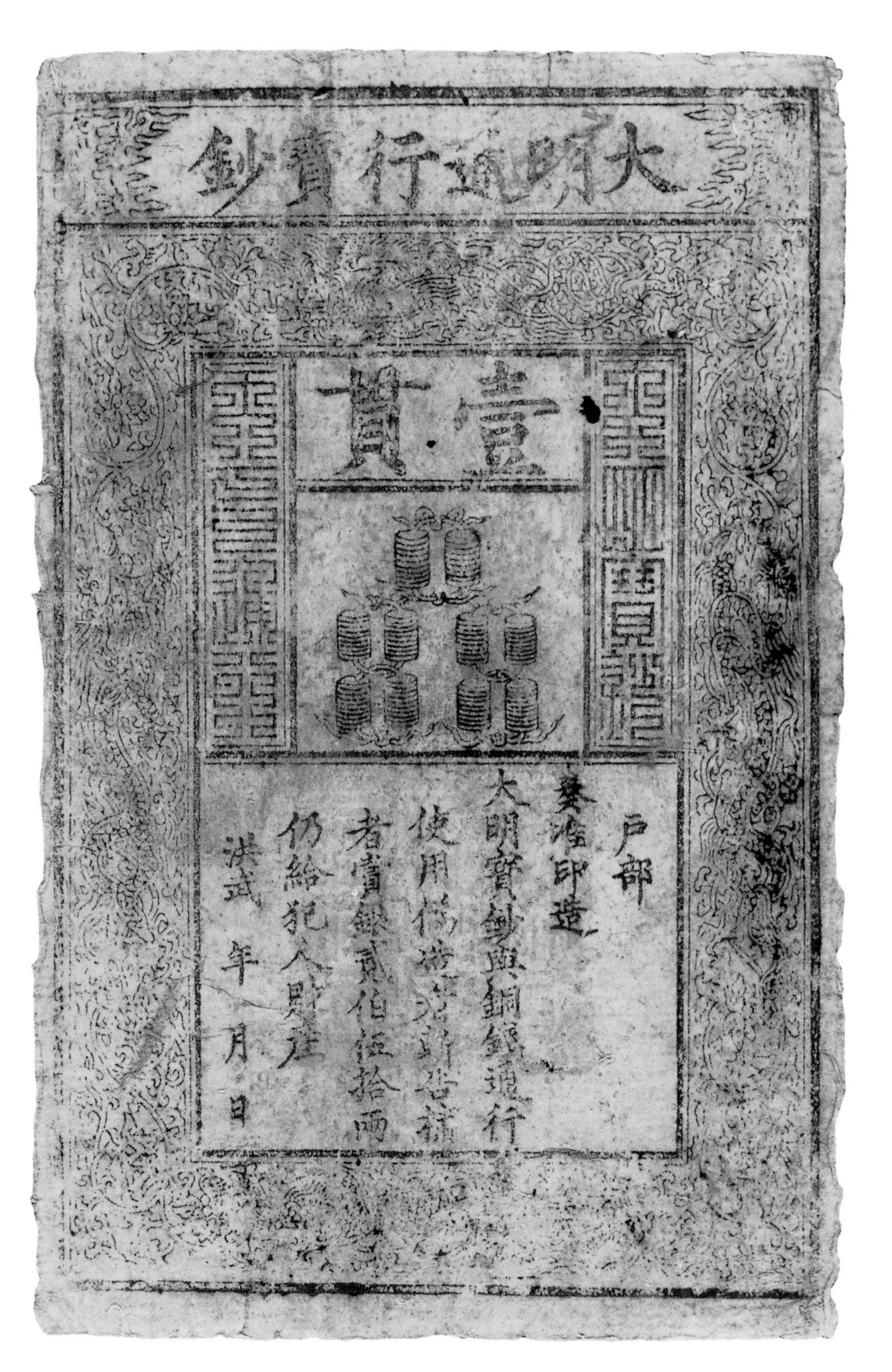

中国纸币。中国人在10世纪末的宋朝发明了纸币。纸币的价值曾在一定时期受到信心危机，但经受住了考验，并在13世纪蒙古人征服了大宋帝国后的忽必烈（Kublai Khan）时期得到延续。明朝（1368—1644）是使用纸币的最后一个封建王朝。明朝的开国皇帝曾计划全面恢复青铜货币的使用，但国内铜矿的青铜产量不足。所以在1375年，明朝皇帝推出了纸币大明通行宝钞（“大明通用的宝券”），如左图。纸币下方文字栏标识发行机构，并规定纸币与铜钱应按面值流通。“其余内容为处罚伪造货币的规定（斩首），并奖赏举报人250两白银以及犯人财产”，理查德·冯·格拉恩（Richard Von Glahn） 在《价值起源》中写道。但到了1394年，宝钞的价值已下降到不足面值的20%，皇帝不得不采取前所未有的措施：停止使用自己的货币。虽然如此，直到15世纪30年代，纸币才退出，白银成为中国的主要货币。直到20世纪，中国才重新使用纸币。

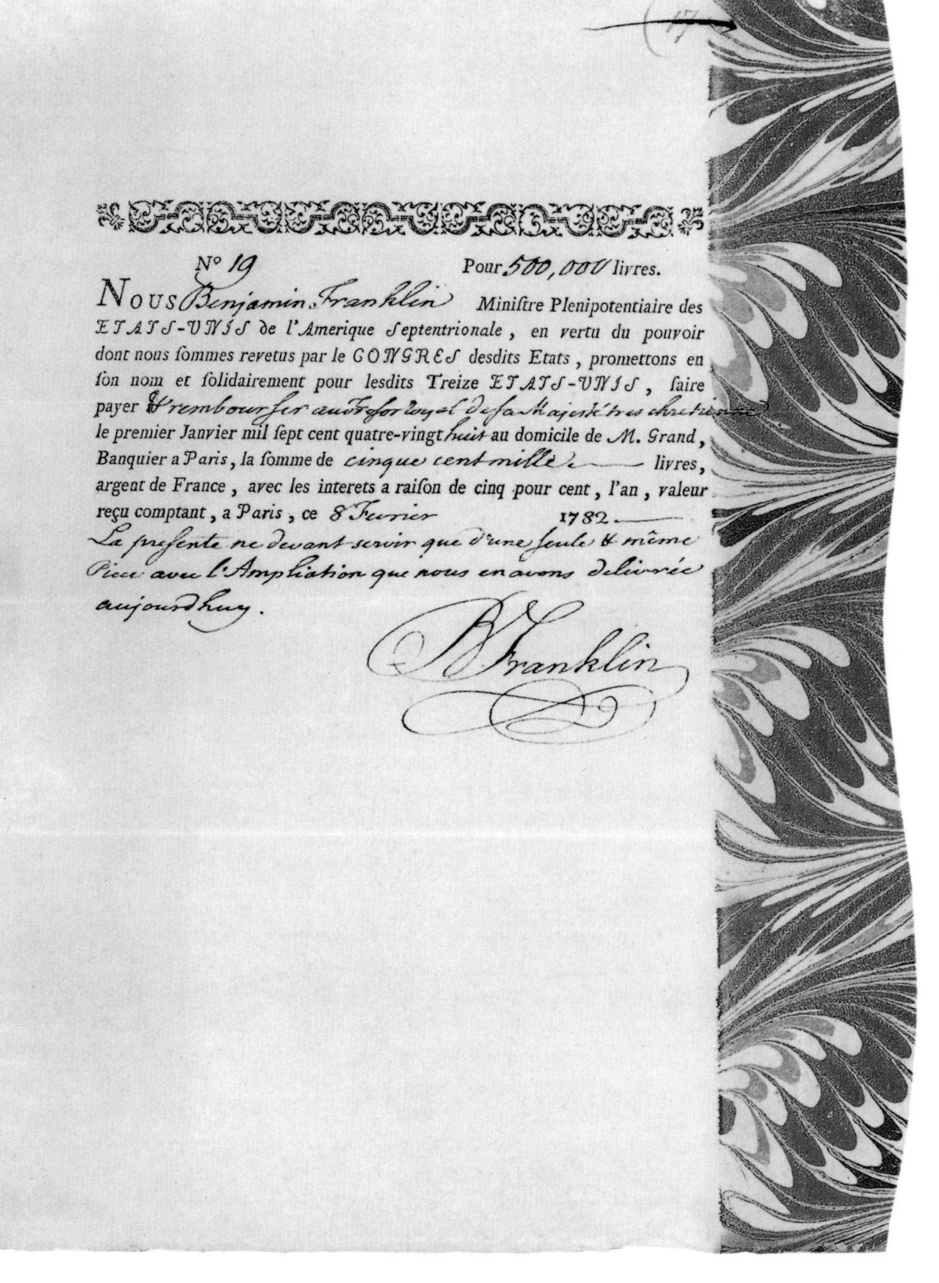
N° 19 Pour 500,000 livres.

NOUS Benjamin Franklin Miniſtre Plenipotentiaire des ETATS-UNIS de l'Amerique Septentrionale, en vertu du pouvoir dont nous ſommes revetus par le CONGRES desdits Etats, promettons en ſon nom et ſolidairement pour lesdits Treize ETATS-UNIS, ſaire payer & rembourſer au tresor royal de sa Majesté tres chretienne le premier Janvier mil ſept cent quatre-vingt huit au domicile de M. Grand, Banquier a Paris, la ſomme de cinque cent mille livres, argent de France, avec les interets a raiſon de cinq pour cent, l'an, valeur reçu comptant, a Paris, ce 8 Fevrier 1782.

La preſente ne devant servir que d'une ſeule & même Piece avec l'Ampliation que nous en avons delivrée aujourd'huy.

B Franklin

拯救了一个国家的贷款。在美国独立战争期间，羽翼未丰的美国国会为满足与英国战争的需要，向法国借了巨额贷款。1782年2月，国会在巴黎的代表本杰明·富兰克林（Benjamin Franklin）制定了还款时间表，从1788年开始连续12年每年向法国偿还贷款，并支付5%的利息。作为一个熟练的印刷工，富兰克林借得的金额分21次［额度从250 000至3百万里弗（livres）不等］打印了21份正式收据，一式两份（美国和法国各留一份）。左图是其中一份金额为500 000里弗的收据。这些凭据中间刻有宽大理石条纹，将合同分成两个相等部分，作为防止伪造的安全措施。“具有讽刺意味的是，富兰克林采购的这些纸张却来自英格兰”，内德·唐宁（Ned Downing）在《价值起源》中写道。大理石纹在这一时期的印刷凭据中很少见，其制作一定非常复杂且价格高昂。

现金仍然是经济生活中不可或缺的工具。但是，那种压下手柄就会发出咔的一声，随后从窗口中弹出售价标签，同时打开现金室的机械式现金出纳机，已经成为并不遥远的过去。不过，它与带有激光扫描仪、数字显示器、电子蜂鸣间和现金室的电脑化继任者的基本功能是一致的：安全地保存现金、向客户出具收据，并把资金流转变成数据流。

第一台机械式现金出纳机是由美国一名具有机械背景的、为经营所困的酒吧老板所设计。与许多零售商一样，因为无法准确追踪饮料的销售情况，以及酒吧服务员守着现金柜台监守自盗，詹姆斯·里蒂（James Ritty）在俄亥俄州代顿市（Dayton，Ohio）开的酒吧虽然顾客盈门，却利润寥寥。里蒂曾一度精神崩溃，并在

1878年搭上了前往欧洲的汽船，以期恢复健康。但在去欧洲的船上，他被甲板下螺旋桨转速表的工作原理所吸引，从而引发了现金出纳机的工作原理。“既然轮船螺旋桨的动作都可以记录”他说，“就一定可以记录商店的销售情况。”

他的第一个作品——里蒂专利度盘式出纳机，它包含一个时钟（发出咔声）但未设现金盒。他出售的第一个产品，即里蒂廉洁出纳员，仍然未设现金盒，但加入了可以窗口弹出机械标签。这个产品还有一个巧妙的机制，按照对应的5分柱、10分柱等，将机器上的按键与相应的纸卷轴打孔销相连接。

俄亥俄州的一个杂货商约翰·帕特森（John Patterson）看到了一则该出纳机的广告，并购买了两台。让他惊讶的不仅是该机器昂贵的价格，更让他惊讶的是消除现金盗窃后收入的增加。1884年，帕特森收购了里蒂的企业，并更名为美国国家现金出纳机公司（National Cash Register Company，NCR）。里蒂当时已经对现金出纳机做了进一步的改进，如打印客户收据，但现在看来最关键的创新则是设立现金盒。到了十八世纪末十九世纪初，现金出纳机已遍及大街小巷，其中大部分是由NCR制造的。1911年，该公司因垄断行为被联邦政府起诉。无论如何，现金出纳机推动了信息产业的起步，特别是推动了国际商业机器公司（International Business Machines，IBM）走向成功。

一枚罗马便士（denarius）的正反两面。这枚常见的硬币洐生出施行十进制前缩写为“D”的英国货币便士，从19世纪之交开始，它就用在如左图所示的华丽的现金出纳机中。公元前141年以后，将一便士银币的重量确定为1盎司，价值等于16头驴，因此硬币上印有“XVI”字样，但军队仍然可以用10头驴换一个银币。在1971年实施十进制以前，英国的12便士（D）等于1先令（/–），20先令等于1英镑（£）。

时间

在莎士比亚的《亨利六世》第三幕（*Henry Ⅵ*, *Part 3*），国王独自一人坐在战场上，对战争的恐惧让他陷入绝望，恨不能做一个“普通的乡民”：

天哪！那该是多么快乐的日子啊……一点一点、优雅地刻画时间标度。然后看着时间一分一分地飞逝——最后是多少分钟组成一小时……

当时时间的流逝是由日晷和季节来指示的，国王一边沉思着人可以分配时间从而明智地度过时间，一边将人的一生规划到了“进入恬静的坟墓”的时刻。

但这种时间划分（或愿景）是一个谬误。时间与重量、长度、面积、体积、角度、货币和价值不同。我们按巴比伦人的方式把它分成小时和分钟，但它总无情地向前，时而“飞逝”时而“拖拉”，并且永远不能像黄金或几何形状一样保存。“没有什么办法可以将一段‘时间的量’直接与另一段进行比较。无法存储、取出一段时间或将其与另一段时间比较”，亚瑟·克莱恩在《测量的世界》中写道。计时器上的指针，或液晶显示器上的数字读数，显示的并非时间本身，而是一种机械或电子排布。

当然，时钟和计时员所测量的是可与自然界的变化、运动和事件进行比较的循环运动周期。时间的测量本质上是将一个运动周期与另一个运动周期进行比较，如呼吸的节奏、分针转数、白天和黑夜的交替或者女人的月经周期。时间究竟是社会测量还是自然测量，很难回答。

用罗马数字表示的法国十进制时钟。在法国大革命期间实施米制的早期阶段，一天分为 10 个小时，每个小时为 100 分钟，每分钟 100 秒。但这种改变十分不得人心，从 1794 年 —1795 年只使用了不到一年的时间。一些前卫人士，如科学家皮埃尔·西蒙·拉普拉斯，让人修改了自己的手表。杜伊勒里宫（Palais des Tuileries）里的一个时钟直至 1801 年仍使用十进制的时间，但其他地方均未采用十进制时间。

机械钟表起源于 13 世纪末，由落锤驱动。首个公共时钟于 1335 年安装在米兰，每小时敲响一次。英格兰现存最古老的时钟在索尔兹伯里大教堂（Salisbury Cathedral），

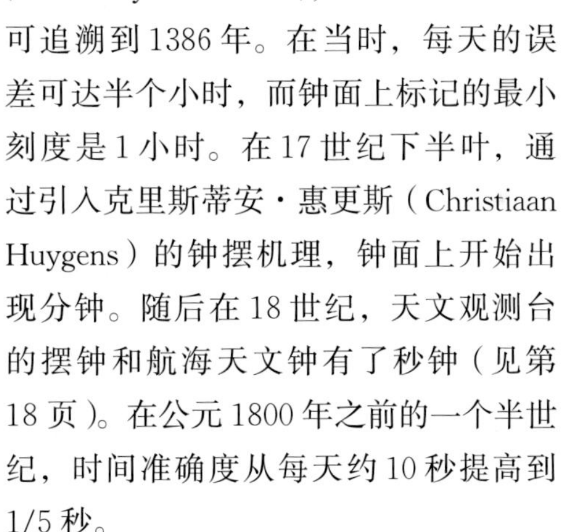

可追溯到 1386 年。在当时，每天的误差可达半个小时，而钟面上标记的最小刻度是 1 小时。在 17 世纪下半叶，通过引入克里斯蒂安·惠更斯（Christiaan Huygens）的钟摆机理，钟面上开始出现分钟。随后在 18 世纪，天文观测台的摆钟和航海天文钟有了秒钟（见第 18 页）。在公元 1800 年之前的一个半世纪，时间准确度从每天约 10 秒提高到 1/5 秒。

自那时起，时间的测量变得越来越准确。对大多数人来说，电台或电视台的时间、电话上的“语音报时钟”的蜂鸣声或互联网上的时间已经足够了。然而，科学家和国际单位制依靠的却是原子钟（见第 79 页）。和米一样，秒已经定义在自然现象上，而不是惯用的尺度。

19 世纪初的伦敦，普通钟表已经可以精确到每天误差小于 1 秒，但是这对于保持时间的准确没有任何帮助，除非时间间隔已经参照天文时进行了校

准。据现任钟表馆长戴维·罗尼（David Rooney）透露，这一要求对格林威治天文台的皇家天文学家约翰·庞德（John Pond）意味着无休止的干扰，因为人们真的上门询问"我能看看你的时钟吗?"。庞德最终被问得烦不胜烦，从而非正式地委托他的助手约翰·亨利·贝尔维（John Henry Belville）在每个工作日的上午将格林威治时间报送到伦敦市区和伦敦其他地区。

1836年贝尔维成为伦敦的第一个报时人，他乘火车或步行前往目的地。贝尔维携带的天文钟原本是当时最有名的英国钟表匠为乔治四世国王（King George Ⅳ）的弟弟定制的。但他嫌它太大了，就像一个"蒸锅"，于是退了回去。贝尔维怕在伦敦一些治安不好的地区被人抢劫，于是将金表壳换成了银表壳。他还将名字改为约翰·亨利，来掩饰自己的法国血统。

这项服务有大约200个客户。有些是钟表制造商，其他则是一些逐渐意识到金融交易时间准确重要性的银行和市内商行。也有一些私人家庭想通过使用格林威治时间作为身份的象征。虽然到了1852年也可以通过电报报时，但贝尔维的服务仍有市场，因为电报线路的租金非常昂贵，而且经常发生故障。甚至到了1924年可由广播报时时，这项服务仍然存在，因为新的无线装置价格高昂，而且占用大量的空间，另外还要申请许可证。直至1936年，可通过电话报时的"语音时钟"问世。一个世纪后的1939年，从格林威治进行人工报时的服务才被取消，当时仍有50个客户。在此期间，报时服务一直由贝尔维家族提供——先是贝尔维本人，然后是他的遗孀，最后是从1892年起由他们的女儿露丝。下图为大约一个世纪前露丝在格林威治天文台参照GMT为24小时制的时钟对时。

报时人。在用时钟将格林威治标准时间（GMT）带到伦敦的大街小巷前，露丝·贝尔维（Ruth Beiville）在格林威治天文台对时。

大象水钟，基于13世纪伊本·拉扎兹·贾札里（Ibn al-Razzaz al-Jazari）的绘画，以及迪拜的一个工作模型（上图）。主要装置是隐蔽在大象内部的一个装满水的水桶，桶中浮着一个深底碗，中心有一个小孔。水从碗底进入碗中，充满需要正好30分钟。随着碗的下沉，会拉扯与塔中的“跷跷板装置”连接的一根细绳，于是滚出一个球，落入蛇的嘴里，使蛇向前倾斜，同时一个细绳网络会使塔中的人像抬高右手或左手，并使管象人击鼓，来表示一个小时或半小时。此时，蛇向后倾恢复原位，沉下的碗被拉回，重复该循环。

激光精度。衍射光栅是许多光谱仪的核心组件，用于分析光波、X射线等电磁波（或电离辐射，译者注）的成分波长。衍射光栅一般用玻璃、金属或塑料制成，其表面用复杂的工艺刻蚀了大量等距、平行刻线（每厘米约有7 500条平行刻线）。本图为实验人员利用单束激光刻蚀衍射光栅。

准确度和精密度，误差和不确定度

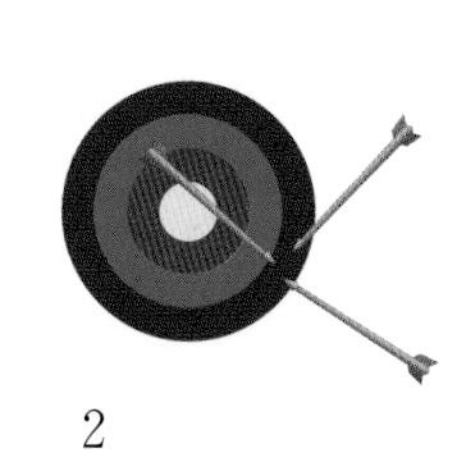

2

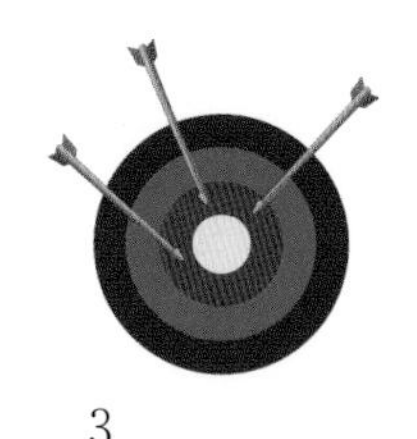

3

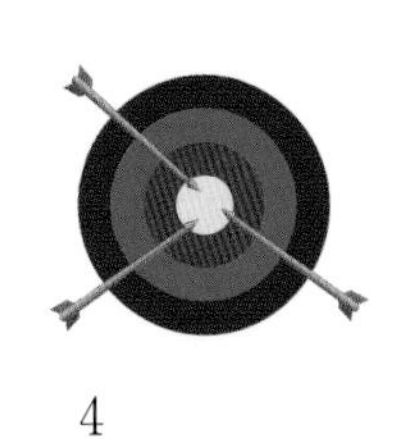

4

左图：准确度VS精密度。中间的靶心代表测量的真值。1准确度和精密度均较低；2精密度高，准确度低；3准确度高，精密度低；4准确度和精密度均较高。

18世纪90年代，法国人开展的子午线测量虽然结果的精密度很高，但准确度较低。这个说法可能听上去挺奇怪的。这是因为无论是在口头上还是书面上，“准确度”和“精密度”这两个词好像是可以互换的。而《牛津英语词典》（*Oxford English Dictionary*）也确实是将“准确度”定义为“确切性或精密度”，而将“精密度”定义为“准确度”。但是，正如上图所示，两者之间存在着很大的差别。对于科学家们而言，这一差别的意义更是非比寻常。

在法国人的子午线测量（见第21~23页）中，梅尚测得的南段子午弧距离值是可重复的，且数值内部一致，但这些值的准确度并不高。这些值与德朗布尔所测得的北段子午弧距离值不相符，而德朗布尔的测量值此后得到了其他人的证实。造成这种不准确度的主要原因是，梅尚没有完全考虑到比利牛斯山附近地壳和重力分布不规则的情况。这些不规则分布使子午弧发生了扭曲，对梅尚的测绘仪器造成了一定的影响。此外，过于频繁的操作对梅尚所使用的波达经纬仪造成了磨损，也可能导致了误差。对自己过分苛求的梅尚因此羞愧难当，以致最后伪造了数据。梅尚因疟疾去世后，他的同事德朗布尔发现了这个情况。尽管伪造的数据对他本人的研究造成了困扰，但他还是宽容了梅尚的行为。

此外，“误差”和“不确定度”也需要小心加以区分。根据英国国家物理实验室的定义，“误差是指被测物体的测量值及其真值之间的差值。不确定度衡量的是测量结果的可信程度，是测量结果存疑的量化数值。”如果我们说，一根金属棒“长300 cm（±0.1%），置信水平95%”，意思是我们有95%的把握保证金属棒长度在299.7 cm~300.3 cm之间。原理上，误差可以消除——比如我们可以在存在50 g偏置误差的弹簧天平秤的初始位置加减50 g来消除这个误差。但不确定度不可消除，我们只能根据造成不确定度的原因估计不确定度，再以置信水平表示。

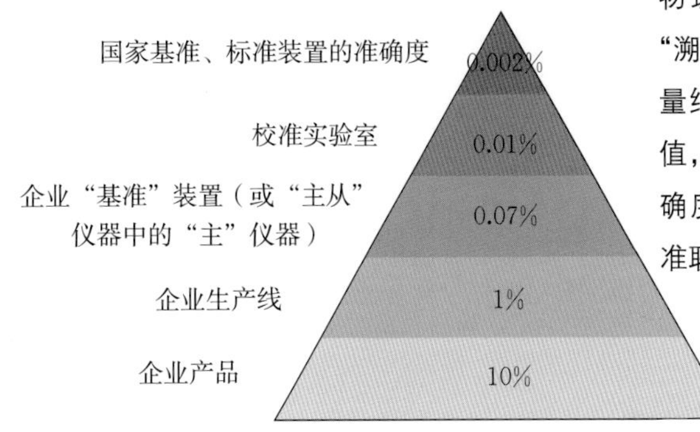

下图：溯源性。下图的金字塔说明，量值不确定度在自上而下的传递中逐级递增：当量值从国家基准实验室被逐级传递到商店中所售的产品时，其不确定度已发生了可观的变化。只有用准确度更高的仪器才能校准另一台准确度较低的仪器，被校准的仪器的量值因此可以“溯源”到校准它的仪器上。这些仪器的量值终将被溯源到国家基准或国家标准装置上。用英国国家物理实验室的话说，“溯源性就是：任何测量结果和计量标准的值，最终以已知的准确度与国家基准、标准联系起来。”

一根绳子有多长?

要花多长时间才能穿越纽约?写一本书呢?面对这样的问题有人可能会回答:“那么,请问一根绳子有多长?”这句话的潜台词是,问题的答案从根本上取决于具体定义和具体环境。有的人可能会给出一个确切数值作为解答,但是由于不确定度很大,这个数值可能会变得毫无意义。一根毛线的长度可以取任意值,主要取决于从什么地方把毛线从线团上剪下来。

即使我们测量的是一根特定绳子的长度,所得到的测量结果也会因为我们所用尺子、测量员是否认真、环境湿度和温度等种种因素,得到不同的不确定度。事实上,所有测量都会引入类似的不确定度。测量仪器本身就可能存在偏置误差,也有可能会随使用时间、磨损情况发生变化,也有可能本身不方便读数或电磁噪声很大(导致有用信号被淹没)。即便是处于完好工作状态的仪器,也会由于设计因素引入不可避免的测量不确定度。另外,被测对象本身可能不稳定,例如正在融化的冰块或在喷发过程中的火山。此外,测量过程还会遇到许多不确定因素,比如被测对象是不配合测量的小动物,或者被测的是声音强度这样需要主观判断的量等等。从某种程度上来说,测量值与操作人员个人技术有关:包括仪器初始设置、读数等。例如使用秒表测量时间时,操作者的反应时间会影响测量结果的准确性。另外,测量结果还必须能够代表所测对象的普遍量值:譬如不能在一个偶尔刮风的日子测量城市空气质量,或在周一上午测量一个生产线的生产质量。最后,环境对测量结果造成的不确定度很容易被人忽视:比如钢尺本身会在极热条件下发生不可忽略的膨胀。

一次仔细的测量必须规避可避免可抗因素带来的不确定度,还要正确估计不可抗因素带来的不确定度范围。进行不确定度评估时需要用到统计学原理,即使不采用统计学原理,我们一样可以清楚地了解测量的问题所在。比如我们用卷尺测量长度,需要事先了解:卷尺是否校准过?如果是,其不确定度是多少?是什么时候校准的?它的长度是否因为长期处于卷曲状态而发生伸长或缩短?它的分辨力(最小刻度)是多少?对于绳子来说,我们需要事先了解:绳子伸直了吗?如果没有,多大程度的弯曲或扭结是被允许的?如果绳子伸直了,是否存在过度拉伸导致形变?绳子两端是有磨损的还是有清晰范围界定的?温度和湿度会对它有何影响?而对于测量过程来说,我们需要了解:测量者将绳子起点与卷尺起点是否对齐?采用什么方法使绳子和卷尺在整个长度范围内都保证是对齐的?测量结果的可重复性如何?

诚然,没有测量者会费尽心机对一根绳子一再重复进行测量,但是为了规避意外或有争议的结果,科学家们一定会在测量过程中使用多次重复测量的结果。诺贝尔物理学奖得主菲利普·安德森(Philip Anderson)就曾经发现,“许多伟大的科学家直觉不相信处于‘统计显著性’之外的测量值,并对处于‘统计显著性’边缘的数据心存怀疑”。

望远镜

早期的天文望远镜采用折射原理，光线由镜片聚焦后进入观测者的眼睛。与之相对，反射望远镜则是利用曲面镜收集并聚焦光线，用目镜探测并放大光线。反射望远镜比折射望远镜出现的时间稍晚，于1668年由牛顿发明。1781年，威廉·赫歇尔（William Herschel）用反射望远镜发现了天王星。自此，反射望远镜逐渐成为天文观测者的首选。反射望远镜的主要“规格”是指初级曲面反射镜（主镜）的直径。直径每增加一倍，观测精度就增加三倍，也就是说观测到的天体亮度会是原来的四倍，或对于一定亮度的天体，可以观测到原来距离的两倍。

从威尔逊山（Mount Wilson）上直径2.5 m的胡克（Hooker）望远镜（1917年），到帕洛马山(Mount Palomar)上直径5 m的海耳（Hale）望远镜（1948年），再到夏威夷冒纳凯阿火山上两台直径10 m的凯克望远镜（1993年），美国这三代著名的望远镜，每一代望远镜的主镜直径都增大一倍。

与此同时，望远镜的探测器也在不断改进：以前的感光板仅能记录下接收光线的百分之几，而目前的电子感光元件几乎能够100%有效记录照射到的光线。此外，计算机技术也使补偿大气湍流造成的扭曲变得越来越容易了。

两个凯克望远镜每个都重达300 t，有8层楼高。其主镜片由36片、外接圆直径1.8 m的正六边形镜片组合而成。这些正六边形镜片可以组成一个双曲面形的反射面。另外，这些正六边形镜片必须非常精确地对齐，这不光是为了尽可能减小接缝对反射的不良影响，也是为了使望远镜足以承受山风的侵袭。

上图：伽利略·伽利雷（Galileo Galilei，1564—1642），现代科学创始人之一、反射式望远技术的先驱。1610年，伽利略通过透镜观测到了木星的四颗卫星，并记录了卫星在木星附近出现和消失的时间表。他建议航海家将这些表作为计算具体经度的天体时间表来使用。

左图：凯克一号和凯克二号（Keck I & II）天文望远镜。冒纳凯火山（Mauna Kea），夏威夷。

人们还将建造主镜直径24 m和30 m的望远镜提上了日程。更有消息称，有人计划建造直径100 m的“猫头鹰”(Owl)望远镜。这种望远镜因其可在夜间观测且“尺寸超大”(Overwhelmingly Large，缩写为“Owl”，译者注)而得名。猫头鹰望远镜的主要研究者罗伯特·吉尔默兹(Robert Gilmozzi)称：“与诸如哈勃望远镜这样的轨道天文台相比，地面望远镜对可见光和近红外波长的观测分辨力、灵敏度更高，且成本更低。”再经补偿大气湍流效应的软件处理后，这些巨型望远镜也有可能观测到某些最早出现的恒星和其他恒星周围的行星，甚至是可能存在的地球姊妹行星。

左图：1931年在加州的威尔逊山天文台，爱德文·哈勃及其助理米尔顿·赫马森向阿尔伯特·爱因斯坦展示他们用主镜直径2.5 m的反射望远镜拍到的遥远星系。爱因斯坦承认这些照片证实了宇宙膨胀理论，随即向等候的记者宣布他将放弃相对论中他所倾向的静态宇宙模型。图中人物为爱因斯坦和查尔斯·爱德华·圣约翰(Charles E.St John)。

左下图：位于格林威治的艾里子午仪是一台反射望远镜，建于1850年，以当时的皇家天文学家乔治·比德尔·艾里命名。“这个望远镜位于子午线上，在精密耳轴的支撑下旋转，它转过的角度可以从一个直径6英尺的刻度盘上读出。图中，最右是一名工作人员从6台嵌入石墩中、相互间隔60°的测微显微镜上读数”(艾伦·查普曼《圆的划分》)。1884年，艾里子午仪成为划定格林威治子午线的标志，而这条子午线直接定义了格林威治标准时间。直至一个世纪以后，艾里子午仪都在正常使用且工况良好。

显微镜

1679年，显微技术的开拓者之一安东尼·范·列文虎克（Antoni Van Leeuwenhoek）将自己的观测结果上报伦敦皇家学会：鳕鱼的精液中有多达1500亿数量惊人的“小动物”（精子），这完全超出了地球可容纳的人口总数。两个世纪之后的19世纪，随着透镜色差、球差问题被逐一攻克，显微镜的放大倍率和分辨力都得到了显著提升。1896年，瑞利男爵（Lord Rayleigh）发现，光学放大系统的极限分辨力取决于光的波长。由于衍射效应的存在，人们不可能看到比可见光波长短的物体，因此人们还不能看到原子。

第一张原子成像出现于1955年。在20世纪90年代，对于原子的研究俨然成了时代主流。但瑞利的分析是正确的：用电子束可以替代可见光来探测物体的表面。根据量子力学理论（见第77~78页），电子具有波粒二象性，且电子的波长比可见光波长短，这就是为什么用电子束可以观测到原子级物质的原因。

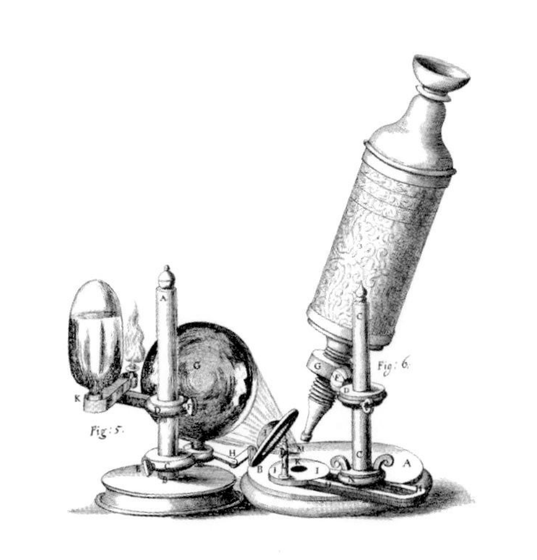

左图：罗伯特·胡克《显微图谱》(*Micrographia*, 1664)一书中的标题页插图。胡克时任皇家学会的实验管理员。他以对开本的形式出版了《显微图谱》一书。书中配有大量插图、插页和铜版画，部分由克里斯多佛·雷恩(Christopher Wren)绘制。这本书刚一出版便轰动一时，洛阳纸贵。塞缪尔·皮普斯(Samuel Pepys)在第一时间购买了这本书，熬夜看到凌晨两点。“这是我一生中读过的最具匠心的书”，他在日记中这样感叹。

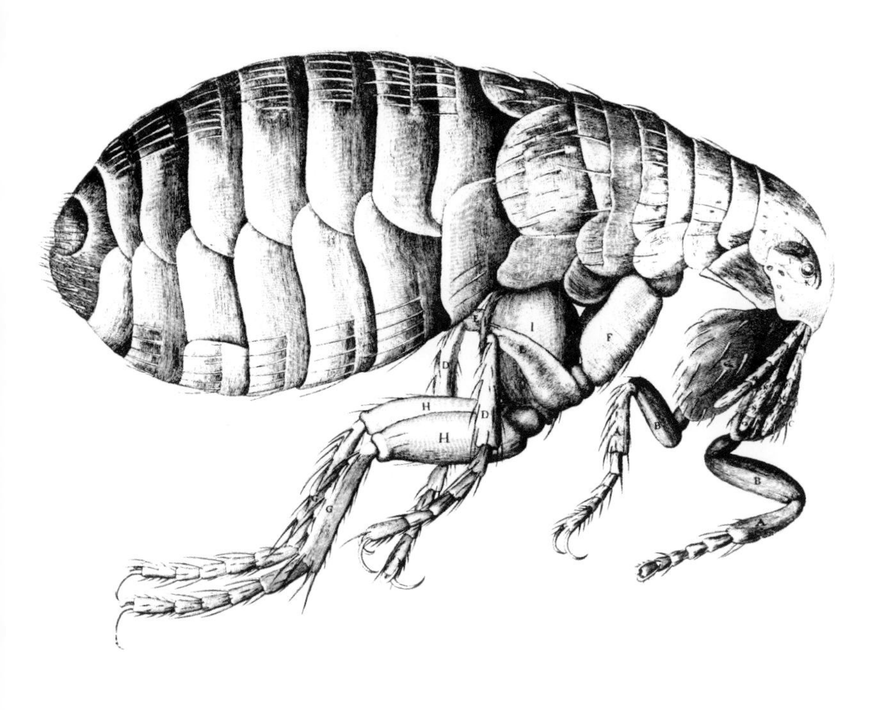

左图：胡克发现的微观新世界，放大倍数50~100倍。其观察对象包括针、烟尘、苍蝇、跳蚤（左图）、亚麻布、霉菌、软木塞、羽毛，甚至一种植物细胞。实际上，“细胞”(cell)一词就是由胡克联想到僧侣居住的“小房间”(cell)而创造的。

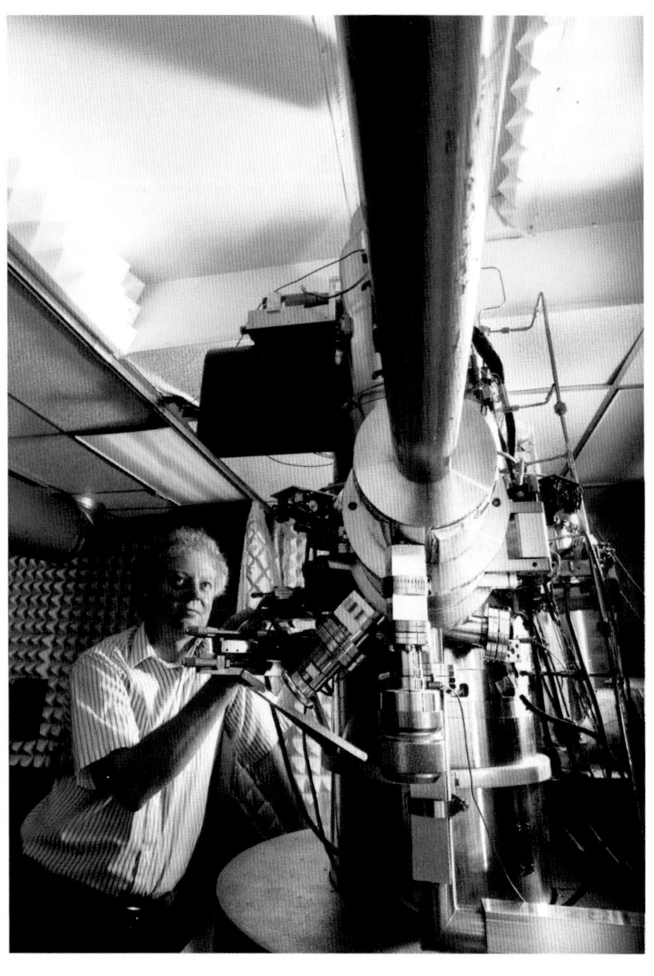

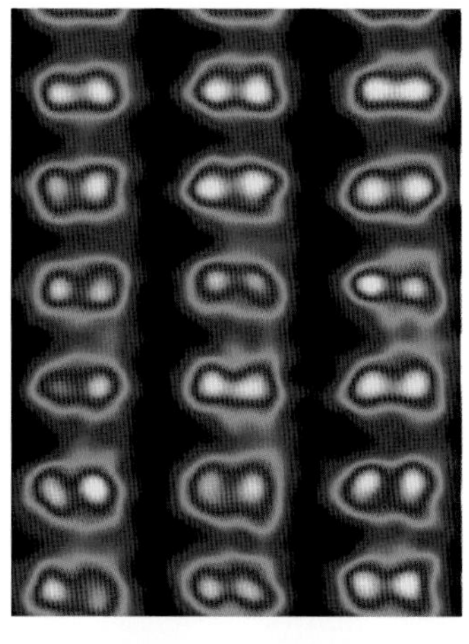

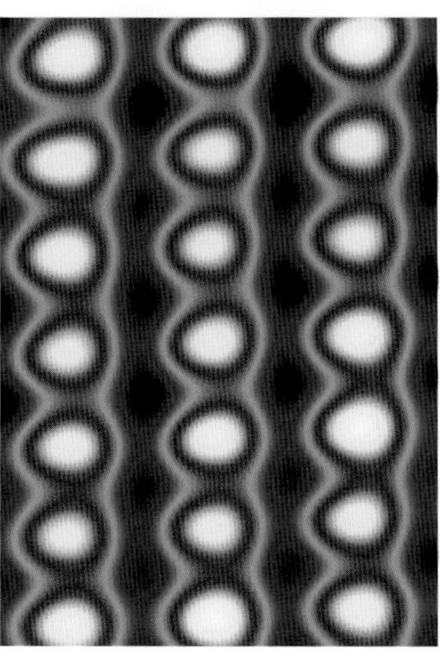

显微镜下的原子。

最左图：矫正像差的扫描透射电子显微镜（Stem），可用于观测硅晶体中的原子。

左上图：当从某个特定角度观察硅晶体时，硅原子呈双原子列排列。原子对之间的间隔仅为78 pm（1 pm=10^{-12} m）。

左下图：为不使用像差矫正器时的模拟观察图。此时分辨力降低，成双原子排列的原子对会呈现为单一、被拉长的原子峰。Stem成像为人类了解材料的宏观性质起到了强有力的支撑作用。

扫描透射电子显微镜采用电场或磁场来聚焦产生电子束。与之相比更为先进的扫描隧道显微镜（STM）则主要基于量子力学“隧道”效应，在显微镜探针尖端和待测表面之间施加一个电压，使二者形成电子移动的“隧道”，用电子移动等效的变化电流，得到被测表面的形貌图。扫描隧道显微镜要求待测表面必须是电导体，但是许多被测物体都是绝缘的。最新研究表明，机械手段在某种程度上可以比电子技术取得更好的显微效果。原子力显微镜（AFM）的扫描探针则装有一个薄薄的悬臂，探测时通过测量悬臂形变的挠度来获取样品表面的信息。理论上，探针无需和样品直接接触。对生物学家而言，原子力显微镜是探测蛋白质分子的最好方式，因为它几乎不会对蛋白质分子造成破坏，而且生物学家并不需要观测到组成蛋白质分子的成千上万个原子。对于材料科学家而言，原子力显微镜更是他们探索纳米世界的强大武器，具有革命性意义。

温度计

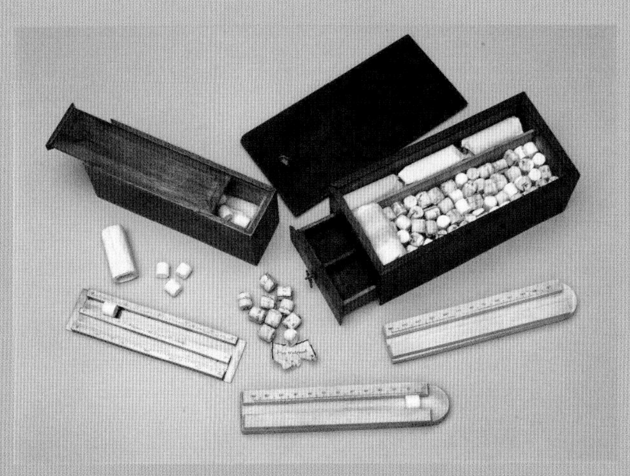

左图：18 世纪 80 年代制陶人乔赛亚·伟吉伍德（Josiah Wedgwood）向乔治三世展示的高温计。伟吉伍德需要知道陶器烧制时窑内的温度，而这一温度远高于水银沸点（357 ℃）。他发现，黏土被烧结并持续冷却后的收缩率仅与烧制时的最高温度有关，与黏土在窑中的时间长短无关。基于这个原理，伟吉伍德用特制黏土创立了自己的高温温标，并以“伟吉伍德度”为单位（0~160），最大值超过了 20 000 ℉。但实际上，这个最大值被估高了。

自 1714 年，物理学家丹尼尔·加布里埃尔·华伦海特（Daniel Gabriel Fahrenheit）在玻璃中注入水银，制成第一个准确的温度计以来，已经过了 300 多年了。但是直至 19 世纪中叶，人们才开始在医学领域使用水银温度计。当时保守的内科医生通常只是将发烧作为一种并发症或疾病来处理，而并不拿它作为一种症状。他们早就知道体温升高和疾病存在某种联系，但并没有充分意识到“高体温”和发烧其实是相同的概念。在美国，倡导测量体温的内科医生爱德华·塞贡（Edouard Seguin）遭到了同行的冷遇。1871 年，赛贡向他的同事倡议：“我认为我们除了有义务教会（每一位母亲）……使用温度计，还必须告诉她们温度计测温的原理。”这样一来，当“邻里、江湖郎中和巫医给出所谓的秘方时，她能够坚定地使用温度计。因为她知道，冷静记录下当天的发烧状况比乱用那些毫无依据的疗法更可靠”。

左图：20 世纪早期，在炉中接受试验的水银温度计。

18 世纪以来，人们建立了多种温标。例如，1812 年—1813 年拿破仑军队撤离俄国时（见第 7 页），用于冬季气温测量的列式温标。但是最有名的温标当属华氏温标和摄氏温标。此外，国际单位制和大多数科学家采用的是衡量绝对温度的开氏温标。

华伦海特借鉴前人的经验，用奥勒·罗默（Ole Roemer，罗默是一名天文学家，于 1676 年测得了光速）提出的“固定点”的概念来定义玻璃管中水银的刻度。罗默曾把冰盐混合物的温度定为最低温度，水的沸点定为最高温度，温度范围为 60 度——因为 60 进制被广泛用于角度和时间测量上。

华伦海特决定扩展罗默的温标，将

每度增加到原来的4倍，最后共有240度。他将冰、食盐和氯化铵混合物的温度定为0°F，冰的冰点/熔点定为30°F，人的正常体温（血液温度）定为90°F。经过多次实验后，华伦海特对此温标进行了修订：0°F定义不变，冰点升高到32°F，人体温改为96°F，水的沸点从原来的240°F降低到212°F。尽管华氏温标及其修订版的设计并不完全合乎逻辑，但它还是受到了人们广泛的认可，这主要是因为华伦海特的温度计很好用。此外，他还发明了用皮革过滤净化水银的方法，可以有效防止杂质阻塞温度计的细玻璃管。我们现在所说的冰点和沸点（标准大气压下）仍沿用华伦海特的定义，但是不再使用他定义的血液温度。健康人体的血液温度范围为98.4°F~98.6°F。

华氏温标建立不久后就遇到了新挑战。1736年华伦海特逝世后不久，安德斯·摄尔修斯（Anders Celsius）提出了有冰点和沸点2个固定点、刻度为100的温标。摄尔修斯当时将冰点定为100℃，沸点定为0℃，让人匪夷所思。摄尔修斯英年早逝之后，他的一个学生把这种标度反转过来，使这种100度的温标流行起来，并在19世纪上半叶被人们称作摄氏温标。但是，由于百分度的英文首字母也是“C”（centigrade），所以至今还有不少人误以为“摄氏度”（degrees C）是“摄氏百分度”（degrees Centigrade）的缩写。直至1948年，第9届国际计量大会（CGPM）才宣布摄氏度为法定名称。

早在制冷技术发明以前的1848年，便有人提出了绝对零度和绝对温度的概念。开尔文男爵仅通过观察温度降低时气体体积变化，就提出了这一概念。他发现，温度每降低1℃，气体体积会均匀减小其0℃时体积的1/273。因而，他认为当气体处于−273℃，即“绝对零度”时，体积必然减小到零。众所周知，任何一种事物都不可能通过这种方式完全消失，而且从理论上来说我们也不可能得到绝对零度，但开尔文推断的绝对零度数值与如今能够得到的最低温度非常接近。

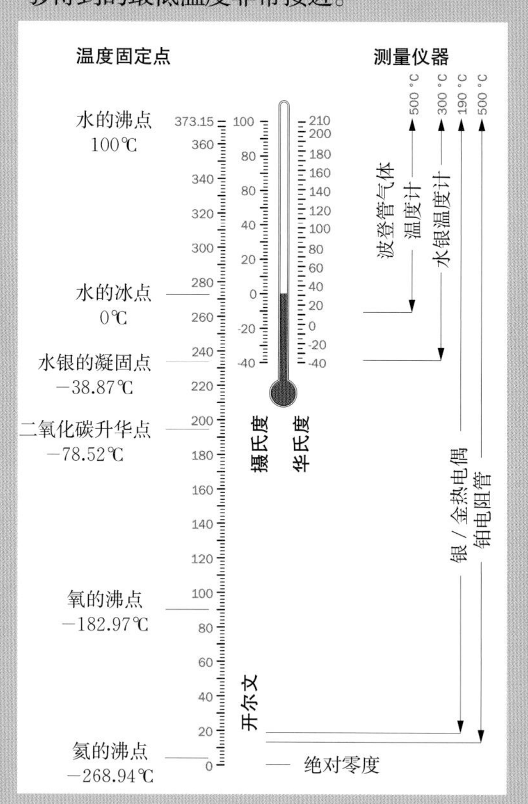

开尔文男爵（1824—1907）原名威廉·汤姆森（William Thomson），在1848年创立了开氏温标。左图说明了开氏温标、华氏温标和摄氏温标之间的关系，以及各种物质的转变温度和各种温度计的量程。国际单位制中，绝对零度定义为0 K或−273.15℃（1 K = 1℃），水的冰点和沸点分别为273.15 K和373.15 K。

气压计

气压计的原理是建立在气体有压强的基础上的，它也从某种程度证明了真空的存在：当一个容器中的所有空气被抽走后，这个容器内部就是真空的。1644 年，埃万杰利斯塔·托里拆利根据其导师伽利略的建议，将一根长 120 cm、一端密封的玻璃管注满水银，再将玻璃管倒插入盆内。他发现，玻璃管内的水银并不会完全流出来，而是会在玻璃管靠下的一段留下约 76 cm 高的水银柱。根据这一现象他推断，正是由于大气压存在并作用在盆内的水银表面，把水银压入了玻璃管，而水银柱上方的空间应该是真空。经过一段时间的观察，托里拆利发现水银柱高度每天都随不同的大气压小幅变化着。托里拆利得出结论：“水银柱会上升至与周围空气压力平衡处”，且“我们所有人‘都沉浸在气体元素所组成的海洋底部’”。

尽管国际单位制采用的压强单位是牛顿 / 平方米，即帕斯卡（Pa），但在现代气压测量中，使用最频繁的却是毫米汞柱（mmHg）或毫巴（mb）。海平面处的标准大气压为 760 mmHg 或 1013.2 mb（101 320 Pa），若以英制表示则为 14.7 磅每平方英寸。这个值相当于一般汽车轮胎内气压的一半（但实际上轮胎压力是以环境压力即大气压为 0 点的，而不是绝对意义上的气压为 0）。托里拆利之后不久，布莱士·帕斯卡（Blaise Pascal）发现大气压力会随海拔的升高而降低，珠穆朗玛峰顶的大气压仅为 300 mb 左右。但是如果登山者真的设法带着气压计登上珠峰，他还需根据温度和当地重力调整气压计的读数，因为这两个因素都会对气压计内的水银造成影响。

另外还有一种常见的气压计叫做“无液气压计”（膜盒压力计），常被用于航空高度测量。这种气压计由路辛·维蒂（Lucien Vidie）于 1844 年发明。气压计名字中的“无液”来源于希腊语，表示“没有液体”。无液气压计不使用水银等液体，它是一个带柔性膜片的真空盒，膜片会随压力变化而发生形变，并通过弹簧和杠杆与指针相连。相比于水银气压计，无液气压计使用方便，便于携带，尤其是在自动记录时更能发挥其优势，但其准确度不及水银气压计。

顶图：埃万杰利斯塔·托里拆利（Evangelista Torricelli，1608—1647），气压计发明人，同时也是伽利略的最后一个助手。

上图：罗伯特·菲茨罗伊（Robert Fitzroy，1805—1865），英国气象局首任局长。图为身着英国海军中将制服的罗伯特·菲茨罗伊。

左图：菲茨罗伊水银气压计，这种构造设计最早出现于 19 世纪 60 年代。

地震仪

目前人类已知最早的地震仪是由中国天文学家、数学家张衡所设计。地震仪的底座上装有 8 只张口的蟾蜍，每只蟾蜍的正上方都有一条口含铜球的青龙。当装置受到了哪怕是非常轻微的扰动，都会使其内部的摆锤发生位移，从而触发杠杆装置，使得龙口中的铜球落到蟾蜍嘴里，发出洪亮的铿鸣。

19 世纪 80 年代，英国地理学家约翰·米尔恩（John Milne）在日本发明了现代地震仪。这台仪器也采用了摆锤构造，并被此后的所有地震仪沿用。由于惯性的作用，大而笨重的自由摆锤的运动会滞后于悬挂它的框架的运动，地震仪的工作机制就是利用这一点记录下二者之间的相对位移。通过使用三个既可以上下跳动，又可以像门在合页上一样左右摆动的摆锤，就可以同时监测到地震引起的横、纵两个方向的振动。

米尔恩最初制造的地震仪是将铁笔绑在重物上，当重物和支架有相对位移时，笔尖会在熏烟纸上记录下运动轨迹。有时为了保证记录的可靠性，业内至今仍沿用这种方法。1893 年，米尔恩尝试在旋转的胶片上记录轨迹。而现在，这种相对运动被转化为电信号，通过电子手段被放大至几千甚至几十万倍，通过笔针记录在纸上，或是磁带、计算机上。

地震波（左下图）主要分为两大类。一类是体波，从震源沿最短距离传播至地面（即震中）；另一类是面波，由部分体波达到地面后在地下转变而成。体波又分为 P 波（初级波）和 S 波（次级波），这两种面波（右下图）分别以定义它的人——A. E. H. 洛夫（A. E. H. Love）和瑞利男爵命名。

左图：公元 132 年张衡所设计的目前人类已知最早的地震仪剖面图。

下图：现代地震仪的关键部件。

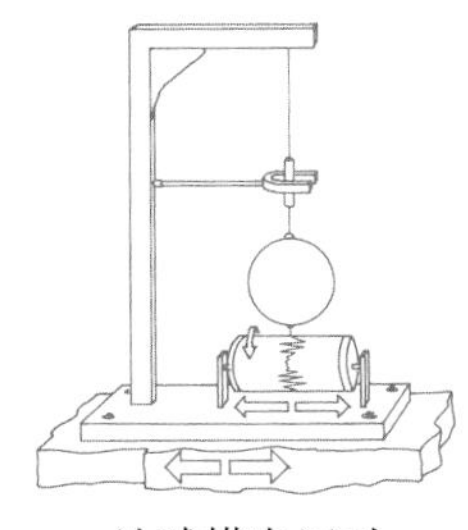

地球横向运动

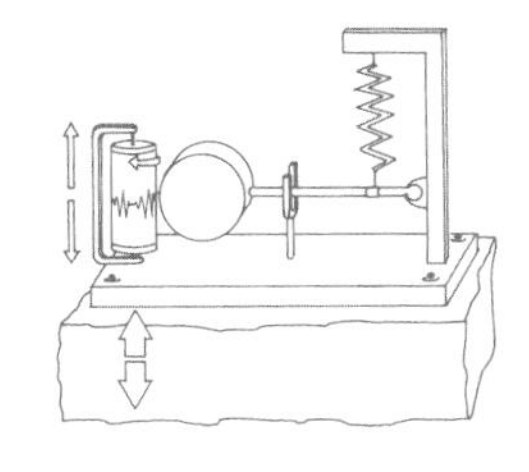

地球纵向运动

左图：地底波动。由于P波传播最快（速度可达到6.5 km/s），所以地震中人们最先感受到的波动是P波。这是因为P波像声波一样是纵波。而传播较慢的S波是横波。类似于无线电波，S波在传播时会产生左右剪切运动，使地面同时向纵、横两个方向运动。

体波

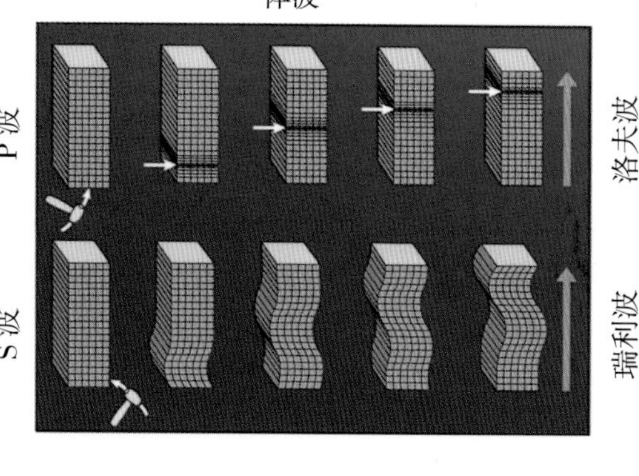

面波

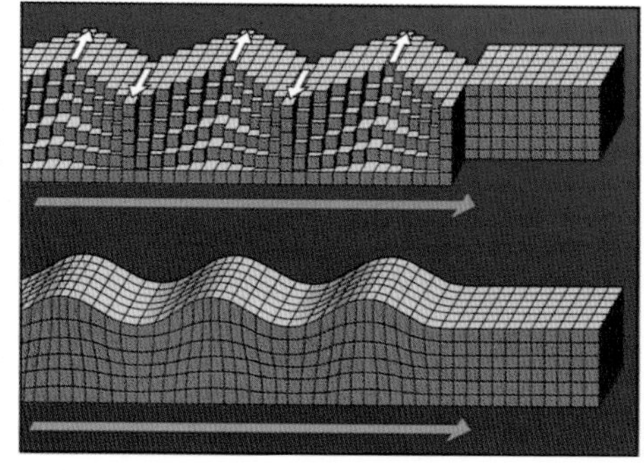

盖革计数器

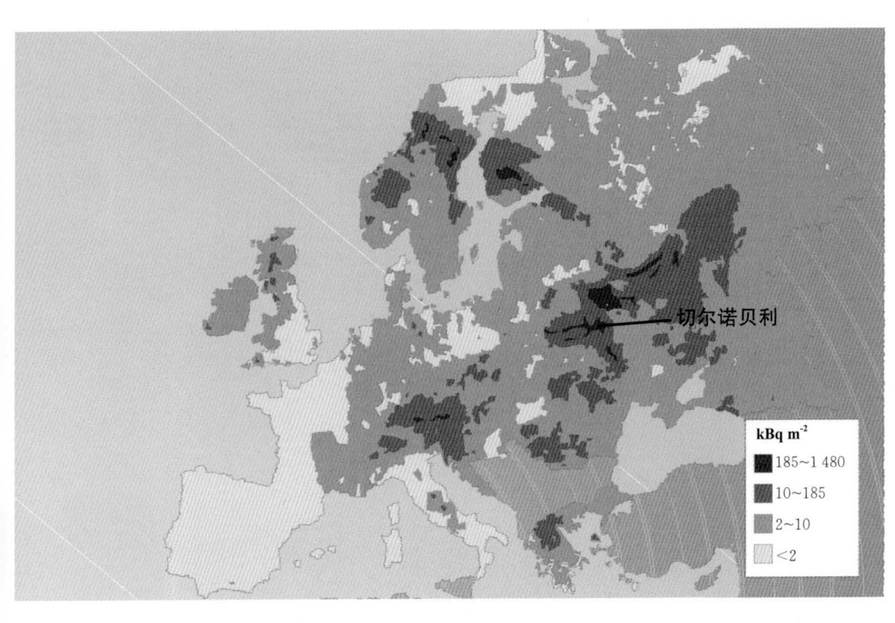

左图：图示为 1986 年切尔诺贝利（Chernobyl）核事故后，事故周边地区的辐射放射性水平。这起迄今为止世界上最严重的核事故共造成 6.7 吨放射性物质蔓延扩散到事发现场方圆数百公里的区域。图中放射性来源主要是常用的铯 137 同位素。铯 137 的半衰期为 30 年（见第 80 页），也就是说只有到 2016 年，铯 137 的放射性水平才会降至 1986 年时的一半，反应堆附近的大多数废地还要等待几十年才可以住人。根据联合国与乌克兰、白俄罗斯和俄罗斯政府在 2005 年发布报告，这起事故已经造成了近 4 000 例甲状腺癌，患者主要为儿童和青少年。

普通居住区的放射性环境可以使灵敏的盖革计数器每两秒进行一次计数。降雨会使高空中的放射性物质发生沉降，使地面上的盖革计数器每秒计数一次。换言之，此时平均每秒发生一次核衰变，即 1 Bq。如此低的本底辐射量值也从侧面说明了 1986 年切尔诺贝利核事故的严重。

盖革计数器的原型是由汉斯·盖革在 1908 年发明的。当时他在曼彻斯特与杰出的原子物理学家欧内斯特·卢瑟福（Ernest Rutherford）共事。计数器主要用于计算放射性衰变所产生 α 粒子的数量。正是这个装置，让卢瑟福在 1911 年发现了原子核的存在。1928 年返回德国后，盖革和他的学生沃尔特·米勒（Walther Müller）对原来的设计进行了改进。改进后的计数器基本结构包括一根低密度气体（通常为氩气）管和阴阳两个电极。加载在两个电极之间的电压略低于放电电压——整个装置有点像一个闪烁荧光灯管。高能放射性粒子从一个窗口进入，将被气体原子核束缚的核外电子击飞，导致气体原子发生“电离”（见第 83 页）。这些带负电的自由电子流向阳极，而电离产生的带正电的阳离子则流向阴极，途中又与其他气体原子发生碰撞，引发电离，从而产生电子雪崩，强度足以形成脉冲电流，经放大后可以使扬声器发生一次计数。每个 α 粒子（或 β 粒子）会引发一次计数。该装置实际计数速率可达每秒数百次，当然也可以通过测量电流来表示测得的辐射剂量。

上图：汉斯·盖革（Hans Geiger，1882—1945），盖革－米勒（Geiger-Müller）计数器的发明人。该计数器可用于探测 α 粒子和 β 粒子等电离辐射，但对于探测 γ 射线而言并不可靠。

光谱仪

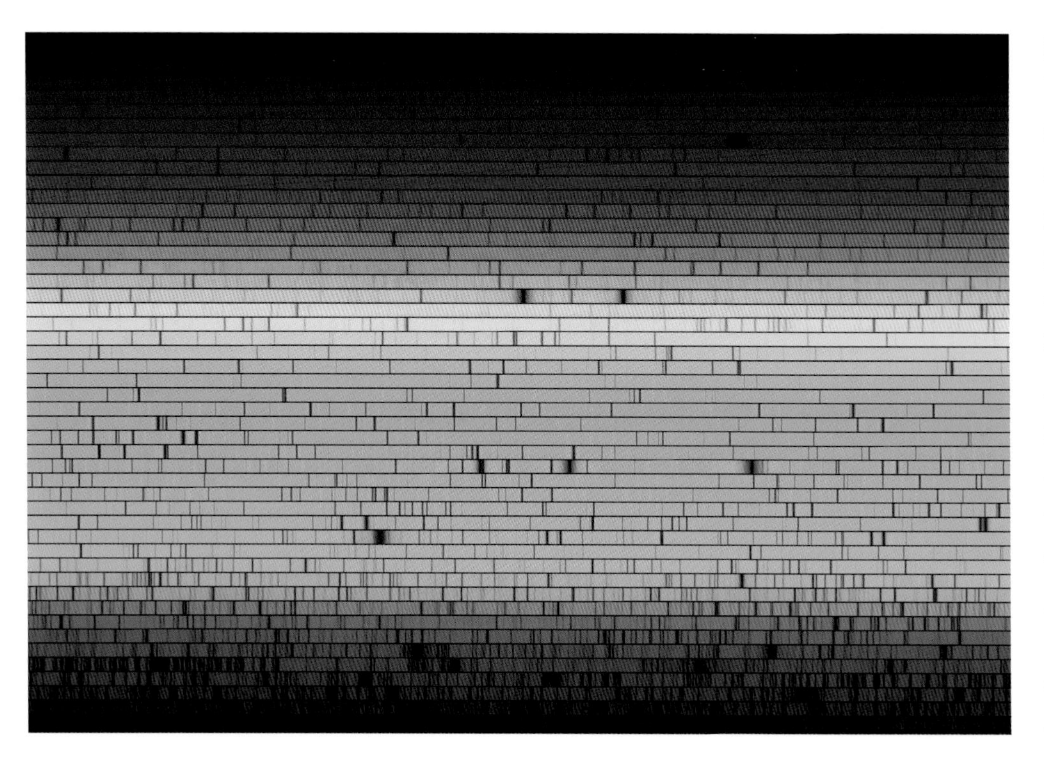

到达地面的太阳光中可见光部分的吸收谱线。图中黑色的细线表示没有该谱线的光——这是因为这些频率的光被太阳内的化学元素吸收了。与吸收谱线相反，高能原子失能向外辐射能量，会产生带亮线的发射光谱。被太阳内化学元素吸收的这部分能量被用于核聚变反应（如氢原子核聚变生成氦），使恒星火焰保持燃烧。每一种化学元素都有对应的“指纹”——光谱。氢元素既有吸收谱又有发射谱，共有五个线系：可见光系（见左图）、紫外光系和三个红外光系。1913年，尼尔斯·玻尔（Niels Bohr）首次用光谱线代表表示氢原子内部的不同能级，证明了能量量子化的观点（见第77~78页）。

19世纪以前，也就是光谱学诞生前，天文学家们只能通过化学方法对落在地球上的陨石进行分析来了解天体的物理、化学条件。如今，人类通过光谱仪分析恒星发出的光线，深入了解恒星内部温度、组成成分和成分元素之间的比例，探索存在于遥远深空的原子和分子。举例来说，金星大气中96.5%为二氧化碳，太阳外部区域约90%是氢气，这些结论是通过光谱分析得到的。

无论是可见光还是非可见光，任何一个光谱学实验都应包括以下要素：一个辐射源；一个可以分离不同波长光的折射棱镜或衍射光栅；多个用于检测或记录光谱细节的探测器；测量光的波长和强度；与地球物理、化学现象的光谱数据比较，解读所得到的数据。其中，可以直接用眼睛观测的光谱仪被称为分光仪，而用摄影或其他手段记录数据的光谱仪则被称为摄谱仪。

激光器

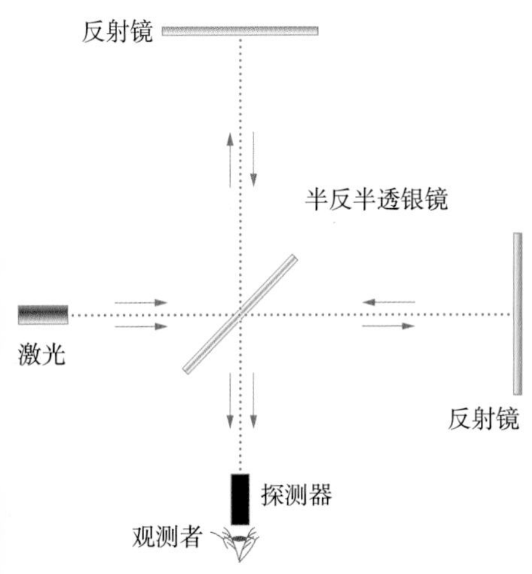

爱因斯坦于1917年首次提出“光受激发射”这个重要的概念，激光（laser）一词的拼写也是出自其词意“光受激辐射并得到增强”（light amplification by stimulated emission of radiation）的英文首字母缩写。基于爱因斯坦自己的量子理论——光具有波粒二象性，因此他大胆推断，一个光量子（光子，类似于电子）能够激发一个处于高能级的原子跃迁同时释放出两个光子，从而把光扩大。

但是他并没有提及“相干光”这个重要概念。所谓相干光，其实就是指两束光线是完全相同的。这不光意味着它们具有相同的频率（因为能量相同所致），而且其“步调”也完全一致。换言之，两束光波波峰和波谷间隔相同，并存在固定的相位关系，因此在结合（或称“相长干涉”）时可以相互增强。相干光中的波相位相同，而非相干光，如我们常见的光（包括太阳光）的波峰和波谷间隔不一致，不同光波之间会发生相互抵消（或称“相消干涉”）。使激光得到良好聚焦性能和较大功率输出的基本原理在于它采用的是单频的、相干光。

左图：激光干涉仪是当前准确度最高的长度测量工具。干涉原理图中，半反半透银镜将一束激光分为投射、反射两束相互垂直的光。两束激光经干涉仪“两臂”上的两个可调镜反射，在半反半透银镜上再次汇合，并被探测器接收。如果两束激光的行程完全相同，则它们在汇合点的相位将完全一致（同相位），幅值增强；但如果一束光比另束多走了半个波长（约 300 nm），则它们在汇合点的相位相差 180° （反相位），幅值互相抵消。如此一来，探测器便会观测到明暗相间的干涉条纹——激光干涉仪臂间哪怕是有 1 nm 的差别都能被测到。

Some rough calculations on the feasibility of a LASER: Light Amplification by Stimulated Emission of Radiation.

Conceive a tube terminated by optically flat

L 2R

partially reflecting parallel mirrors. The mirrors

JACK GOULD
Notary Public, State of New York

“激光”的起源。包括爱因斯坦在内的许多科学家都对激光技术做出了贡献。戈登·古尔德（Gordon Gould）在他经公证的1957年笔记上首次使用了“激光”一词（左下图）。1964年，亚历山大·普罗科洛夫（Alexander Prokhorov）、查尔斯·汤斯（Charles Townes）和尼古拉·巴索夫（Nikolai Basov，左上图）因为激光这一发明共同获得了诺贝尔奖。1960年，西奥多·梅曼（Theodore Maiman）制成了世界上第一台激光器。

国家计量机构

左图：1885 年的格林威治天文台。一年前国际采用格林威治标准时间作为世界标准时间。最左图是艾里子午仪（见第 62 页），中间是“时间携带者”露丝·贝尔维（见第 56 页）观察用的时钟。

可以说，天文学造就了最早的国家计量院——1667 年法国国王路易十四建立了巴黎天文台，1675 年英国国王查理二世兴建了格林威治天文台。但是这两个天文台的功能仅限于天文学、导航和测绘。相比而言，位于伦敦的英国皇家科学研究所（London’s Royal Institution，1799 年）研究范围更广，涉及所有“生活相关的科学应用”，但它并没有尝试制定国际度量衡标准。19 世纪最后 25 年内，国际计量局（BIPM，1875 年）、德国帝国技术物理研究所（Physikalisch Technische Reichsanstalt，1887 年）、英国国家物理实验室（NPL，1900 年）、美国国家标准局（1901 年）（译者注：美国国家标准与技术研究院前身）等知名国家计量院相继成立。科学技术的日益精进以及科学对测量准确度、精密度要求的不断提高使国家计量院如雨后春笋般出现。工业和科学的发展对标准化的时间、长度、重量、力、压强和容量等各类物理量提出了迫切需求。

在英国，政府出资创建的国家物理实验室从最开始便由皇家学会成员和行业代表共同管理。不可避免的是，国家物理实验室也曾面临理论科研和商业活动之间的冲突。英国政府官员对基础科学冷眼相看，并认为科学研究应该在一段时间之后产生经济效益，使研究机构能够自给自足。1965 年，国家物理实验室的管理机构解体，正式切断了与科学界的联系，国家物理实验室归英国科技部管理。20 世纪 90 年代，政府撤出了国家物理实验室的直接财政支持，将其变成了更具有商业性质的研究机构，而非政府部门。但是，英国政府恢复了其与皇家学会的联系。

下图：瑞利男爵（1842—1919），原名约翰·威廉·斯特拉特（John William Strutt），物理学家，1899 年出任英国国家物理实验室管理机构首任主席，1904 年获诺贝尔奖，1905 年担任皇家学会会长。

尽管一开始，英国国家物理实验室的大部分工作是收费且单调的：比如测试温度计、校准和检定各类送检仪器设备以及进行各种物理和化学分析。但是，它在多个领域的科研能力在第一次世界大战之后获得了良好的声誉，在第二次世界大战之后更是名声大噪。20世纪40至50年代之间，英国国家物理实验室便启动了计算机技术方面的前沿研究，比如：阿兰·图灵（Alan Turing）设计的通用电子计算机（Pilot ACE）、最早的可靠原子钟（50年代），以及促成因特网在美国被发明的、最早的计算机网络和分组交换概念（60年代）。艾丽恩·玛格内利奥（Eileen Magnello）所著《百年测量》（*A Century of Measurement*）一书讲述了英国国家物理实验室的发展历史，详细介绍了在20世纪中叶这个国家计量院所涉及的业务范围。她写到，20世纪50年代，人们可以向英国国家物理实验室咨询以下问题：圣保罗大教堂（St Paul's Cathedral）的广播系统；温彻斯特大教堂（Winchester Catnedral）的音响效果；妇女分娩时可接受的麻醉剂三氯乙烯的剂量；杀菌时奶瓶内的温度分布情况；地下水管查漏方法；蘑菇种植最适宜的温度和湿度；以及为预防镭针在医院消毒时爆开所采取的措施。

来源于技术本身的挑战在随着时间产生变化，但是技术对标准化和国家计量院的需求始终存在。21世纪初，许多校准工作都可以在线上进行。因特网的出现使主要的国家计量院可以远程完成某些校准工作，最大限度地避免了实物基准或校准设备被搬来搬去。仅仅需要一个标准链接（和在浏览器中使用的链接没有不同），国家计量院的测试软件就可以控制远在另一个实验室中的被测设备、分析测量数据并出具相关证书。

下图：1928年，美国国家标准局制造光学玻璃的场景。这块口径1.8 m、重达1.7 t的玻璃盘是当时美国最大的一块光学玻璃，被用于反射望远镜。前面浇铸的四块玻璃都在冷却过程中破裂了。只有第五块玻璃，因为冷却速度极慢所以幸免于难。国家标准局由美国政府直接管理，而其此次的成功，直接影响了美国一家私人公司在20世纪40年代成功浇铸出口径5 m的光学玻璃。这块玻璃被用作帕洛马山上海耳反射式望远镜的主镜。1988年，美国国家标准局更名为国家标准与技术研究院（National Institute of Standards and Technology）。

第二篇　对自然的测量

想要尽述恒星、星系、宇宙大爆炸（宇宙起源）、电子、夸克，甚至是弦理论，并不是一件难事。若要写下他们的相对大小也不难，只需要使用对数或大量的零即可。但是，要理解这些比较的意义却近乎不可能。人的大脑光是应付飓风、海啸这些巨大的自然力量都已经应接不暇了。星系远大于日地距离，而如果弦真的存在，它绝对小得可怜，比细菌还要小，小到人类只能设想的程度。

甚至有时候科学家也会求助于非标准单位，会比使用吉米（1 吉米 $=10^9$ 米）和纳米（1 纳米 $=10^{-9}$ 米）这样的单位更“人性化”。天文学家喜欢使用“天文单位”(AU)，一个天文单位等于日地平均距离。太阳与木星距离 5.20 AU。相对来说，5.20 AU 这个数字比公制距离 778 吉米好记些。化学家多使用埃（Å），1 埃等于 0.1 纳米，用于测量分子距离。氯分子的半径约为 1 Å。

从巨型望远镜到人造卫星，再到激光器这些用于探测星系、火山和原子的仪器无不是人类智慧结出的硕果。他们将一个个自然现象以数字的形式呈现出来。人类如何说明得出的测量结果则是一段持续的科学知识之旅。

2004 年通过哈勃太空望远镜拍摄的超深空影像所展示已知最早、最遥远的可见宇宙。这张影像说明宇宙大爆炸之后才出现最早的星系，而当时宇宙年龄仅为 4 亿年。最新估计的宇宙年龄约为 137 亿年。

第五章　原子

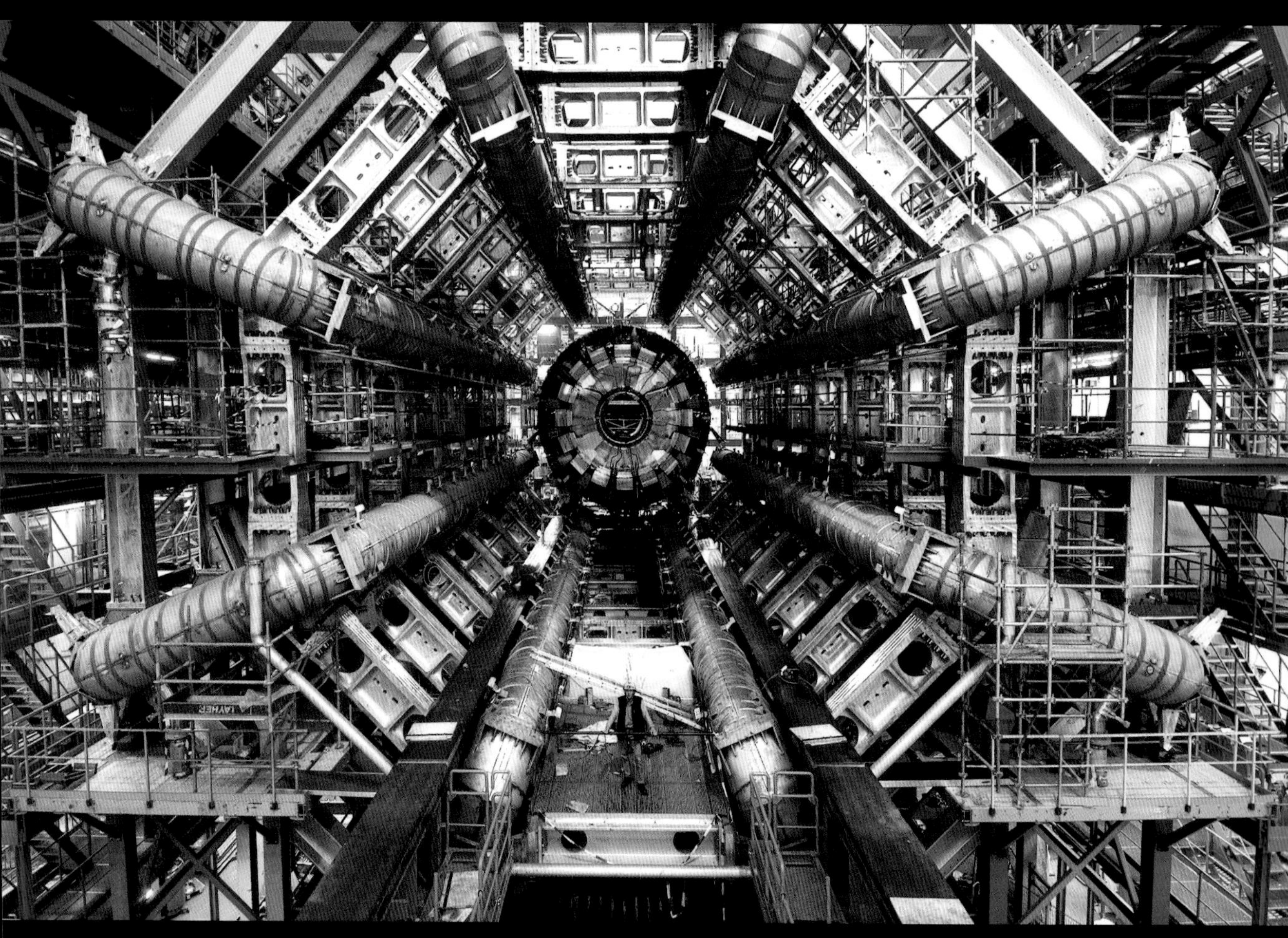

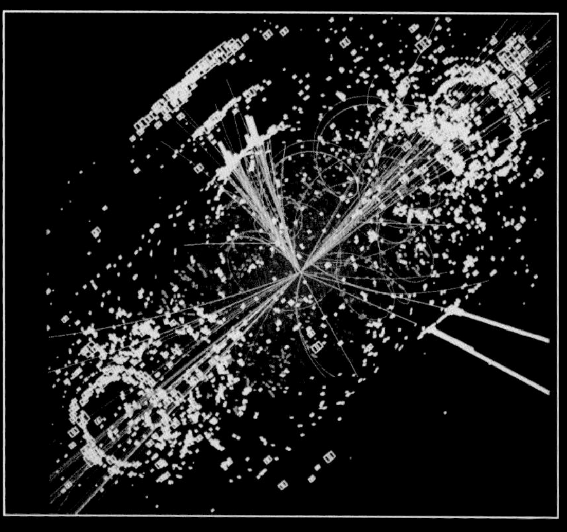

上图：质子加速器。大型强子对撞机（Large Hadron Collider，LHC）是世界上最大的粒子加速器。该加速器中的巨型探头可以探测到质子高速对撞时产生的物质。这些质子可以被LHC加速至远高于早期加速器可实现的速度。物理学家希望发现，在质子经碰撞产生裂变的过程中（左图），可能会释放出一些新的、特殊的亚原子粒子。LHC现位于日内瓦附近的欧洲核子研究中心（European Council for Nuclear Research，CERN）地下，横跨法国和瑞士边境。该装置由34个国家、多所大学和实验室的逾2000名科学家合作兴建。

原子与量子论

物质究竟能细分到何种程度，是否存在理论极限？我们目前已知的粒子是否已不能再继续细分？万物在本质上是连续的、以波的形式存在的，还是非连续的、量子化的？

关于原子论及其对立概念（如“模拟与数字”、物质的“波粒二象性”等）之间的论战最早可追溯到公元前5世纪——希腊人在那时就提出了古典原子论。17、18世纪科学革命期间，论战重燃，并随20世纪量子理论的出现愈演愈烈，延续至今。哲学家伯特兰・罗素曾问：世界究竟是一桶糖浆还是一桶沙？当代物理学家约翰・里格登（John Rigden）亦从数学角度发问：“世界究竟应像无穷实线那样从几何角度描述，还是应从代数角度描述为离散数字的叠加？哪种更适合描述世界的本质——几何还是代数？”

19世纪期间，越来越多的迹象表明了原子和分子的存在。化学家约翰・道尔顿将原子定义为物质中最小的、能参与化学反应的微粒。他主张，不同元素（如氧元素和铁元素）是按固定比例组合的，并编制了第一张相对原子量表。19世纪60年代，德米特里・门捷列夫（Dimitri Mendeleev）编制了化学元素周期表，按原子量对性质相似的元素进行了分区（现在的元素周期表按原子序数进行排序，而非原子量，见第82页）。此后，物理学家便能从统计学角度，用大量原子和分子的热运动解释热力学和温度现象，只是当时尚无令人信服的实验证明这些看不见的微粒确实存在。

1905年，爱因斯坦用原子和分子运动论解释了布朗运动这一费解现象。1827年，植物学家罗伯特・布朗（Robert Brown）观察发现，悬浮在水中的花粉微粒不停地做无规则的运动。后来直到爱因斯坦时代，包括细磨砂玻璃等无生命微粒在气体或液体中做无规则运动的现象都被称为布朗运动。由此可见，微粒运动的原因与植物学或生物学并无联系。爱因斯坦认为，这些微粒做不规则运动是因其受到了不断移动的液态和气态分子碰撞。

物理学界起初并不信服爱因斯坦的推断。一方面在于原子和分子太小，看上去根本不会影响体积比它们大很多的花粉颗粒——二者间在体积上的差距不啻蚊子和大象。另一方面在于，移动的分子可能从各个方向“刺碰”到花粉颗粒，碰撞产生的平均效应为零。但爱因斯坦却证明，花粉微粒的Z字形运动可能缘于大量原子和分子的“群体行为”。也就是说，大组原子和分子存在局部统计波动，它们集体先向某一特定方向运动，再集体移向另一边，并同时推动花

氢
氮
碳
氧
硫
磷
氧化铝
碳酸钠
碳酸钾
铜
铅
铁

道尔顿的原子和分子。1808年，约翰・道尔顿（John Dalton）在《化学哲学的新体系》（*New System of Chemical Philosophy*）中提出了新的化学符号体系。他本人绘制的部分氧原子化合物如左图所示（其中突出显示的是二氧化碳），重制的道尔顿元素符号如上图所示。尽管其中很多分子式并不正确，但道尔顿提出的概念和他的原子量表却影响深远。

粉颗粒朝着这些方向运动。爱因斯坦还从理论上推算出，浮于17℃水中，且直径为千分之一毫米的粒子（也即比原子大10 000倍）平均会在1分钟内平移千分之六毫米。在这之后，让・佩兰（Jean Perrin）很快通过实验证实了这一预测。

1900年，量子理论随着马克斯・普朗克的研究工作而诞生。普朗克在测量从发热腔中辐射出能量的过程中，发现所测能量随波长和温度的变化而变化。他试图建立一种理论来解释该现象。但是，当他视热能为连续波时，该波模型与实验结果并不相符。只有当他假设腔壁中吸热和放热的"谐振器"（原子）能量为离散值时，理论才与实验结果相符。也就是说，能量并非以连续的形式被吸收或释放，而是在热和原子之间以组或一定分量（量子）的形式交换。此外，量子能量的大小与谐振器频率成比例，高频量子比低频量子携带更多能量。深信大自然为连续统一体且天生保守的普朗克，对自己的结论并不满意，但还是勉强将其发表。

爱因斯坦就大胆不少。他认为，不仅热/光和物质之间的能量交换是量子化的，连光本身也是量子化的。1905年，爱因斯坦指出："当光线从一点开始散发，其能量并非连续分布于无限空间中，而是以有限数量的能量包的形态局限分布于空间各点，每个能量包作为一个整体在空间运动且不能分开，并能整个被吸收或产生。"爱因斯坦把光束描述为移动的能量包而非移动的粒子。20世纪20年代，当这一革命性的概念最终被公认时，这个能量包便被命名为"光子"。

量子理论是一套无比强大的工具。一旦认为原子中粒子的能量是量子化的，科学家便能解释诸如光谱吸收和发射线、化学元素的不同属性以及原子在加速器中碰撞产生亚原子粒子喷射等现象。但是，普朗克仍存疑虑。"科学解决不了大自然的终极谜底"，他曾犀利地指出："因为归根结底，我们自身也是一个谜。"

上图：向科学界引入量子论的物理学家马克斯・普朗克（Max Planck，1858—1947）。普朗克是爱因斯坦相对论的坚决拥护者，但对爱因斯坦的量子论持不同意见。

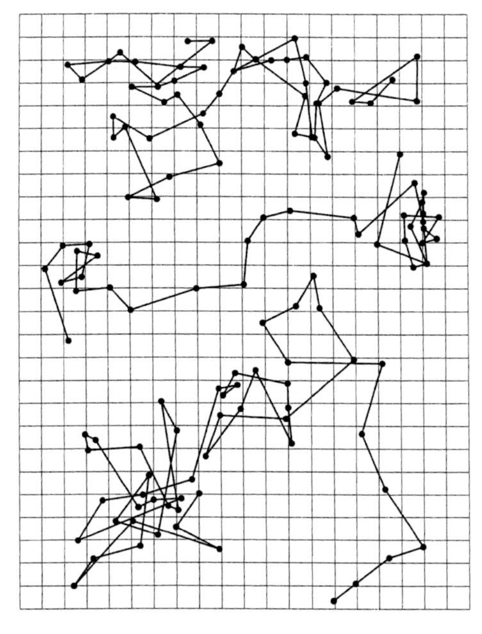

左图：让・佩兰观察记录的布朗运动。他每隔30 s记录一次三个乳香脂微粒在液体溶液中的位置，然后用直线将位置连线，呈现出图中的Z字形。本实验首次确切地证实了原子和分子的存在。

原子钟

什么是钟？忘记滴答的指针和循环的数字吧。人们对钟的最基本的共识是：钟由频率统一的“震荡”循环机制驱动。产生周期性“震荡”的可以是钟摆，可以是弹簧天平，可以是地球自转，可以是伽利略观测到的木星卫星，也可以是吸收了一定频率（由该原子的电子结构决定）能量的原子或分子，其亚原子粒子（如电子）从低能级向高能级跃迁或“跳跃”的过程。

上述最后一种机制可以将时间精确到万分之一秒。位于伦敦的世界著名时钟——大本钟（Big Ben）可以说是原子时间的“头面人物”。从1967年起，格林威治天文时便正式被原子时取代。按照英国国家物理实验室的说法：“当代秒定义是：铯原子在基态两个超精细能级之间跃迁辐射的9 192 631 770个周期的时间间隔。”

虽然这一定义对我们大部分人似乎无关紧要，但显而易见的是，只要实验室具备条件，原子的量子特性可以让标准量在世界任何地方得到精准的复现。与钟摆不同，所有原子（包括铯原子）的原子结构都是一致的，其震荡周期可以在浩淼的时空中亘古不变。

这样的计时方式可能与我们日常对时间的理解相去甚远。但是它对保障因特网、电子邮件、电视、全球定位系统、电力、运输及金融体系的正常运行至关重要，也是紧急服务、列车公司、取款机以及移动电话计费系统所必需的。几千年来，人类即使没有原子时间也能生活得井然有序，但如今一旦离开原子时间，现代文明将很快停滞不前。

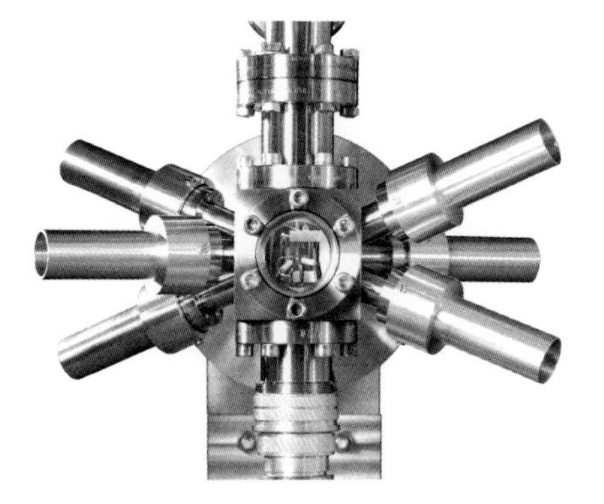

左图：新一代原子钟将采用离子阱，用激光将离子冷却至接近绝对零度，保持离子静止，使之能有更长时间的相互作用。采用离子阱的原子钟准确度预计将比现在的原子钟高1 000倍左右。

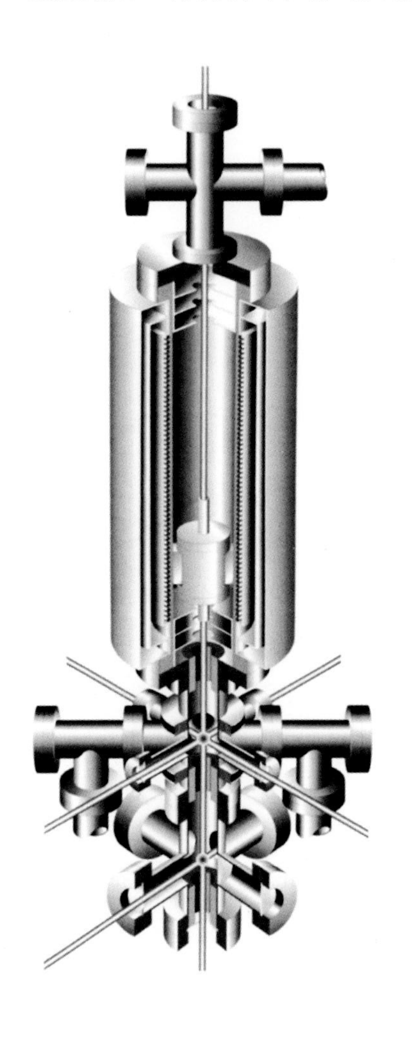

左图：铯原子喷泉钟是继20世纪50年代路易斯·埃森（Louis Essen）发明原子钟之后的又一新发明。铯原子喷泉钟用四个激光器冷却铯原子，将原子运动速度从200 m/s降到每秒仅几厘米。然后，冷原子云不断向上抛射，并在重力作用下自由回落，穿过一个微波谐振腔。微波（见第92页）激励原子发生用于秒定义的跃迁。通过测量微波吸收频率，便可测量时间间隔。原子云与微波相互作用时间越长，测量准确度越高。

放射性与同位素

19 世纪末，物质的原子特性最终得到公认，但人们很快发现原子并非不能分割：一种化学元素可能不稳定并衰变为另一种元素，衰变过程伴随着放射性现象。1896 年，亨利 · 贝可勒尔在研究铀的化合物时，偶然发现放射性现象。1898 年，皮埃尔 · 居里和玛丽 · 居里发现了另外两种放射性极强的元素：镭和钋。这两种元素与钍一样，都是天然存在的放射性元素。

于是，原子论中的另一主流观点受到挑战。该观点认为，一种化学元素的所有原子均相同，其重量或质量亦相同。现在大家都知道，铀和钍的衰变产物是铅。1913 年，人们已经证实不同来源的矿物中存在着不同形式的铅元素。这些元素原子量各不相同，但其化学形式非常类似，混合物不能通过化学手段分离。弗雷德里克 · 索迪（Frederick Soddy）将同一种元素的多种形式命名为同位素，意思是它们处于元素周期表（见第 82 页）的“同一位置”。紧接着，人们分离出了更多天然同位素，其中一部分有放射性，一部分没有。

同位素	半衰期（年，除非另外注明）
^{3}H	12.32
^{14}C	5 730
^{50}V	$>3.9\times10^{17}$
^{87}Rb	4.88×10^{10}
^{90}Sr	29
^{115}In	4.4×10^{14}
^{123}Te	1.3×10^{13}
^{130}Te	2.5×10^{21}
^{13}I	8 040 天
^{137}Cs	30.13
^{138}La	1.06×10^{11}
^{144}Nd	2.1×10^{15}
^{147}Sm	1.06×10^{11}
^{148}Sm	7×10^{15}
^{149}Sm	10^{16}
^{176}Lu	3.8×10^{10}
^{187}Re	4.2×10^{10}
^{186}Os	2×10^{15}
^{222}Rn	3.823 天
^{226}Ra	1 599
^{230}Th	7.54×10^{4}
^{232}Th	1.4×10^{10}
^{232}U	98.9
^{234}U	2.45×10^{5}
^{235}U	7.04×10^{8}
^{236}U	2.34×10^{7}
^{237}U	6.75 天
^{238}U	4.46×10^{9}

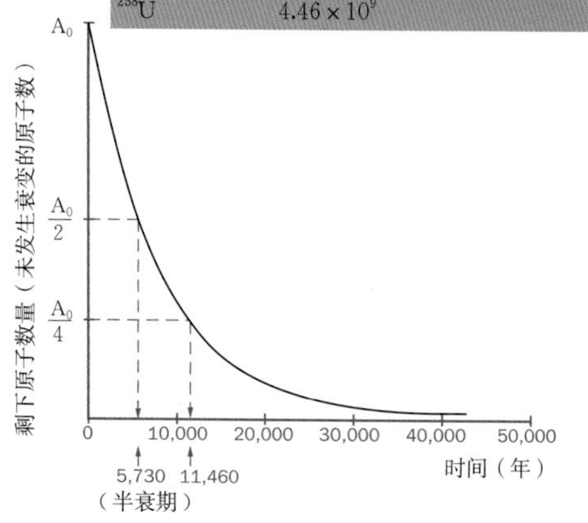

左上图：两次获得诺贝尔奖的玛丽 · 居里（Marie Curie，1867—1934），第一次因发现放射性，与皮埃尔 · 居里（Pierre Curie）和亨利 · 贝可勒尔（Henri Becquerel）共同获诺贝尔物理学奖，第二次因成功分离镭元素获得诺贝尔化学奖（个人）。

左图：天然放射性同位素。其中铀的同位素共有六种，尽管只有 ^{238}U 比较常见。

左下图：放射性衰变。如图中天然存在的碳同位素碳 -14（^{14}C）衰变曲线所示，放射性同位素呈非线性、指数型衰变。该同位素的半衰期为 5 730 年，大致覆盖了人类文明持续的时间——因此，碳定年法对考古学有巨大作用。

剂量	直接症状	潜伏期	全面发病	预后
0.1~0.5	轻度恶心	几天到几周	血细胞计数略有下降	可以肯定存活
1.0~2.0	辐射后 3~6 小时内会轻度至中度恶心，可能呕吐，持续时间长达 1 天	10~14 天	食欲不振、乏力、血细胞计数下降	生存率 90%
2.0~3.5	辐射后 1~6 小时内会恶心，可能呕吐，持续时间长达 2 天	7~14 天	掉发、中度至重度骨髓损伤、严重感染的风险	病死率 35%~40%
3.5~5.5	半小时内会恶心、呕吐，持续时间长达 2 天	7~14 天	掉发、内部出血、严重的骨髓损伤、出血和高感染风险、轻微胃肠道损伤	6 周内病死率 50%
5.5~7.5	半小时内会严重恶心、呕吐，持续时间长达 2 天	5~10 天	掉发、内部出血、严重的骨髓损伤引发血液系统完全失效、高感染风险、中度胃肠道损伤	很可能在 3 周内死亡
7.5~10	几分钟内便会感到难以忍受的恶心、呕吐，且持续多天	5~7 天	严重的胃肠道和骨髓损伤	3 周内死亡，不可能完全康复
10~20	即刻感到难以忍受的恶心、呕吐、疲乏	5~7 天	严重的胃肠道、骨髓和肺损伤；认知功能障碍	5~12 天内死亡
20+	昏迷	无	几小时内可能死亡	无法存活

用原子理论解释同位素现象经历了较长的一段过程。最初，发现原子核含有带正电质子的欧内斯特·卢瑟福将电离辐射分为 α、β 和 γ 射线三类，分别指大质量核子流、小质量电子流和高能射线。1913 年，尼尔斯·玻尔在为卢瑟福工作期间，构想出带负电的电子绕带正电的原子核运动的“太阳系”原子模型，但该模型中电子运动“轨道”经量子理论修正。最后，詹姆斯·查德威克（James Chadwick）于 1932 年发现了中子，不带电且质量几乎与质子相同。

这一新发现对同位素的存在作出了如下解释：一种化学元素对应一个原子序数，该序数代表着原子核中质子的数量。原子序数决定了原子属于何种元素，如原子序数 92 的元素是铀元素。但是，元素的原子量随原子核中的中子数而变化。比如 ^{238}U 原子核中有 92 个质子和 146 个中子（92+146=238），而 ^{235}U 的原子核中有 143 个中子。

一个放射性同位素最基本的特征也许就是它的半衰期了。它代表着一个样品内，放射性原子衰变至原来数量的一半所需的时间。放射性半衰期与人类寿命周期不同。半衰期的长短不会随时间改变。如碳 -14（^{14}C）从今开始的半衰期为 5 730 年，再过 5 730 年后（比如 11 460 年后）的半衰期也是 5 730 年，只是样本数量分别为原样本数量的一半和四分之一。

致命放射性剂量。剂量单位为戈瑞——以研究辐射诱发癌症的放射生物学家路易斯·戈瑞（Louis Gray）命名。

元素周期表

化学最令人目眩神迷之处在于：大量各不相同、看似毫无联系的元素能够组成化合物，并能够相互反应。元素周期表对这些元素进行了梳理、排序，使之更便于记忆，但其作用远非如此而已。元素周期表将元素的原子结构与被观测到的化学反应相联系，阐明了为何钠（Na）、钾（K）等碱金属元素化学性质活泼，而金（Au）等其他金属元素化学性质稳定；为什么最后一列中元素如氖（Ne）、氩（Ar）等化学性质稳定，是由于这些元素组成的气体很难发生化学反应，因而被称为惰性或贵族气体。正如彼得·阿特金斯（Peter Atkins）在《化学元素王国之旅》(*The Periodic Kingdom*）中所写的那样："元素王国不是由多个地区组成的一个无序整体，而是一个组织严密的国家，每个地区的特征和其相邻地区紧密相连。"

1869 年，德米特里·门捷列夫按原子量递增顺序整理出第一张元素周期表，并将原子量视为元素的唯一基本特征。他将当时已知的 61 种元素列入表中，并根据直觉在表中留空。据说这是他在撰写化学教材期间小憩时的一个梦，让他感觉还有更多元素会被逐步发现。

现代元素周期表（右图）从原子序数为 1 的氢开始，到不稳定的、以钍开始的放射性元素为止，共包含 100 多种元素，按原子序数排列而非按原子量。原子序数（也即原子核中的质子数）等于一个不带电原子中的电子数。电子结构决定元素的基本化学性质，因为参与化学反应的通常是核外运动的电子，而非原子核。核外电子被质子束缚得越紧，该元素化学活性越弱，反之则化学活性越强。量子论详细阐述了电子结构，但是我们简单地理解为电子填满了围绕在原子核外的"壳体"，电子最大允许数量视壳体类型而定。惰性气体，如氖（Ne），它的最外层壳体装满了电子，无法容纳更多电子。而碱金属，如钠（Na），它们的最外层壳体只有一个自由电子，极易于在反应中被剥离（电离）。因此，即使 Ne 的原子序数为 10，Na 的原子序数为 11，这两种元素却并非相邻元素，而是位于周期表的相对面，分别位于第 1 和第 18 族。

化学元素周期表。元素对应编号是其原子序数，亦即核内质子数。除铸（Mt）以外，人类还发现了其他超重元素，但尚未正式命名。元素被分为 1~18 族。

1	2	3	4	5	6	7	8	9	10	11	12	13	14	15	16	17	18
$_{1}$H																	$_{2}$He
$_{3}$Li	$_{4}$Be											$_{5}$B	$_{6}$C	$_{7}$N	$_{8}$O	$_{9}$F	$_{10}$Ne
$_{11}$Na	$_{12}$Mg											$_{13}$Al	$_{14}$Si	$_{15}$P	$_{16}$S	$_{17}$Cl	$_{18}$Ar
$_{19}$K	$_{20}$Ca	$_{21}$Sc	$_{22}$Ti	$_{23}$V	$_{24}$Cr	$_{25}$Mn	$_{26}$Fe	$_{27}$Co	$_{28}$Ni	$_{29}$Cu	$_{30}$Zn	$_{31}$Ga	$_{32}$Ge	$_{33}$As	$_{34}$Se	$_{35}$Br	$_{36}$Kr
$_{37}$Rb	$_{38}$Sr	$_{39}$Y	$_{40}$Zr	$_{41}$Nb	$_{42}$Mo	$_{43}$Tc	$_{44}$Ru	$_{45}$Rh	$_{46}$Pd	$_{47}$Ag	$_{48}$Cd	$_{49}$In	$_{50}$Sn	$_{51}$Sb	$_{52}$Te	$_{53}$I	$_{54}$Xe
$_{55}$Cs	$_{56}$Ba	$_{71}$Lu	$_{72}$Hf	$_{73}$Ta	$_{74}$W	$_{75}$Re	$_{76}$Os	$_{77}$Ir	$_{78}$Pt	$_{79}$Au	$_{80}$Hg	$_{81}$Tl	$_{82}$Pb	$_{83}$Bi	$_{84}$Po	$_{85}$At	$_{86}$Rn
$_{87}$Fr	$_{88}$Ra	$_{103}$Lr	$_{104}$Rf	$_{105}$Db	$_{106}$Sg	$_{107}$Bh	$_{108}$Hs	$_{109}$Mt	110	111	112	113	114	115	116	117	118

$_{57}$La	$_{58}$Ce	$_{59}$Pr	$_{60}$Nd	$_{61}$Pm	$_{62}$Sm	$_{63}$Eu	$_{64}$Gd	$_{65}$Tb	$_{66}$Dy	$_{67}$Ho	$_{68}$Er	$_{69}$Tm	$_{70}$Yb
$_{89}$Ac	$_{90}$Th	$_{91}$Pa	$_{92}$U	$_{93}$NP	$_{94}$Pu	$_{95}$Am	$_{96}$Cm	$_{97}$Bk	$_{98}$Cf	$_{99}$Es	$_{100}$Fm	$_{101}$Md	$_{102}$No

离子与化合价

水的分子式为H_2O，食盐/氯化钠的分子式为NaCl，这些几乎众所周知；自全球开始变暖，大部分人就都知道二氧化碳的分子式写作CO_2。不同的化学元素是按固定比例化合的，该比例由元素自身决定。例如，1个氧原子与2个氢原子构成水分子，而1个碳原子则需要和2个氧原子结合构成二氧化碳。以大家相对陌生的例子为例，在烧碱/氢氧化钠（NaOH）中，氧原子与1个钠原子和1个氢原子结合。在硫酸中（H_2SO_4），4个氧原子和1个硫原子和2个氢原子结合。当然，生物界的大多数分子，如DNA（脱氧核糖核酸），结构复杂性远超这些简单的分子。但是，它们的化合作用原理相同。

化学键涉及原子间电子的共享。一种极端情况是，一个电子（或多个电子）几乎完全脱离一个原子，被另一原子接管——产生离子键；另一种极端情况是，电子由键合原子平等共享——产生共价键。当原子在电离过程中失去电子，该原子则变成一个带正电的阳离子（cation，源于希腊语，意为“向下”），而获得电子的原子变成带负电的阴离子（anion，源于希腊语，意为“向上”）。NaCl是一种离子化合物，可以写作一个钠离子与一个氯离子的化合，即Na^+Cl^-。但H_2O属于共价化合物，每个氢原子贡献出1个电子，与一个氧原子共享，而不是发生电离（事实上，水的电离能力很弱，见第85页）。

电离引出化合价的概念。菲利普·鲍尔（Philip Ball）在《元素》（*The Elements*）中写道：“各元素的结合倾向取决于其原子有多少个可以‘空出’的电子。”化合价代表了化合作用中元素的固定比例。例如，NaCl中，Na和Cl的化合价均为1；H_2O中，H的化合价为1，O的化合价为2；CO_2中，C的化合价为4，O的化合价为2。一些元素可以有多个化合价，具体视与何种原子化合而定。例如，一氧化碳（CO）中，C的化合价为2；铁（Fe）在不同化合物中的化合价可能为2或3；磷（P）则可能为3或5。化合价发生变化的原因在于，一些元素“空出”电子的能力比其他元素强。

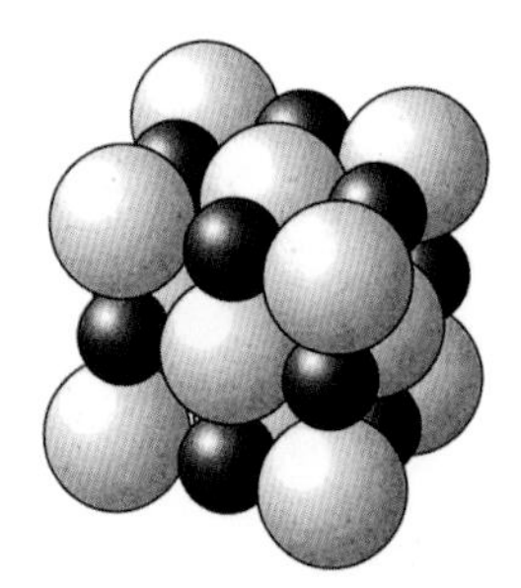

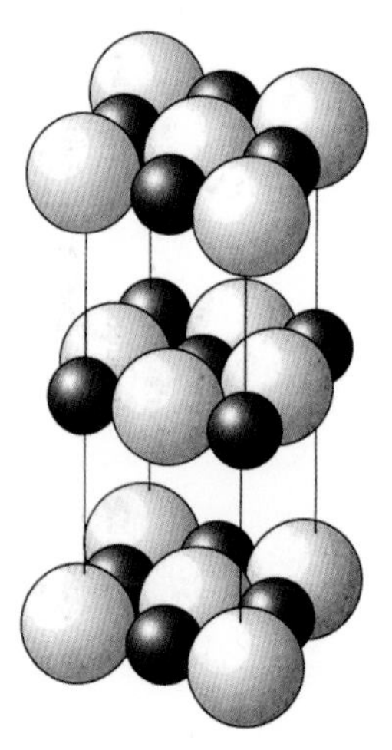

上图：食盐/氯化钠结构。图的上半部分是氯化钠实际结构的示意图，其中小球体代表钠阳离子，大球体代表氯阴离子。下半部分是氯化钠结构分解图，可以看到，每个阳离子和6个阴离子相连接，阴离子亦然。照片（左上）中是食盐晶体的典型立方体形状。

化学浓度

16世纪内科医师、炼金术士帕拉塞尔苏斯（Paracelsus）曾说过："毒在剂量。"意指毒性取决于化学物的浓度。"就连水过量了也是有毒的。而致命的神经毒性气体剂量在皮克（10^{-12}g）量级则对人体无害"，环境学家和化学家詹姆斯·洛夫洛克曾说。洛夫洛克曾于1957年发明了电子俘获检测器（ECD），用其首次检测杀虫剂DDT和氯氟化碳（CFCs）等污染物在全球范围内的扩散情况。洛夫洛克还致力于完善由他自己提出的盖亚（Gaia）理论，该理论影响深远，且得到了许多科学家基于ECD获得的科学证据的支撑。

新闻媒体所援引的浓度，通常表示为百万分率（ppm）或十亿分率（ppb）的形式。如，2005年大气中二氧化碳浓度为381 ppm（工业革命之前仅为275 ppm）。酒精含量按酒精容积百分比表示，葡萄酒通常为11%~15%，白酒为40%或以上。就花粉浓度而言，一般公认的花粉计数是指每立方米空气中所含的花粉粒数量。还有另一种表示浓度的例子，即燃料的辛烷值，也称抗爆震评级（"爆震"或"轻微爆震"是指燃料过早点火引发的发动机爆炸性故障）。通过对比燃料与含有异辛烷和正庚烷两种气体的标准燃料在单缸、四冲程火花点火发动机中的性能，实现对燃料的评级。其中，碳氢化合物标准异辛烷具有优良的抗爆性，而正庚烷抗爆性差。当受测燃料和标准燃料混合物的性能不相上下时，燃料的辛烷值为异辛烷－正庚烷标准燃料混合物中的标准异辛烷体积百分比。燃料辛烷值越大，抗爆性越好（燃料价格也就越贵）。

科学家通常采用另外的单位测量浓度，他们将物质（可为固体、液体或气体）溶解在溶剂中，并根据物质的量来测量其浓度。其中最常见单位为：每单位体积溶剂中物质的量和每单位质量溶剂中物质的量。自国际单位制采用摩尔测量物质的量以来，浓度的科学单位通常用mol/L或mol/kg表示。物质的量取决于原子、分子、离子、电子等基本单元的数量。"1摩尔任何物质中所含的基本单元数量相同"。1摩尔被定义为12 g常见同位素——碳-12中所含原子数量（也即12 g碳-12所含原子数为1摩尔）。为纪念世界上首个赞同此概念并引入"分子"概念的物理学家阿莫迪欧·阿伏伽德罗（Amedeo Avogadro），1摩尔物质中所含的原子数量被命名为阿伏伽德罗常数。通过实验确定的阿伏伽德罗常数极大，约为6×10^{23}。

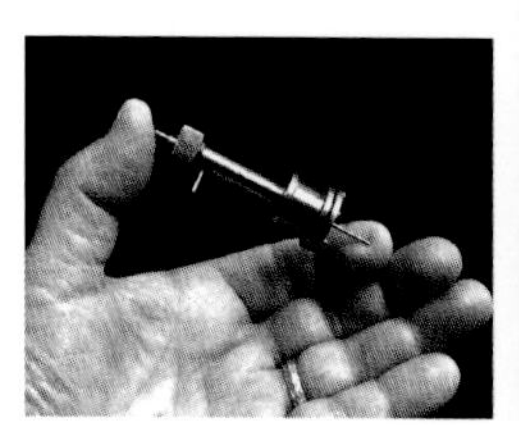

上图：詹姆斯·洛夫洛克（James Lovelock）于1957年发明的电子俘获检测器（ECD）。该装置因能测量浓度极低的化学物质，于20世纪90年代获得环境领域重大奖项。洛夫洛克本人将其描述为"现有的最灵敏、最易携带、最价廉的分析装置"，并就其异常灵敏性举例说："假想你在日本某处将满满一瓶过氟化碳液体倒在毯子上，并将毯子自然晾干。几周后，我们只需要稍作努力便能够在相隔万里的德文郡（Devon，洛夫洛克的英国住所所在地）检测到从那张毯子上挥发到空气中的气体，在之后两年内，ECD甚至还能在世界各地检测到这种气体。"

酸碱度

对农业而言，土壤水分的酸碱度可能是最重要的一项因素，它决定了什么样的植物或细菌能在其中生长。粮食作物尤其偏爱中性或弱酸性土壤。

绣球花（学名：Hydrangea macrophylla）的神奇之处在于，其花色会随土壤酸碱度不同而变化。这不禁让人想起有关酸碱度测试的著名试验——石蕊试验，只不过石蕊颜色变化相反。石蕊是从某种苔藓中提取出的一种水溶性染料。浸有石蕊染料的石蕊试纸在酸性条件下呈红色，在中性条件下呈紫色，在碱性条件下呈蓝色，适用于 pH 4.5~8.3（温度为25℃）范围内的情况。而所谓的“通用指示剂”溶液，不仅含合成化学物，而且可测试的 pH 范围也大于石蕊，整个可见色谱范围从红色（强酸性）、橙色/黄色（酸性）、绿色（中性）到蓝色（碱性）和紫色（强碱性）。

pH的概念由索伦·索伦森（Søren Sørensen）于1909年提出。但pH这一术语的起源尚不明确，可能是拉丁文的“pondus hydrogenii”、法文的“pouvoir hydrogène” 和英文的“hydrogen power”“power of hydrogen”或“potential of hydrogen” 的缩写。无论是上述哪种表述，pH 均是用于衡量溶液中氢离子（H^+）浓度的。当氢离子过量时，物质呈酸性。其实，蒸馏水也有pH——7.0，因为蒸馏水中含有微量的、由 H_2O 游离出的 H^+ 离子（10^{-7}mol/L），呈中性——这与含溶解矿物质的其他很多饮用水不同。氢离子浓度越高，pH 越小，因为 pH 等于氢离子浓度的负对数（就蒸馏水而言 $-\log(10^{-7}) = 7.0$）。在对数标度中，pH 3 到 pH 2 的变化就表示氢离子浓度增大10倍（严格讲，pH 取决于氢离子“活性”，而“活性”取决于浓度等诸多变量）。

物质	pH
酸性矿径流	−3.6~1.0
电池液	−0.5
胃酸	1.5~2.0
可乐	2.5
醋	2.4~3.4
橘子或苹果汁	3~4
啤酒	4.5
酸雨	<5.0
咖啡	5.0
茶	5.5
健康的皮肤	5.5
正常雨水	5.6
牛奶	6.5
饮用水	6.5~8
蒸馏水	7.0
健康人的唾液	7.4
血液	7.4
海水	7.4~8.2
洗手皂	9~10
漂白剂	12.5
家用碱液	13.5

上图：对pH敏感的花。绣球花会因土壤酸碱性不同而变色。酸性土壤（pH <6.0）中，花为蓝色，中性或碱性土壤（pH >6.8）中，花为粉红色。

左图：一些常见物质的pH。值得注意的是，虽然海水一般呈天然碱性，但由于越来越多的二氧化碳溶于海水中使其表现为弱酸性。因此，海水的pH比工业化时代之前的水平低0.1。此外，海水的酸化还对海洋生物如珊瑚等造成了致命的威胁。

体积与压强

尽管我们看不见，但气体确实会产生压强，气球和自行车轮胎是最常见的例子。当我们挤压一个充了气的气球，在减小气球体积的同时会感觉到气体在阻止我们用力。另一个我们感觉不到却能看见的例子是由气压计（见第 67 页）测得的大气压力，海平面的平均大气压约为 101 325 Pa（N/m^2）。

液体也会产生压强，但其可压缩性比气体小得多。布朗运动（见第 77~78 页）证明了这一点，水对潜水员和潜水艇施压也证明了同一个道理。物体在水里下沉的过程中，其表面所受的压强快速增大——物体在水中每下降 1 m，所受压强约增大 10 000 Pa。与刚没入水中时的 2 个大气压相比，物体在 10 m 深度所受的压强翻了一倍。在 1 400 m 深处，压强约为 140 个大气压或 1.4×10^8 Pa，约为 1 吨 / 平方英寸。

17 世纪科学家罗伯特 · 波义耳首先探究了气体压强与体积之间的关系。他将下层气体比喻为很多海绵或小弹簧，被上层气体的重量压紧。1660 年，波义耳将其发现发表于《空气弹性》（*The Spring of Air*）一书中，首次引入了具有如今含义的“弹性”一词。在采用其助理罗伯特 · 胡克所设计气泵积攒了两年的实验数据后，波义耳发表了《空气弹性》修订版，提出了其最负盛名的、如今被物理教科书收录的“波义耳定律”。波义耳定律认为，一定质量的气体，在温度不变的情况下，体积与压强成反比。当你压瘪一个气球，让其体积减半，其中的气体压强会翻倍（当然，如果你是通过释放空气使气球体积减半，压强则会下降）。

对于非理想气体，波义耳定律仅适用于压强极低情况。也即当分子浓度足够低，以致分子本身所占体积与气体体积相比可以忽略不计时。压强越大，犹如小房间内举行的一次人满为患的聚会，分子就被迫偏离其正常行为。科学界的一项重要概念——理想气体，是指完全满足波义耳定律，且内能与其所占体积无关的气体。在气体分子运动论中，这一定义便意味着理想气体分子间引力可忽略不计。

In a house on this site
between 1655 and 1668 lived
ROBERT BOYLE
Here he discovered BOYLE'S LAW
and made experiments with an
AIR PUMP designed by his assistant
ROBERT HOOKE
Inventor Scientist and Architect
who made a MICROSCOPE
and thereby first identified
the LIVING CELL

罗伯特 · 波义耳（Robert Boyle，1627—1691），皇家学会创始人之一，因发现气体体积与压强相关的波义耳定律而闻名于世。波义耳早期热衷于化学研究，后期在物理学方面亦颇有建树。“他是推动炼金术向化学观念转变的主要先驱”[《哈金森科技传记辞典》（*Hutchinson Dictionary of Scientific Biography*）]。牛津大学（University College Oxford）的墙上有一块铭牌，上面记载了波义耳及其助理罗伯特 · 胡克的主要功绩（见左图）。19 世纪的博学家托马斯 · 杨曾于 1807 年就两人写道：“波义耳和胡克本应当之无愧地成为他们当时那个世纪的骄傲，但却被牛顿的光芒掩盖，成为隐形先驱。”

温度与能量

早在18世纪，人们就开始用华氏温标和摄氏温标测量温度，但当时人们并不明确温度与热量之间的科学关系。随着詹姆斯·瓦特发明高效蒸汽机，萨迪·卡诺（Sadi Carnot）创立相关理论，开尔文提出绝对零度概念（见第66页），热量和温度运动论以及热力学定律在19世纪下半叶得到了长足发展。这些理论和定律对日常生活中一些常见的现象作出了解释：譬如，一杯热茶会自然变凉，而一杯凉茶却不会自然变热；食用盐晶体会自发溶于水，但却不会自发析出；任何发动机都不可能将燃料能源100%转换为功或等量机械能。

热力学第一定律一般表述为：热和功是等价的。在封闭的系统内，能量守恒。热力学第二定律最为人们熟悉：热不会自发地从一个温度低的物体传递到一个温度高的物体，封闭系统中的能量必然以趋于最无序的模式分布。热力学第三定律表述为：任何系统都不能通过有限的步骤使自身温度降低到绝对零度。因此，彼得·阿特金斯在《第二定律》（*The 2nd Law*）中"讽刺性"地"总结"道："第一定律：热可以转换为功；第二定律：但要完全转化必须在绝对零度情况下；第三定律：绝对零度无法达到！"

温度与能量是两个难以捉摸的概念。温度的概念不适用于单个的原子或分子，只适用于原子或分子的集合。即便如此，温度也不能直接测量，只能通过衡量水银柱高度等方法间接测量。当我们说温度计中的水银"处于"环境气温时，其实意味着温度计中汞原子的平均能量与周围所有空气分子的平均动能相等。

以焦耳（J）为单位的能量，不是一种物质而是一种抽象数学概念；"纯能量"并无物理意义。能量的形式包括动能、电能和重力势能等。1807年，托马斯·杨首次从动能角度定义了能量："物体在重力作用下被垂直上抛时，能够上升的最大高度与其初始速度的平方成正比，这说明物体一开始就具有上升到该高度的趋势或能量。"这也就是为什么刹车距离不与车速成正比，而是与速度的平方或其动能成正比的原因。

詹姆斯·瓦特(1736—1819)，第一台实用、高效的蒸汽机的发明者。1769年，瓦特在托马斯·纽可曼(Thomas Newcomen)的基础上进行了优化，制造了第一台蒸汽机。该蒸汽机采用一个独立的蒸气冷凝器，在冷凝器保持冷却的同时，活塞可以保持热度。此外，瓦特还通过测量马匹的工作效率，创造了发动机功率单位——马力。在当今的国际单位制中，功率单位被命名为瓦特(W)。1 W相当于1 s内做了1 J的功，或1 s内传递了1 J的热量；1马力等于745.7 W。

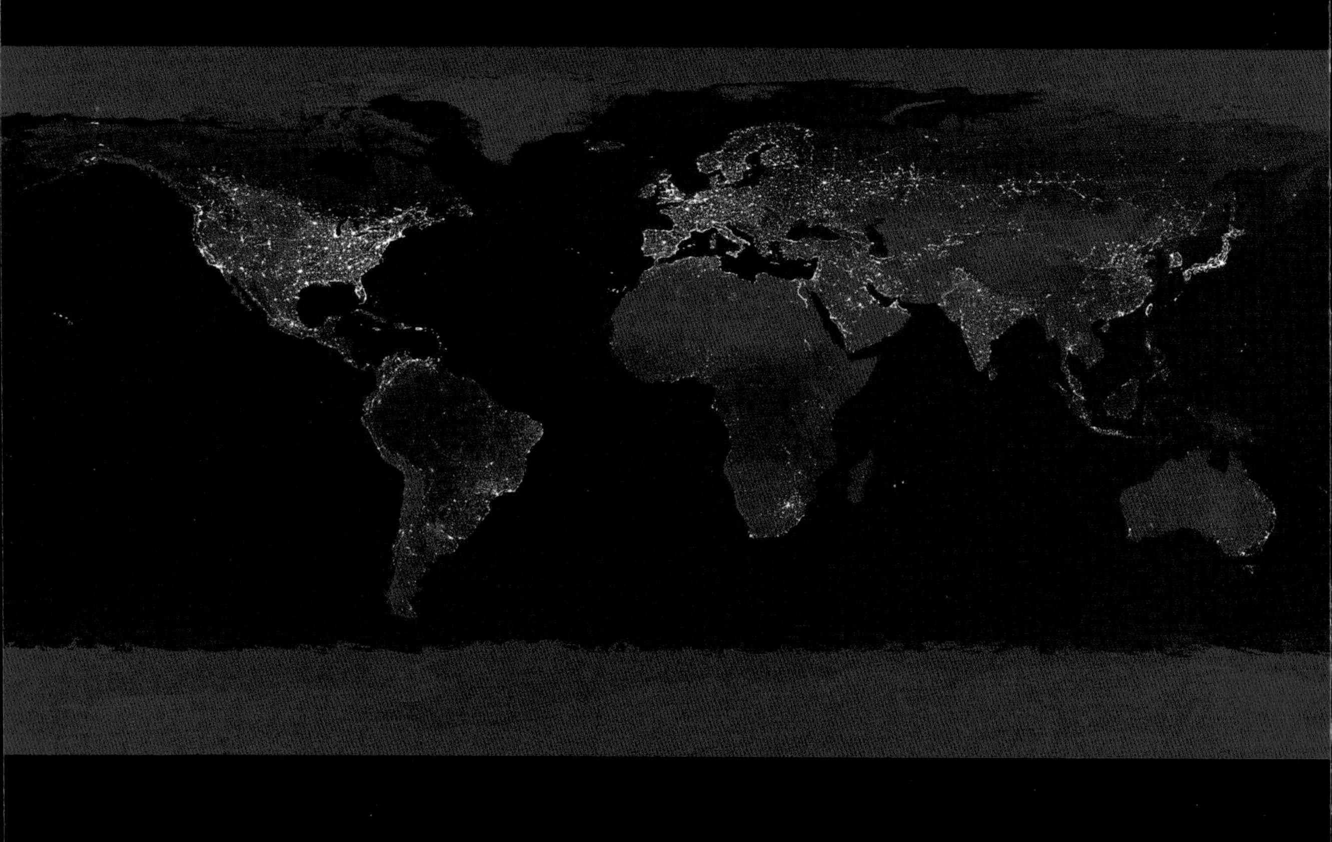

“现代文明”。该图片是由多个卫星图片拼接而成的，向人们展示了世界各大城市的夜景，直观地反映了当地的“文明”情况。

质量与千克基准

与宇宙空间相关的电影，如《阿波罗13号》(*Apollo 13*)，除展现宇宙飞船真实画面外，还展现了宇航员及其所有物在零重力或近乎零重力条件下漂浮的场景。此时，他们的重力为零，但是他们的质量与在地球上的质量相比并无变化。宇宙飞船的发动机关闭后做自由落体运动让我们看到，质量和重量是紧密相关的，但它们只有在地面上可被视为等效。

这一要点可用下图说明：在地面上，1 kg 的重量基本上等于 2.2 lb。也就是说，在地面上，平衡梁式天平将在左右秤盘各配重 1 kg 和 2.2 lb 时保持平衡。因为在宇宙中同一位置的相同质量物品所受重力相同，因此无论在地球、月球、火星还是深空中，天平始终能够保持平衡。但是，如果我们用弹簧秤称量 2 lb 的质量，在地球、火星、月球上的读数将有很大差距——火星上的读数小于地球上的，而月球上的读数则更小（仅为地球上读数的 1/6）。这是因为弹簧秤测量的仅仅是重力，而地球、火星、月球之间的万有引力相差很大（取决于天体的质量与半径）。

在七大 SI 基本单位（米、千克、秒、安培、开尔文、摩尔和坎德拉）中，千克是唯一一个仍然使用实物定义的国际单位，没有自然参考基准。英国国家物理实验室的伊恩·罗宾逊（Ian Robinson）在《物理世界》(*Physics World*) 杂志中写道："在巴黎郊外一个戒备森严的地窖内，存放有一个铂铱合金制成的小圆柱体，它的独特性在于其质量既不会增加也不会减少。这一特性并非出自新物理学成果，只是因为它具

保存在真空罩内的加拿大标准千克原器，材料为铂铱合金，基于保存在位于巴黎近郊塞夫勒的国际计量局的国际千克原器制成。

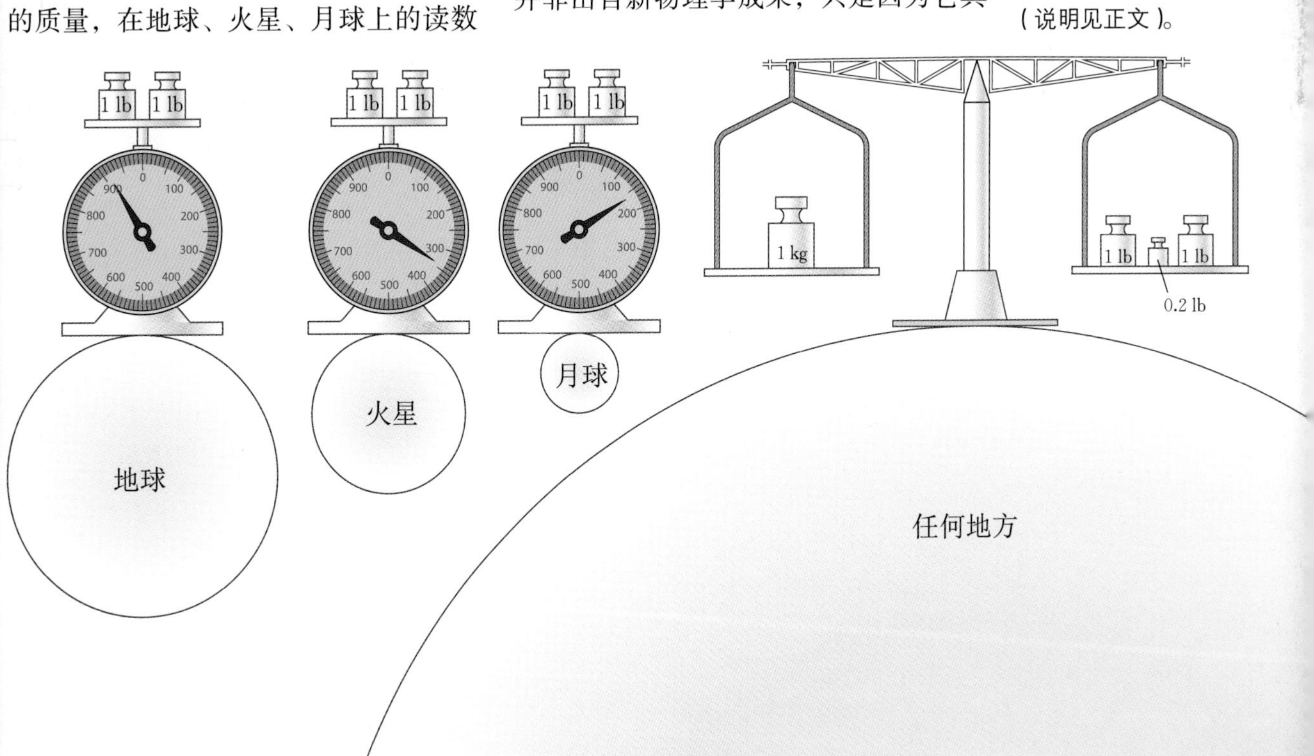

质量和重力的区别（说明见正文）。

有100年的历史，或者换句话说，因为它就是国际千克原器。”从19世纪80年代开始，由于尘埃的堆积和维护清洗，塞夫勒圆柱体的实际质量可能发生了变化。但尽管如此，它的质量还是被定义为1 kg。实际上，1889年国际计量局为多个国家计量标准机构制造的40个千克原器复制品已经产生了轻微的、不同程度的质量变化。尽管它们与塞夫勒标准相比误差不超过1 μg（10^{-9} kg），但由于参考标准的变化未知，致使结果仍不理想。鉴于此，当今科学界试图寻找一种通用且可证实的标准取代塞夫勒圆柱体。

对千克进行重新定义的基本方法有两种：一是通过数原子数，以阿伏伽德罗常数（见第84页）对千克进行定义；二是建立一种电学质量，以普朗克常数进行定义。上述两种基本常数目前已知准确度均非常高。

原子计数法通过对一个样品中的原子进行计数，用原子总数乘以特定的原子质量得出样品的质量。但实际上，直接对原子进行计数是不现实的，必须通过完善晶格来实现间接计数。这需要用到一个大的硅球，并需要用激光干涉法测得其直径（见第71页）。然而，由于硅存在天然同位素，目前基于这种方法的原子计数精度尚不能满足要求。

而另一种方法——电学质量法，听似离奇，但原理却相当简单：设计一台异常灵敏的天平，使物体的重量（亦即物体所受重力）与强磁场中载流线圈所受的电磁力相当。“这样一来，千克便可以用一定大小的电流在磁场中受到的力来重新定义”，英国国家物理实验室这样宣称，并已制作出这样的天平。尽管这一方法取得的结果准确度比原子计数法高，但目前仍不能达到亿分之一（10^{-9}）的目标准确度。

重新定义千克。澳大利亚和欧洲科学家试图用一些新的方法精确复现1 kg的质量。如通过计算一种几乎完美的单晶硅球（左图）中的原子数，或称量一定质量物体所受的电磁力等。“如果把硅球的体积扩大至地球大小，其最高峰与最深谷之间的高度差将在7 m左右”（引自《物理世界》）。英国国家物理实验室的瓦特天平，可以在框架下方看到用于试验的1 kg圆柱体。

材料、应力及应变

为何有些化学元素，如氧在室温条件下呈气态；有些化学元素，如硫（元素周期表中处于氧下方的元素）呈固态；有些特殊的金属元素，如汞呈液态？其实，它们的形态以及物理化学特性都是由构成它们的原子结构决定的，至少原则上如此。其他所有材料也同样如此。

用于表征实用材料特性的量多到数不清。譬如人们耳熟能详的，与工程相关的量，如密度、硬度、强度、弹性、黏度等；与热学性质相关的量，如冰点、熔点、传导性、热容和膨胀系数等；与电学性质相关的量，如用于区分导体、绝缘体和半导体的电阻率等；与光学性质相关的量，如折射率、透明度、辐射性等；还有与磁学性质相关的量，最为人熟悉的是存在于铁及其化合物中的“磁性”，但其实磁性广泛存在于自然界，被用于核磁共振成像等。

通过各种技术，人们已经实现了在实验室测试材料特性。其中最简单的或许是通过测量由于一定应力（每单位面积所受的力）导致材料发生的应变（长度发生变化），衡量材料的弹性和强度。其中，应力与应变之比被称为弹性模量。只需记录试验样品在受拉伸时，样品上固定两点之间距离的变化，便可测得弹性模量。高强度的材料在被剪断或发生变形前，能够承受更大的应力。

公元前4000年：铁
抗拉强度，磁力
公元前100年：混凝土
抗压强度、可塑性、耐久性
公元前50年：玻璃
透明性、折射属性、抗压强度
19世纪40年代：橡胶
弹性、防水性、电阻率
19世纪50年代：钢
抗拉强度、硬度、可加工性
19世纪80年代：铝
强度、重量比、耐腐蚀性
20世纪30年代：聚乙烯
可加工性、轻盈性、温度和电气绝缘性、耐化学性
20世纪50年代：硅
半导体性

影响历史的几大材料

黏度。人们试图通过研究雪的黏度，对雪崩进行预测。但基于水波模型的预测方法并未获得成功，其原因在于不同类型的雪摩擦系数不同，而不像水流只有单一系数。

辐射与颜色

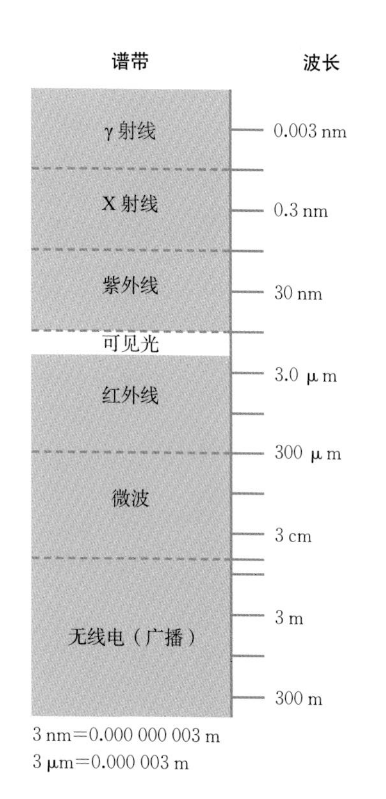

左图：电磁波谱，对数尺。

并不是所有颜色（或波长）都是肉眼可见的。有趣的是，人类视力最敏感的波长恰好位处于电磁波谱中心附近，即黄绿色可见光区，且这一峰值位置与太阳辐射到地表能量最大值对应的波长十分接近。这绝非偶然——经过数百万年的进化，人类的眼睛在可见光谱和太阳辐射的作用下逐渐进化为最能清晰感知自然的状态。亚瑟·克莱恩在《测量的世界》中指出："人类在不知不觉中形成了一种视觉沙文主义倾向。我们'看不见'的辐射不是基本不存在，就是几乎没有用。"

事实上，可见光谱，即彩虹的颜色，仅为整个电磁谱中很小的一部分。光也是所有辐射中的一小部分。其中，红色光波长最长，约为780 nm（7×10^{-7} m），黄绿色光波长为555 nm，而紫色光波长最短，约为380 nm。比红色光波长更长的有红外线（热射线）、微波（微波炉和手机所用频段）和无线电波，三者波长递增；比紫色光波长更短的有紫外线、X射线和γ射线，三者波长递减。

就频率而言，电磁辐射的波长越长，频率越低，反之亦然——红外线的频率低于紫外线，无线电波的频率远低于X射线（频率与波长呈反比的原因在于，波长乘以频率等于波速，而所有电磁波的速度都等于常量——光速，所以波长越长，频率越低，反之亦然）。根据量子论，高频量子比低频量子携带更多能量，因此紫外线和X射线中每个光子携带的能量比红外线和无线电波中光子携带的能量多。之所以紫外线和X射线会

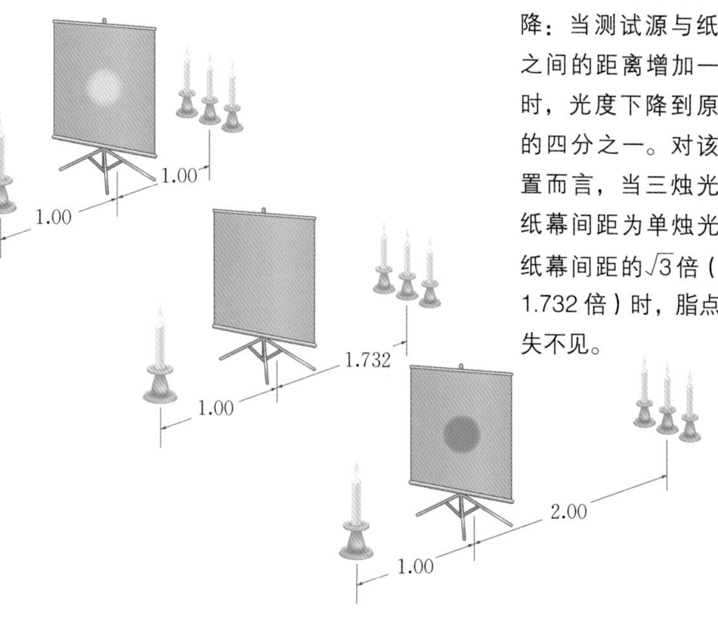

下图：油斑光度计。由发明本生灯的罗伯特·本生于19世纪发明，是一种简单、巧妙的光度测量装置。该装置主要依赖于一张带油斑的白纸幕，具体测量方法为：在纸幕一侧、固定距离处放置一个标准烛光，在纸幕另一侧放置测试光源。让测试光源朝着或远离纸幕移动，直到纸幕上看不到脂点。当测试光源距离纸幕过近时，脂点为亮斑；过远时，脂点为暗斑。实验表明，光度随距离的平方下降：当测试源与纸幕之间的距离增加一倍时，光度下降到原来的四分之一。对该装置而言，当三烛光与纸幕间距为单烛光与纸幕间距的$\sqrt{3}$倍（约1.732倍）时，脂点消失不见。

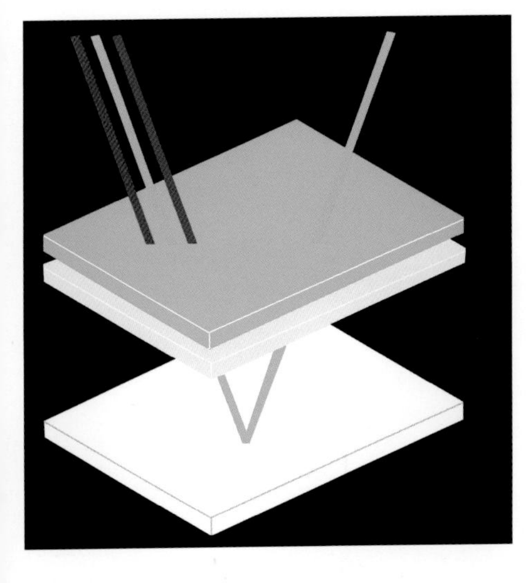

颜色感知。光的波长、彩虹颜色在可见光谱上呈连续变化，但是人眼仅能通过视网膜感知三种离散的“原色”光。1801年，极富洞察力的托马斯·杨首次提出这一观点，只是这一事实直到1959年才由美国的五名神经系统科学家通过实验证实。例如，彩色电视屏幕中显示的所有颜色，都是由红、绿、蓝三种光原色组合而成；黄光由等量的红光和蓝光组合产生。再如出版杂志时，在白纸上进行彩色印刷，绿色图案由青色和黄色叠加而成，会吸收除绿光以外的所有光，如左图所示。除此以外，物体呈何颜色还需视具体情况而定，因为周围颜色会影响人眼对特定颜色的感知。对于颜色的感知非常复杂，例如右图蓝、黄色块中的灰色色块看似是不同颜色，实际上却是同一种灰色。

致癌，是因为射线中具有能够干扰或损害人体细胞中分子键的能量。但是，低能微波和无线电波的辐射不会对人体健康造成威胁。

可见光的辐射功率以瓦特计量。但是，由于人眼对各种波长的敏感程度有异，所以引入了国际单位制中的另一测量单位——坎德拉（衍生自“烛光”）来表示发光强度。为了说明瓦特和坎德拉之间的区别，英国国家物理实验室举出以下例子：“在一定时间内，一个普通家用型60 W白炽灯所耗电能是一个9 W紧凑型荧光灯的6倍多，但两者产生光亮度却差不多，其发光强度值大致相同。这是由于白炽灯所耗的一部分电能转化为了光谱中的红外线，不能为人眼感知；而荧光灯发出的光却更接近于人眼最敏感的光波范围。”

正因为人眼对不同波长的感应能力不同，且人眼对同一种光波的感应能力因人而异，故不能够直接对坎德拉进行定义。科学界没有所谓视觉反应的标准，每个人眼中看到的世界也略有出入。即使是同一个人，眼球晶状体也会随年龄增长而变黄。经过数十载的实验，人们目前采用200余名年龄介于18~60岁的不同性别人群的平均反应来定义坎德拉。

相对论

世人都知道爱因斯坦提出了相对论，但能够理解相对论的人却凤毛麟角。相对论究竟是什么？为满足大众的求知欲，爱因斯坦向其秘书解释说："你和一个漂亮姑娘在公园长椅上坐一小时，觉得只过了一分钟；而你在一个火炉上坐一分钟，却觉得过了一小时。这就是相对论。"

在这里，我们只是简单陈述一下爱因斯坦关于时空的基本理论。牛顿的绝对空间假设认为所有物体运动均遵从一个通用的静态参照系，但由于其缺乏实验支持，爱因斯坦并不赞同这一假设。爱因斯坦提出，任何运动物体在空间中的位置必须相对于已知的坐标系（见第 34 页）来确定，电磁辐射同样适用这一原则。但测量发现，不论观察者如何运动，测量到的光速却恒定不变（略低于 300 000 000 m/s）。这无法用绝对空间参照系的理论解释——除非绝对时间的概念被否决。爱因斯坦假设，所有坐标系内光速恒定不变，与发射器或检测器的相对运动无关：不管物体的运动速度多快，但绝无法超过光速。就这样，1905 年狭义相对论用相对时空观取代了牛顿的绝对空间假设。

狭义相对论适用于匀速运动物体，对于加速运动物体（如在引力作用下运动的物体）并不适用。1916 年，爱因斯坦创立了广义相对论，将引力纳入其中。他意识到，引力和加速度在某种意义上等效，且引力与空间 / 时空曲率相关。引力并不是牛顿所谓的非接触物体之间某种神秘的相互作用，而是由于时空的曲率产生的。对于广义相对论，爱因斯坦简单地总结为：物质让时空发生弯曲，而时空反映物质如何运动。

广义相对论验证试验。基于该理论的预言已得到多次试验验证，且试验精度越来越高。实际上，全球定位系统也与广义相对论密不可分。1919 年，一项著名的试验首次验证了广义相对论的正确性，这项试验几乎让爱因斯坦一夜成名。当年恰逢日食，按照相对论假设，天文学家观测到了星光会因太阳重力发生偏折。1971 年，人们用商用飞机搭载了几只铯原子钟进行环球飞行实验。飞机先由西向东飞，后由东向西飞行。与美国海军天文台（US Naval Observatory）处的参考原子钟相比，飞机自西向东飞行时原子钟变慢，自东向西飞行时原子钟变快。这证实了相对论的"运动时间膨胀"预测：两组时钟相对静止时，读数一致，但在相对运动时，读数则不同。最近也是最精确的一次实验由美国国家航空航天局于 2004 年进行，通过向太空发射引力探测器 B（Gravity Probe B，左图），以证实相对论认为地球在太空中转动时会拖曳周围的"时空"的假设。

声音

人耳是一个非常敏感且鲁棒性极强的器官。年轻、健康的耳朵在听觉的阈值附近，甚至能够分辨空气分子热运动的声音。要是听觉再灵敏一些，也许人类就会因为听见分子碰撞的噪声而精神崩溃。

听觉的上限接近痛觉阈值，人耳朵差不多刚好能承受喷气飞机起飞时发动机附近的噪声。听觉上限处的声压是听觉阈值处声压的一百万倍，而音量（单位面积功率）却是听力阈值处音量的百万亿倍，是声压倍数的平方。

声音是在弹性介质中传播的一种机械波，其传播介质可以是气体、液体或固体。声音在空气中的传播速度约为330 m/s，在水中约为1 500 m/s，在玻璃中约为5 500 m/s。但与光波不同，声波无法在真空中传播。星际间无法用声音进行通讯，因为其中缺乏弹性介质。

声波本质上是一种纵波，介质振动方向与声音的传播方向一致。在空气中，气体分子受到声波作用而暂时移位，体现为空气被压缩或稀释。声波经过后，介质重新回复到原来的位置。介质发生暂时移位的最大位移即为波的振幅，直接决定声压的大小。在听觉阈值处，该位移仅为1 m的百万亿分之一（约为一个氢原子半径的五分之一！），波峰与波谷之间的压差为1 Pa的十万分之二（正常大气压约为100 000 Pa）。

与光波一样，声波可以发生反射、折射、衍射及分散，但是不能发生偏振。这是因为声波在震荡过程只有一个（纵向）分量。声音的波长和频率称为音高（见第166~167页）。人耳可以听见的声音频率范围介于20 Hz~20 000 Hz（20 kHz）之间，对于500 Hz~4 kHz之间3个八度带宽最为敏感。随着年龄的增长，人耳对于高频率声波的敏感程度会逐渐下降；相同年龄的不同性别人群，女性通常能听见更高频率的音符。动物能够听到的声波频率范围与人类的不同。狗能听见人耳听不见的高频哨子声；蝙蝠和海豚则可以听到从人类听觉范围到高达150 kHz范围内的声音，并利用回声定位的原理进行捕食和交流。

响度与声强度。声音响度用W/m^{2}计量，量值大小与听者无关。强度采用方和宋计量，量值大小与听者感知相关。事实上，听觉阈值受主观因素限制，且与听者的年龄有关。消声室（如上图所示）能最大程度消除声波的反射。消声室也被用于比对扩散式声场和直进式声场之间的响度。

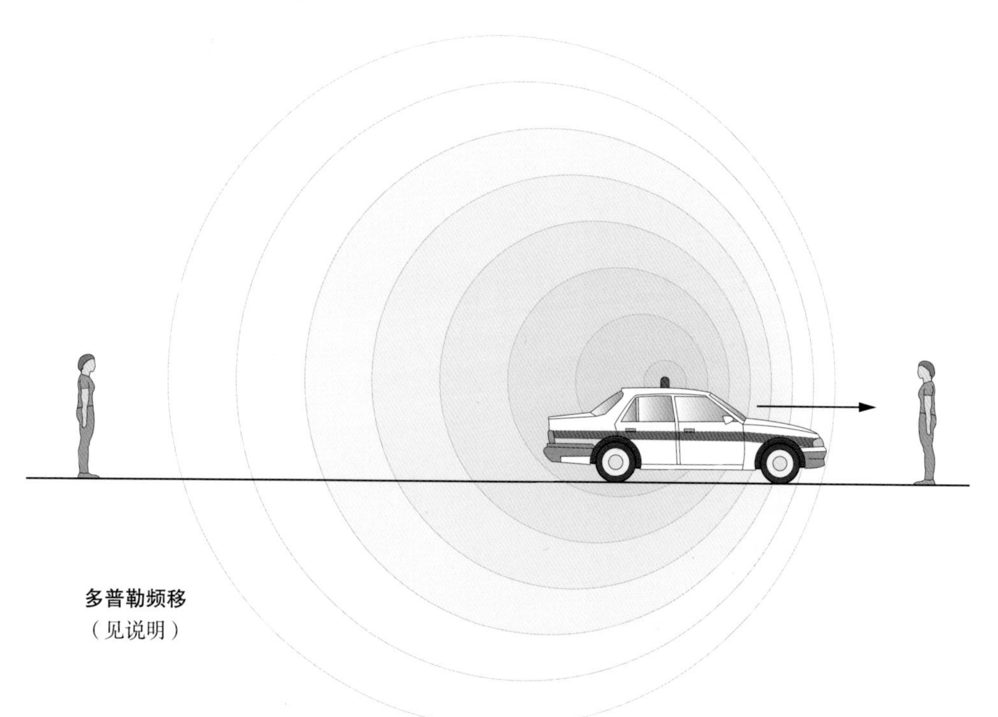

多普勒频移
（见说明）

蝙蝠的超声波。蝙蝠可以发出一种人类无法听见的高频短脉冲，并根据其从附近物体返回声波进行回声定位。通过发出不同频率的声波并探测反射波在两耳处的相对强度，蝙蝠就能判断物体所在的方向，而物体移动的速度则可以根据多普勒频移原理测得。这个原理与警车警笛音调随警车与观测者的相对运动而变化的原理相同。当警车向观察者驶近时，警笛音调增高，警车驶离时，警笛音调降低（见左上图）。在运动的波源前方，波面被压缩，声波等效波长变短，频率升高；在运动的波源后方，等效波长变长，频率降低。蝙蝠发出频率值不变的超声波，当其靠近昆虫时，接收到的回声表现为正的多普勒频移（等效频率升高）。

频率介于 20 kHz~20 MHz（虽无理论极限）的声波称为超声波。超声波被广泛应用于深度探测（声呐）、清洗工艺、基于回声定位的软组织医疗成像，如对腹中胎儿进行检查等（见第 175~176 页）。频率低于 20 Hz 的声波称为次声波，但实际上如果音量足够强，人耳也能听见。音乐会中也尝试使用共振频率低于 20 Hz 的长管乐器来引起观众情感反应，如极度悲伤、寒冷、焦虑甚至不寒而栗。“鬼屋”中便可能存在次声波，报道的各种超自然现象也就因此得到了科学解释（超音速指的是波速而非频率。超音速飞机以高于声速的速度飞行，速度以马赫数计：声速的 1 倍为 1 马赫，2 倍为 2 马赫，以此类推）。

声强度（每单位面积功率）基于对数坐标，以分贝（dB）为单位表示。该单位以发明电话的亚历山大·格拉汉姆·贝尔（Alexander Graham Bell）命名，最初由美国贝尔电话（Bell Telephones）工程师在 1923 年引入，用于描述电能（而非声音）随电话线长度衰减的特性。在幅员辽阔的地区（如美国），这是电话信号传输面临的一大问题。为了能够在听觉限到痛觉阈的整个范围内表示并比较声音强度，分贝采用了对数坐标。每增加 10 dB（1 Bel）对应声音强度增加 10 倍。听觉限处声音强度取 0 dB，痛觉阈处约为 140 dB。喷气式飞机起飞时，发动机附近的声音强度在 120 dB 区域内，数值约为听觉限处的 10^{12}（百万亿）倍。相比之下，图书馆内的声强度只有 35 dB 左右。

电和磁

历史上很长一段时间，人们都以为电和磁之间毫无关系。大家只是知道，琥珀经摩擦会带电并能吸起稻草屑。“电”一词本身就源于拉丁文和希腊文的琥珀：“electrum”和“elektron”。更广为人知的是天然磁石，这种石头能够克服重力作用吸起铁屑、使指南针指向地磁北极，也是王公贵族争相收集的物品。但在当时还没人将电现象和磁现象联系在一起，甚至到了1807年，博学家托马斯·杨还在《有关自然哲学的讲座》(*Lectures on Natural Philosophy*)中陈述“磁与电并无直接联系”。

此前，亚历桑德罗·伏特(Alessandro Volta)已于1800年发明了第一块电池，可以利用化学反应产生恒定的电流。此后不久，科学家就真正将电和磁联系起来。1820年，汉斯·克里斯蒂安·奥斯特(Hans Christian Oersted)发现，电线中的电流能够使罗盘针转向。这一现象有力证明了电可以转换为磁。受此启发，安德烈·玛丽·安培(André-Marie Ampère)开展了一系列实验，并建立了电磁理论。安培之名随之不朽，国际单位制中的电流单位也以之命名(通常简写为amp)。安培

最突出的贡献在于，他指出两条平行直导线通同向电流会相互吸引，通异向电流会相互排斥；此外，产生电磁力的根本原因在于电子绕核运动产生微弱电流的综合效应。

1831年，迈克尔·法拉第(Michael Faraday)发现了与安培实验相反的现象：磁生电。法拉第将两组线圈缠绕在同一根铁棒上(变压器的雏形)，并将第一组线圈与电池相连，第二组与电流测量仪(电流计)相连。当第一组线圈中流过恒定电流时，第二组中并无电流产生。当切断第一组线圈电流的瞬间，电流计却给出了读数。这表明第一组线圈产生的磁力线消失，第二组线圈中会产生感应电流。由此，法拉第意识到，变化

高压电网。电力需要高压输送来确保相对较小的电流，并采用可控的标准电缆进行输送。出于安全考虑，高压电缆必须安装在架线塔上或是埋于地下。高压架线塔通常设有高压警示牌(见左下图，图中文字意为：危险！上方有电！最大安全间隙4.8米)。

典型电流
(用安培计量)

闪电
30 000 A
电水壶
10 A
计算机
1 A
家用白炽灯
0.25 A
致死电流
0.1 A ~0.2 A
电鳗
0.07 A
体内神经脉冲
0.000 000 001(10^{-9})A
1个电子运动1秒
0.000 000 000 000 000 000 16 (1.6×10^{-19}) A

的磁场产生了电磁感应现象。电磁感应理论也是推动发电机和电动机发展的关键——对于发电机，在磁场中转动的线圈会产生感应电流；对于电动机，线圈会因为电流或磁场方向的改变而转动。1881年，英国最早启动了公共电力供应，用于道路照明。

本章中已多次提到，光和另一些射线（如无线电和X射线）都是电磁波。这究竟意味着什么？我们又如何确定这一说法是否正确呢？

水波中的水分子上下振动，振动方向与水波传播方向的截面平行（与传播方向垂直）。声波中的空气分子沿纵向方向振动，振动方向与波的传播方向平行（见第95页）。光的偏振实验证明光是一种横波。光波由可变电场和磁场组成，两者的振动方向垂直于光传播的方向，并互成直角。电场和磁场并非彼此独立，而是相互依存的。因此，电磁波这一新概念应运而生，而提出此概念的正是詹姆斯·克拉克·麦克斯韦。当麦克斯韦根据描述电场和磁场的方程组，用数学方法推导出波的理论传播速度时，他惊奇地发现这一速度与当时实验所测得的光速相同。麦克斯韦据此推断，光很可能也是一种电磁波，并于1873年公开发表了这一结论。1888年，海因里希·赫兹（Heinrich Hertz）证实了麦克斯韦的这一推断。赫兹则通过感应线圈实验表明，无线电波、光、热辐射都是一种电磁波，可用麦克斯韦方程组描述，且均以光速传播。

安培（A）是国际单位制7个基本单位之一。其他几个电学单位，如用于描述电势和电动势（如电池等电源）大小的伏特（V）、描述电阻的欧姆（Ω）、描述电容的法拉（F）均可从安培推导得到。例如，伏特定义为："在载荷1 A恒定电流的导线上，当两点之间导线上的功率损耗为1 W时，两点之间的电位差。"电流就像是从水库中流出的水流，而电势就像是水库在涡轮机上方的高度。涡轮机的功率输出取决于水流量与水库高度的共同作用。用电学术语表述：功率等于电流与电压的乘积。这一等式在实际应用中发挥了重要作用，决定了在远距离传输同等电能的过程中必须采用高压（高于600 000 V）输电来保证相对较小的电流。这是因为电流越大，需要的电缆越粗，不但成本高、重量大，热损耗也更大。

上图：发现电磁感应现象，提出磁力线假说的迈克尔·法拉第（1791—1867）。詹姆斯·克拉克·麦克斯韦（James Clerk Maxwell）根据法拉第和开尔文的发现，预测光是一种电磁波，并最终统一了电和磁。如下图所示，电磁波中，电场和磁场的振动方向与波的传播方向垂直，并互成直角（而声波的振动方向与传播方向相同）。

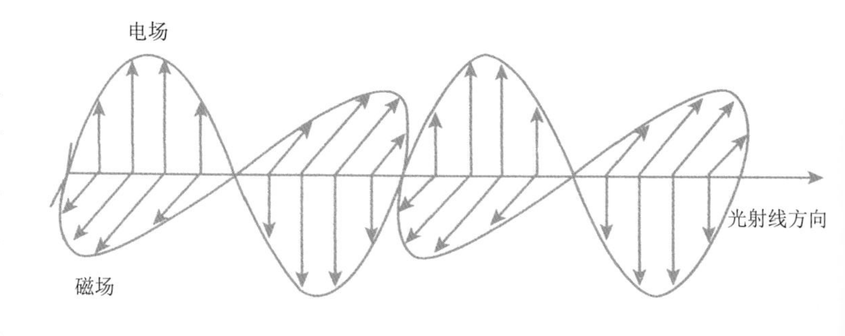

纳米技术

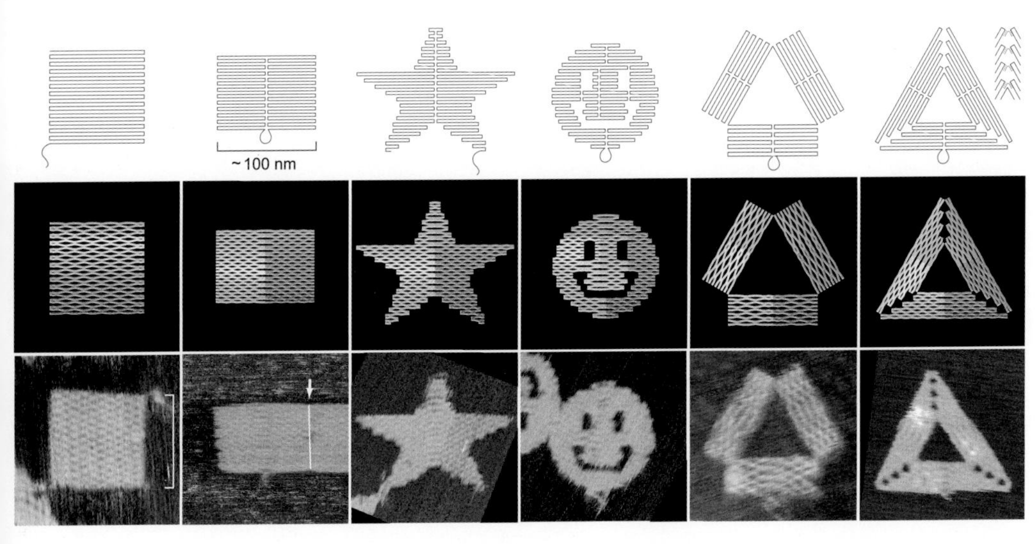

DNA 折纸图形（解释见正文）。

1959年，物理学家理查德·费曼在他题为《底层还有大空间》的演讲中问道："为什么我们不能把24卷《不列颠百科全书》全部写在一枚大头针的顶部？"既然人类已拥有原子力显微镜和扫描隧道显微镜（见第63~64页），费曼发出此问不足为奇。如果一个水分子被放大到一个句号的大小，那么伦敦眼（世界最大的摩天轮之一，译者注）就会和地球一样大。纳米技术旨在像建筑师操控钢铁和玻璃一样操控分子和原子。尽管这一宏伟目标和对毒性纳米颗粒等悲观预测一样尚未实现，但就此盖棺定论还为时过早。

2006年，《自然》杂志对保罗·罗斯蒙德（Paul Rothemund）的"DNA折纸图形"（如上所示）发表评论："近年来，随着人们越来越多地将DNA分子用于微纳设计，现在已经成为一种时尚。"自人类发现DNA碱基对双螺旋结构（见第171~172页）后的半个世纪，对DNA的详细研究让人"能够合理预测，既定序列DNA分子在溶液中可以被折叠"。

上图第一排是以纳米刻度表示的折叠路径。悬空的曲线和圆圈表示未折叠序列。彩色图用于表示螺旋线在交叉处（螺旋线在此处相互接触）和分离位置（螺旋线弯曲分开）的弯曲情况。不同颜色代表折叠路径沿线的碱基对指数（红色为第1个碱基对，紫色为第7 000个碱基对）。最下排是原子力显微镜观察到的真实DNA分子"折纸"图。

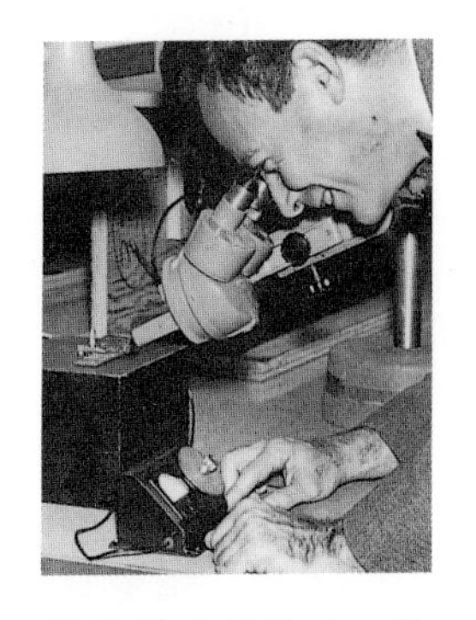

纳米技术奠基人、物理学家理查德·费曼（1918—1988）。图为1960年，费曼正在研究当时世界上最小的电动机。该电机的功率仅有百万分之一马力，直径六千分之一英寸，为电气工程师威廉·麦克利伦（William MacLellan）应费曼的要求研制的。

第六章　地球

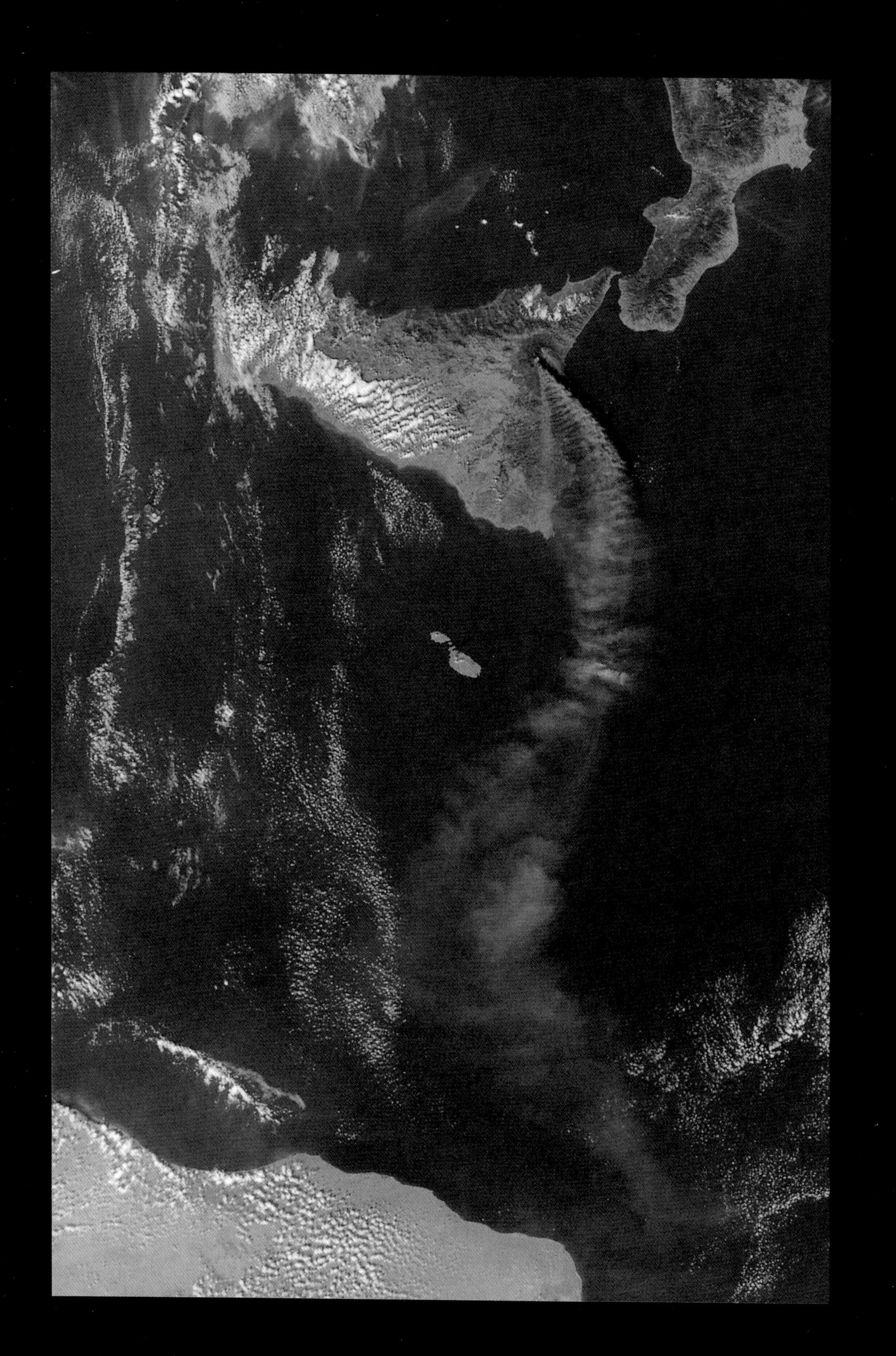

地球的火山喷发。2001年7月21日卫星拍摄到的西西里岛埃特纳火山（Mount Etna）喷射的火山灰云。当时的盛行风将火山灰从埃特纳火山吹向其以南500 km以外的非洲北部。特写视图（未展示）显示火山顶部附近有橙色的条纹，这表明有多个喷口喷出的熔岩流动。几千年来，埃特纳火山间歇性地喷发。1669年，熔岩流到了距火山27 km的卡塔尼亚（Catania），并吞噬了部分街道。

罗盘

人类，尤其是中国人，一直对天然磁石情有独钟。2000多年前，中国人便使用带磁性可旋转的“司南之杓”（勺子）进行占卜。牛顿的图章戒指中有一小片磁石，由于能提起相当于其自身重量250倍的铁制品而远近闻名。英国皇家学会曾展示过一个六英寸的球面磁石，叫做特雷拉（球形地磁模拟磁铁）或“小地球”。该磁石属于克里斯托弗·雷恩（Christopher Wren）。就连一位一向头脑冷静的伦敦记者也说：“他们赋予了一包针如此的生命和欢乐，针随着石头的运动绕圈欢舞，仿佛魔鬼就在其中。”18世纪中期，有一位伯爵夫人，为确保自己的丈夫能被任命为牛津大学下一任校长，用一块奇异的镶嵌在铜冠中的巨大天然磁石打动了国王乔治二世，她将铜冠献给了牛津的阿什莫尔博物馆（Ashmolean Museum），显然这块磁石奏效了。

“磁铁意味着钱”，帕翠夏·法拉（Patricia Fara）在她的《致命的吸引力：启蒙时代的磁性奥秘》（*Fatal Attraction: Magnetic Mysteries of the Enlightenment*）中写道。尤其是在英国，需要依赖海运贸易和一支强大的海军以维系其广布的帝国。由于采用船舶进行运输，磁罗盘是导航设备的关键部件。

固定在木棒上并浮在水上的天然磁石会自动调整至北极星的方向（实际上是地球磁极的方向），公元11世纪的中国和12世纪的欧洲分别发现了这一现象，两者可能没有联系。将磁石换成磁化铁针的想法几乎也是同时出现的。无论是哪种情况，第一个在海上使用浮动磁罗盘的记录来自于1115年的中国。后续改进包括在罗盘底部的罗盆上的销钉上安装指针（12世纪）和在常平衡环和枢轴上安装罗盆，使指针在上下起伏的船上保持水平（1300年前后）。在17世纪，指针被转换成平行四边形，便于中心安装销钉。然后，在18世纪中期，高文·奈特（Gowin Knight）发明了“永久地”将钢磁化和构造方位罗盘的方法，方位罗盘包括棒状指针和将指针牢固地保持在枢轴上的盖子。

虽然罗盘在测向中的主要缺点依然存在：磁北与正北并不是重合的，并且由于地球磁场的局部异常，它们的差角会随着领航员的位置变化而变化。此外，几十年后，因磁场的变化，磁北也有移动。而早在15世纪，领航员和科学家们就已经知道这些事实，直到20世纪地磁得到了充分观测后，才能对罗盘进行准确调整消除这些不便。

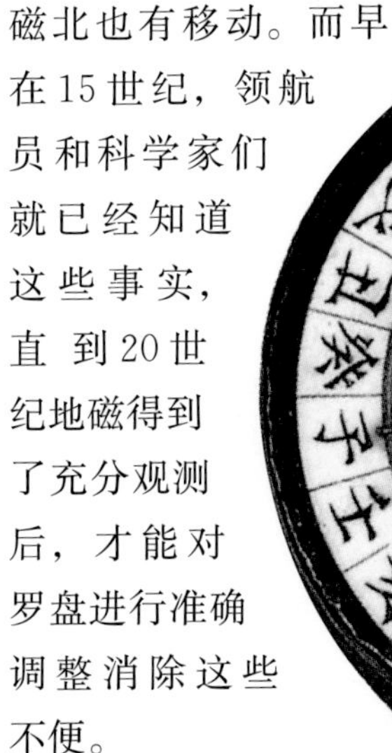

早期中国水手使用的指南针。中国是第一个研究天然磁石的动力和用途的文明国度。

土地勘测

最初在海洋定位仅是根据天空进行计算，后来结合天空、时钟和罗盘来计算，现在依靠全球定位系统（GPS）的卫星，以及三角测量获得陆地上的位置来计算。三角测量为17世纪第一次国家性勘测、18世纪地球形状的确定和定义了米的法国子午弧度测量（见第21页）提供了基础。

更详细地说，三角测量需要在远端观测台通过安装在旋转三角仪（经纬仪）上的望远镜对其他两个观测台分别进行观测。这样，连接这两个观测台的直线就形成了两个角，组成一个三角形，三角形的顶点为三个观测台。然后，如果两个观测台之间的距离是已知的，三角形其余两边的长度可以通过三角法来计算并且确定第三个观测台的位置。确定了第三个观测台后，三角测量可以不断地重复，形成一个三角形网络。如下所示，1787年—1790年英国和法国之间一次重要的三角测量。此次测量于1791年成立了英国地形测量局（Britain's Ordnance Survey）。主三角是在夜间通过多佛城堡（Dover Castle）、费尔莱特黑德（Fairlight Head）、卡普布兰克内斯（Cap Blancnez）和蒙特兰伯特（Montlambert）之间的观测台用石灰光灯观测，其边长达72 km。

当然，观测台具有高度以及经纬度，如地图上标示的等高线和山峰高度。在高度测量时提出了一个棘手的问题——应将什么作为高度的零基准点？就像用格林威治子午线作为零度经线？是以传统的平均海平面、代表全球平均海平面的大地水准面（见第20页）还是通过GPS确定的水平面（称作椭球体）为基准？

直到卫星问世，验潮仪才测出平均海平面。从1915年开始，用了六年多的时间才用验潮仪测出位于英国康沃尔（Cornwall）的渔港纽林港（Newlyn）的平均海平面。英国地形测量局的工

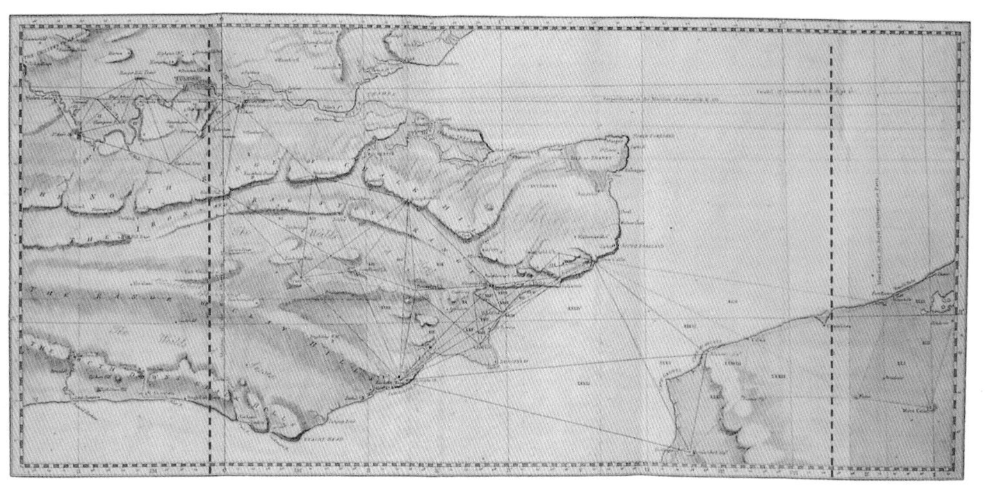

下图：英国全国地形勘测（Ordnance Survey）的开端。威廉·罗伊（William Roy）在1787年—1790年横渡英吉利海峡，测得了格林威治天文台与巴黎天文台之间的精确距离。图中突出显示的是罗伊在伦敦西南部豪恩斯洛希斯（Hounslow Heath）所绘的基线，是官方的天文台子午线。

对页上图：次大陆勘测。“印度的大三角测量（Great Trigonometrical Survey）的索引图，图中是兰姆顿上校（Colonel Lambton）在印度南部测量的三角测量网、主三角的经向和纵向线与科尔比（Colby）装置测得的基线、水准测量操作线、天文台、垂线坐标仪和潮汐观测站，以及确定喜马拉雅山山峰和苏里马尼（Soolimani）山脉的次级三角测量。于1870年5月1日完成”。没有提到已故的乔治·埃佛勒斯爵士（Sir George Everest）!

作人员曾到全国各地通过“水准测量”流程建立了近200个所谓的基本基准点（该流程包括对超大标尺一样的刻度测量杆上的标记进行一系列的短距离观测，每一次观测都根据水平仪在水平面上进行观察，但高度会比上一次观测稍高。工地上的测量师也采用同样的基本方法）。基准点是一些花岗岩石柱，这些石柱，设在坚实的地下洞室。大地测绘师马雷克·齐巴特（Marek Ziebart）表示：“这些基准点为记录和计划用三维坐标系统的人提供了一个全国性的网络。”建筑工程师和机场管理局仍在使用这些基准点。

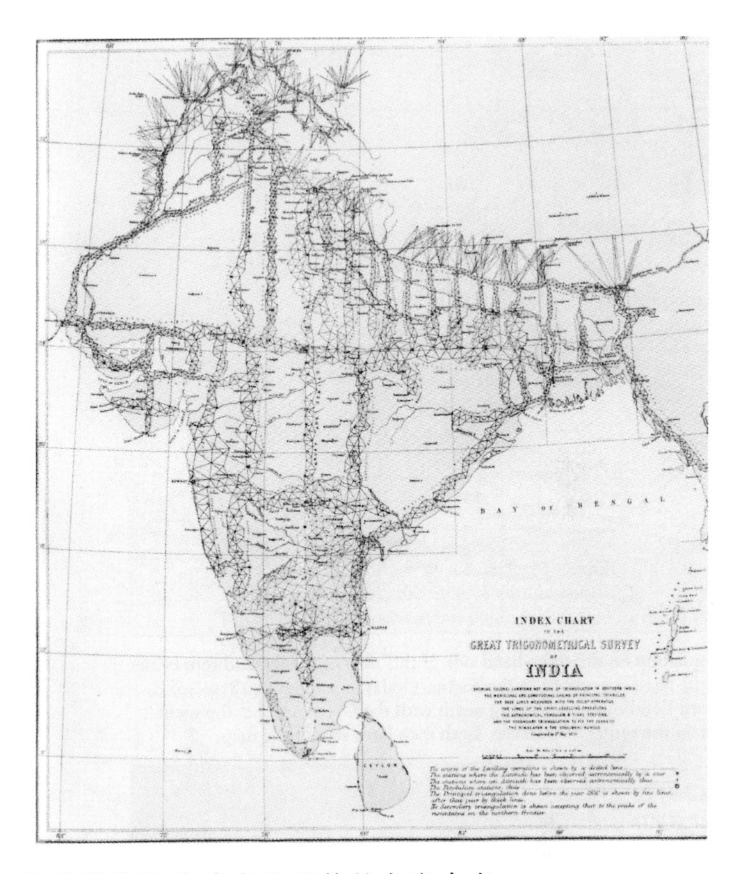

印度的大三角测量大概是有史以来规模最大的土地勘测，1850年—1860年期间测得世界最高的山峰。此次测量始于1802年威廉·兰姆顿在马德拉斯（Madras）附近某平原测得基线，结束于1870年左右测得喜马拉雅山。测量从遥远的北方克什米尔（Kashmir）半岛一角，沿子午线大圆弧，进行了3 000公里（约1 900英里），同时在该圆弧的东西方也进行了多方位的测量。测量的发起人——烦躁不安且易怒的测量师乔治·埃佛勒斯概括说，这是一群不知疲倦的人在臭名昭著的不精确的土地上追寻无法测量事物的故事。奇怪的是，他的个性与他的名字代表的意思“永远宁静”完全相反。此外埃佛勒斯坚决坚持人们称他为“Eve-rest”，而不是“Ever-rest”。无论如何，虽然他并没有测量珠穆朗玛峰（Mount Everest），但珠穆朗玛峰确实是以他的名字命名的。大多数人都认为这个名字来自于其字面含义，而并非一个人，因而没有任何人使用乔治爵士惯用的读法。

左图：印度测量用的大经纬仪（The Great Theodolite），1801年左右在伦敦建造，现保存在台拉登（Dehra Dun）的印度测量局总部。墙壁上的画像是兰姆顿（左）和埃佛勒斯（右）。

卫星

前苏联于1957年10月发射了第一颗人造卫星斯普特尼克1号（Sputnik I），开启了太空竞赛。它在约250公里（150英里）的高空围绕地球旋转，发出令人毛骨悚然的无线电信号蜂鸣声，美国听众为之疯狂。卫星的温度和压力都被编码成了持续的蜂鸣声。它发射到地球唯一的其他数据是关于大气层上层的密度和电离层中无线电信号的传播。

半个世纪后，美国国防部（US Department of Defense）的全球定位系统（GPS）的24颗轨道卫星精确确定地球上GPS接收器的位置就像家常便饭一样，可以精确到1厘米甚至更小。同时欧洲航天局（European Space Agency）的一颗环境卫星恩维萨特（Envisat），可以从800公里（500英里）的轨道高度形成精确到几毫米的3D地形地图。如此准确的遥感技术可以使火山学家在火山爆发之前检测到火山的形变，可以使气候科学家监测冰盖和冰川，可以使城市规划师模拟水流过土地的方式来预测可能发生洪水的地区。同时，通信卫星［最初由科幻作家亚瑟·查理斯·克拉克于1945年发表在《无线世界》（*Wireless World*）中的一篇技术论文中］占用地球同步轨道，与地球自转同步，论文中这些卫星可在预先选定的地理位置上方盘旋。这样它

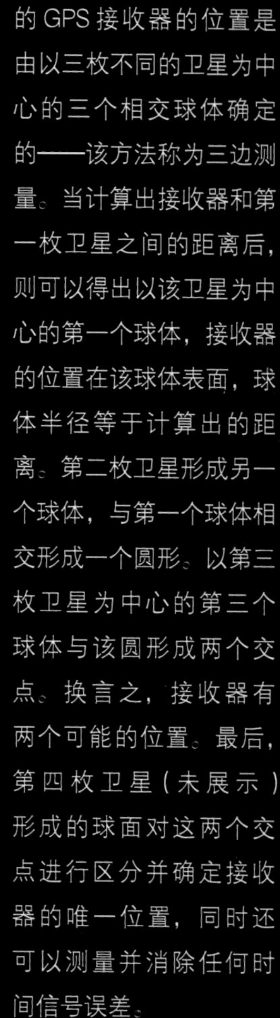

在轨的GPS卫星。GPS是如何定位的？地球上的GPS接收器的位置是由以三枚不同的卫星为中心的三个相交球体确定的——该方法称为三边测量。当计算出接收器和第一枚卫星之间的距离后，则可以得出以该卫星为中心的第一个球体，接收器的位置在该球体表面，球体半径等于计算出的距离。第二枚卫星形成另一个球体，与第一个球体相交形成一个圆形。以第三枚卫星为中心的第三个球体与该圆形成两个交点。换言之，接收器有两个可能的位置。最后，第四枚卫星（未展示）形成的球面对这两个交点进行区分并确定接收器的唯一位置，同时还可以测量并消除任何时间信号误差。

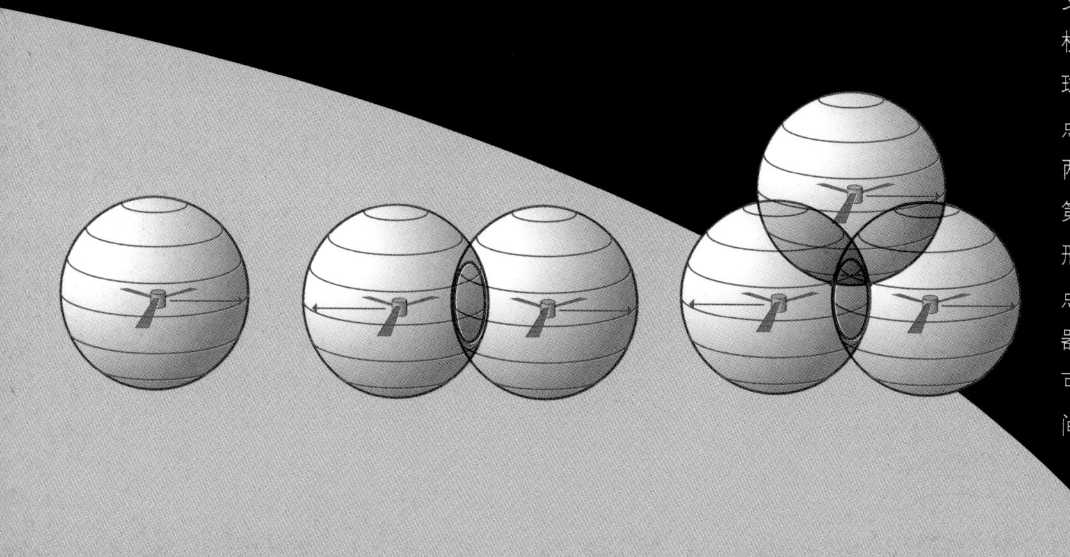

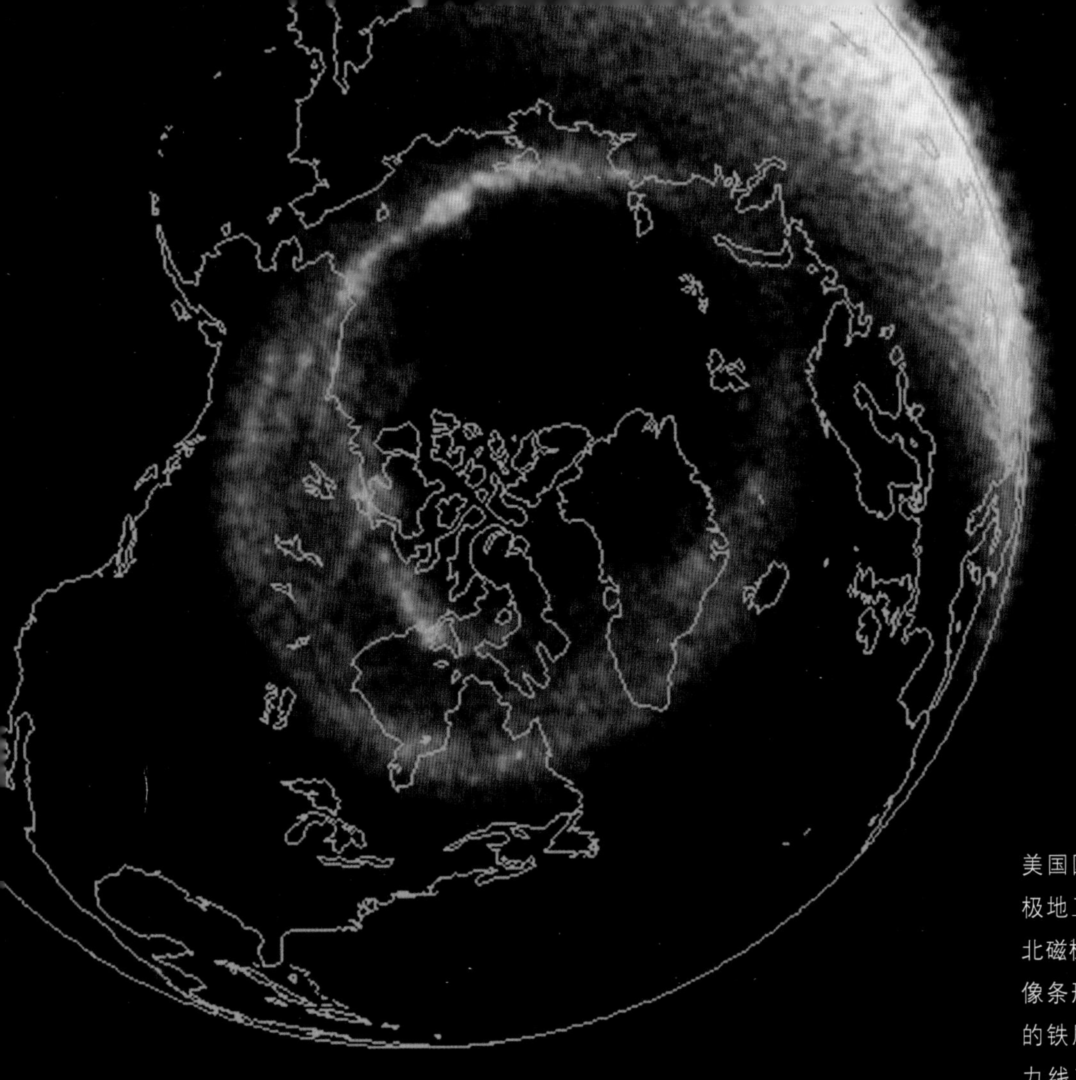

美国国家航空航天局的极地卫星捕捉到的地球北磁极周围的极光活动。像条形磁铁的磁极林立的铁屑，地球磁场的磁力线朝地球磁极下沉。他们从太空中将电子引入到大气中，这些电子经过一阵阵的太阳活动，已经带电，在约400公里~100公里的高度时，电子激发氧分子和氮分子，使其达到更高的能量状态。随着这些分子回到正常状态，它们会释放光子，产生光爆炸，形成极光：氧呈绿色、白色或红色，氮呈蓝色和紫色。极光产生无尽多变、迷人形状的成因仍是一个谜。

们可以向地球传输电话信号和电视信号，所以我们现在觉得与这个星球上另一边的人说话和与在同一个城市的人说话一样容易，而且这是很平常的事。

GPS及在俄罗斯使用的定位系统是在20世纪70年代为从事间谍活动而设计的，后来才可用于科研和民生，但全球定位系统仍然受军方管制，并且没有义务提供不间断服务。欧洲首个全球导航系统——伽利略定位系统（Galileo），是在21世纪的第一个十年期间设计，且与军方完全没有关系，设计目的是要达到足够的可靠性，以应用在至关重要的安全领域，如飞机着陆、汽车导航和火车运行。伽利略定位系统，用欧洲航天局的话说，“由30枚卫星（27枚操作卫星和3枚有源备用卫星）组成。卫星的位置在地球上空23 616公里高度的三个圆形中度地球轨道平面上，并且参照赤道平面，与轨道平面呈56度的倾斜”。系统的覆盖范围是北纬或南纬75度，并且丢失其中任何一枚卫星几乎都不受影响。伽利略定位系统还设有全球性的搜救功能，能够检测和传送遇险信号，并向遇险人员反馈。

气象与大气层

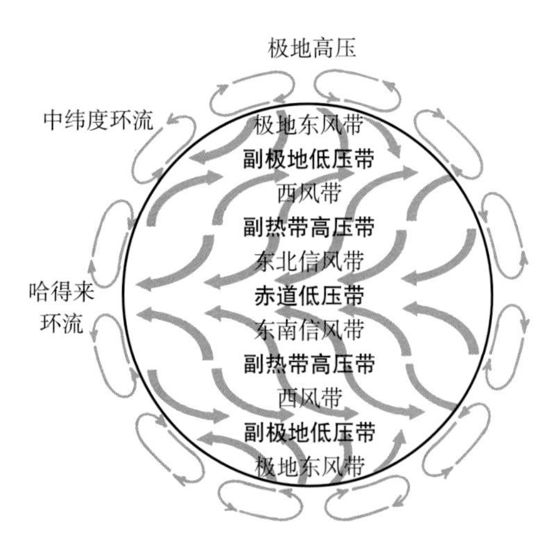

天气是由大地、海洋和大气与太阳辐射和地球自转的相互作用产生的，因此测量工作复杂且难以预测。亚里士多德认识到太阳的热量会让海洋的水分蒸发，上升到大气中，充分冷却后再次凝结成水；凝结后的水下落，在海洋和地球上形成降雨。因此，风暴长期被视为热交换器，将地球赤道附近炎热地区的热量向两极较冷的地方分散。由此形成的风都根据各自的地域特色进行了命名，如西洛可风、焚风和哈麦丹风。

然而，直到18世纪中叶，人们对风型和风向才有了科学的理解。如何解释北半球（哥伦布在航行到新大陆时使用）中纬度地区源自东北以及南半球源自东南的极为重要的“信风”。伦敦律师乔治·哈得来于1735年提出存在径向“环流”的假设：赤道附近的空气受热上升，之后逐渐冷却，分别向两极方向移动，逐渐沉降到地表附近，然后又从南北流回赤道，在此过程中重新获得水分，并再一次升高。但是，由于地球并非静止的，而是在旋转，风“落后”于地球表面——越靠近赤道（地球旋转最快），落后越多——使其看起来像是在向东运动（见左图）。

根据风速和风在海上制造的海浪，19世纪中叶海军上将弗朗西斯·蒲福（Admiral Francis Beaufort）对其进行了分类。他的风级用0（“平静”，海面“就像一面镜子”）到12（“飓风”，海上“遍海皆白，充满翻滚的水沫”）的13个数字来表示。然而，20世纪初才首次采用科学方法对整个大气的结构进行调查。

蒲福风级

蒲福数	风的描述	风速（km/h）
0	无风	<1
1	软风	1~5
2	轻风	6~11
3	微风	12~19
4	和风	20~28
5	清风	29~38
6	强风	39~49
7	疾风	50~61
8	大风	62~74
9	烈风	75~88
10	狂暴风	89~102
11	暴风	103~117
12	飓风	118以上

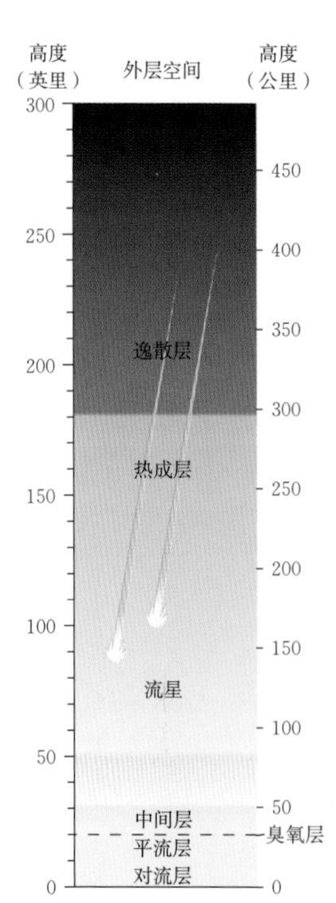

上图：大气结构，随着高度的增加，大气越稀薄。臭氧层与平流层几乎是相连的，但臭氧层浓度最高的地方在该层的中部。用风筝和气球做实验，以及观测流星尾迹、极光和无线电波传输等现象，发现大气中发生电流分离导致不同高度形成不同的区域的现象。

左上图：行星风带，图中是由乔治·哈得来（George Hadley）首次提出并以他名字命名的对流环流。

在对流层甚至平流层中，除了最干旱的沙漠地区，云和风一样是普遍存在的。但不像风，人们对云知之甚少。一方面，有证据表明云层起着保护伞的作用，将太阳辐射反射回太空来减轻全球变暖；另一方面，有不同的证据表明，云层起着毛毯的作用，将热量封闭在低层大气中，加剧了气候变暖。此外，我们对云是如何产生风暴（包括龙卷风）和闪电的理解仍然是模糊不清的。人们可能认为云比周围晴空中所含的水量高，但实际上水含量相差无几。所不同的是，在云中的水蒸气已凝结成液滴、冰晶以及冰水混合物，因为云内的温度比晴空温度低。无论云是什么颜色，比如白的像棉花或黑的像风暴，都不代表什么预期意义。“云的颜色主要取决于冰 / 水混合物和液态水滴的大小，与总含水量的关系不大”，物理学家艾伯特·齐尔斯塔（Albert Zijlstra）写道。

如果要估计云中所含的水量，关键的数据实际上是体积（可根据云影的大小估计），含水量约为其百万分之一。一朵长 500 米、宽 500 米、高 100 米的小云——其体积为 25 000 000 立方米，包含约 25 立方米的水，重量为 25 吨。

云型。1802 年，卢克·霍华德（Luke Howard）第一次尝试根据植物和动物分类的林奈（Linnaean）系统对云进行科学的分类，他创造了积云、层云、卷云和雨云（雨云已不再使用）的说法。1896 年，国际云图（The International Cloud Atlas）问世时有一个重大的修改：积雨云，即雷云，是云型中位置最高的，为 9 号，这就是短语“to be on cloud nine”（九霄云上）的由来，意思是非常高兴——尽管第 2 版发布时，积雨云被移动到 10 号，但短语仍这样使用。

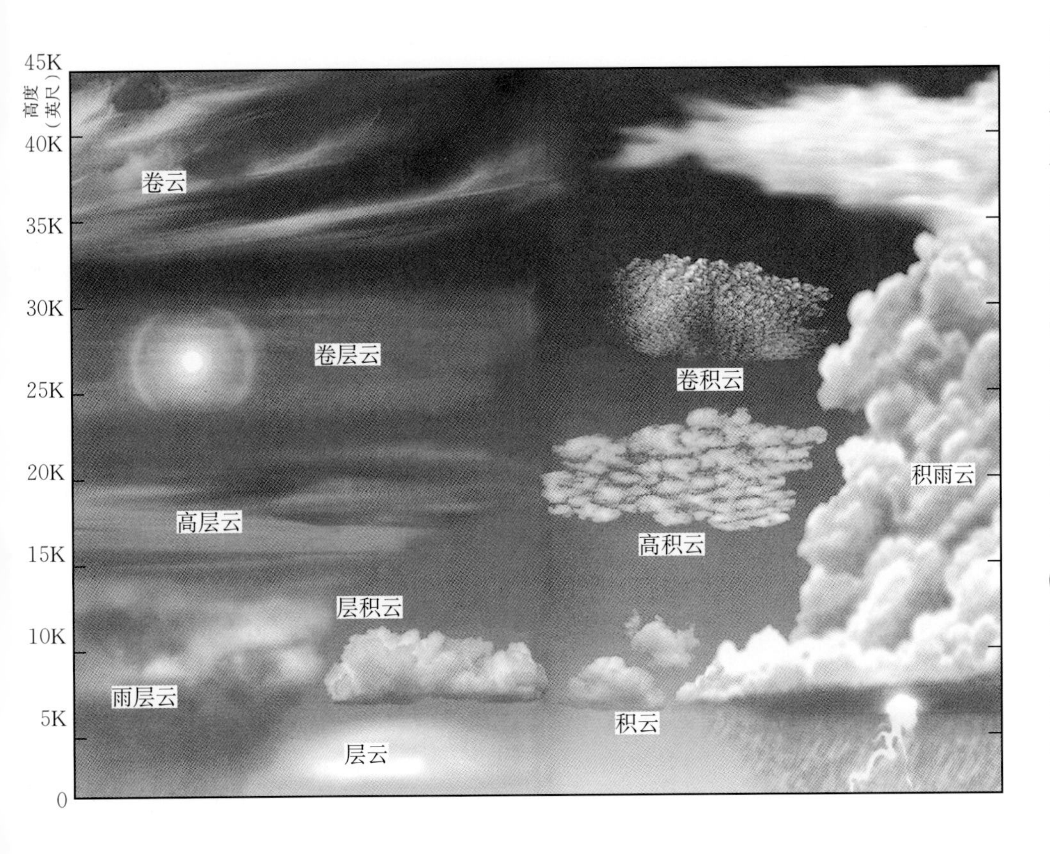

风暴、飓风和龙卷风

在任何特定的时刻，地球上约会有 2 000 场雷阵雨。其产生闪电的功率总共达一万亿（10^{12}）瓦，超过美国所有发电机的总输出。单独的一场风暴可以降水超过 500 000 000 升。一场完全成熟的飓风，直径为 1500 公里以上，风速可达每小时 320 公里，其能量足够整个美国取暖半年。1938 年新英格兰的飓风改变了美国东海岸的形状。孟加拉国的热带气旋定期对恒河三角洲进行重塑（在 20 世纪夺走了成千上万人的生命）。风暴甚至可以影响国家的命运。1588 年，西班牙的无敌舰队（Spanish Armada）在不列颠群岛（British Isles）的海岸被风暴砸碎；1281 年，日本的台风让日本武士战胜了蒙古忽必烈皇帝的入侵，武士们感谢神风（Kamikaze）拯救了他们的岛屿。在 2005 年，卡特里娜飓风（Hurricane Katrina）摧毁了新奥尔良，这虽不及上述事件引人注目，但影响到了乔治·W·布什（George W. Bush）的总统任期。

风速在每小时 118 公里及以上的风暴被定义为飓风，其最高时速约每小时 320 公里。该说法来源于加勒比印第安语“tirican”，意思是“大风”，仅用于大西洋风暴。同样的现象，在太平洋地区称为台风（typhoon，来自汉语拼音“taifeng”），在印度洋和澳大利亚各地称为热带气旋。萨菲尔－辛普森飓风等级（Saffir-Simpson scale，见对页）定义了五个强度级别。龙卷风一词在世界范围内使用，指的是更小、更短暂和更强烈的风暴，其风速可能超过每小时 500 公里。

对页上图：台风泰培（Tip），太平洋中测得的有史以来最强烈的台风，图为日本以南约 2 000 公里和菲律宾以东 1 450 公里处的卫星图像。1979 年 10 月 12 日从飞机上测量到的台风眼中的海平面气压为 870 mbar，是全球有史以来记录的最低值。除了精确地确定台风眼，图像还显示了台风高度的同心度，该台风是逆时针转动的（所有的北半球风暴都是如此），以及其巨大的对流系统的范围。

全球热带气旋：10 年的路径

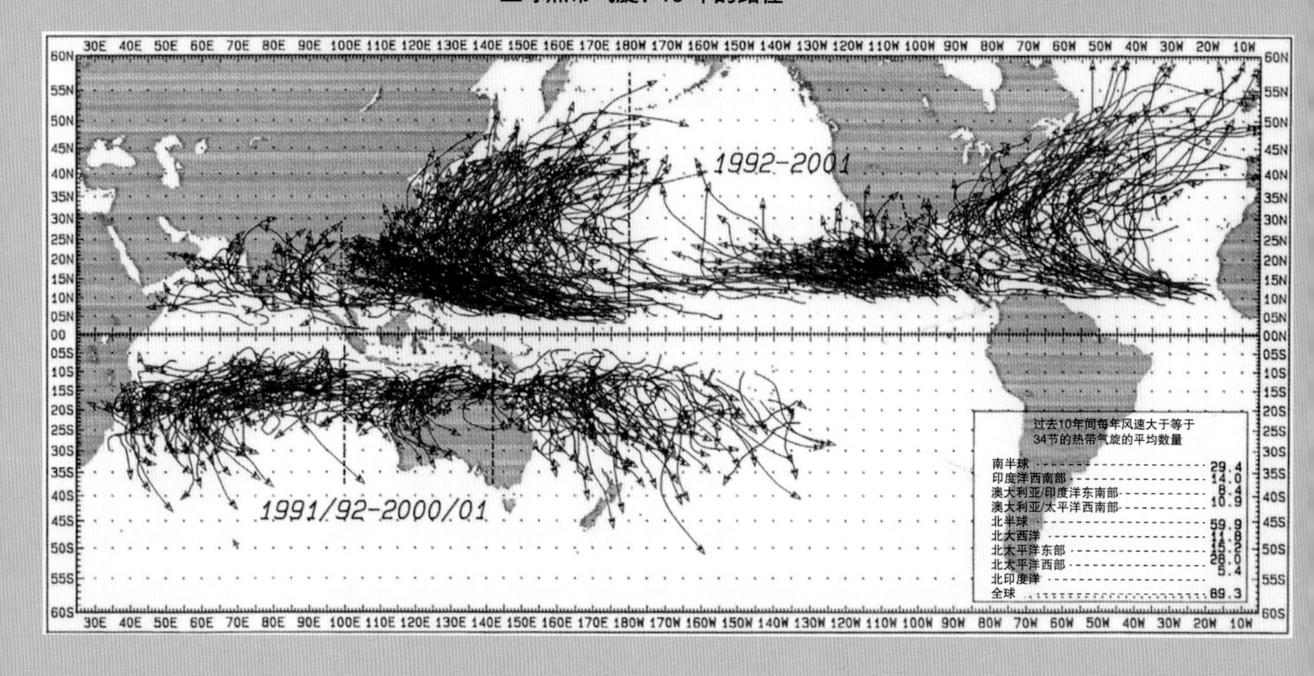

风暴类别	最大持续风速（km/h）
热带风暴	50~117
飓风：	
1 级（弱）	118~153
2 级（适中）	154~177
3 级（强烈）	178~210
4 级（猛烈）	211~250
5 级（具破坏性）	>251

20 世纪科学家通过精确的测量，特别是使用飞机和卫星进行测量，对飓风（使用该术语以涵盖台风和热带气旋）有了进一步的认识，但仍限于某些方面，许多大的问题仍然在很大程度上没有得到答案。我们仍然对为什么有些风暴会转为飓风而有一些不会；为什么有些飓风会登陆而其他的留在海上；是什么原因导致飓风摇晃，甚至逆转；飓风可以在多大程度上转向；以及全球变暖是如何影响飓风的频率和强度等问题的认识相对较少。

纵观多年的飓风路径图，可以发现飓风的形成几乎没有固定的模式。但是，从几十年的全球飓风行进路径来看，便会发现一些模式。飓风、台风和热带气旋都起源于大西洋西部、东太平洋、南太平洋、北太平洋西部以及南印度洋和北印度洋的特定范围。令人困惑的是，南大西洋没有飓风、台风或热带气旋——至少 2004 年以前没有，2004 年记录到南大西洋有史以来出现的第一个飓风。他们到达南纬或北纬 4°～5° 后就几乎不会再向赤道靠拢了，并且从来不会穿过赤道。飓风在一年的某些时候活动较频繁，这取决于不同的海洋，八月和九月是大西洋飓风的频发季。

纬度条件很容易解释，由于地球自转，空气（风暴）通常围绕低气压旋转，这就是所谓的科里奥利（Coriolis）力的影响。

对页图：1992 年一 2001 年飓风路径。

下图：飓风横截面。这幅大西洋弗洛伊德飓风（Hurricane Floyd）的纵截面图是 1999 年通过飞机在风眼测量雷达从降雨中的反射获得的。图中显示有 20 公里高，120 公里宽；+ 号表示风眼的位置。降雨最大的地方由黄色和橙色表示。弗洛伊德飓风具有双重眼壁结构，具有内眼壁和外眼壁，并会减少眼壁之间的降雨量——“这是猛烈飓风的一种普遍特点”[克里·伊曼纽尔（Kerry Emanuel）《神风》（*Divine Wind*）]。

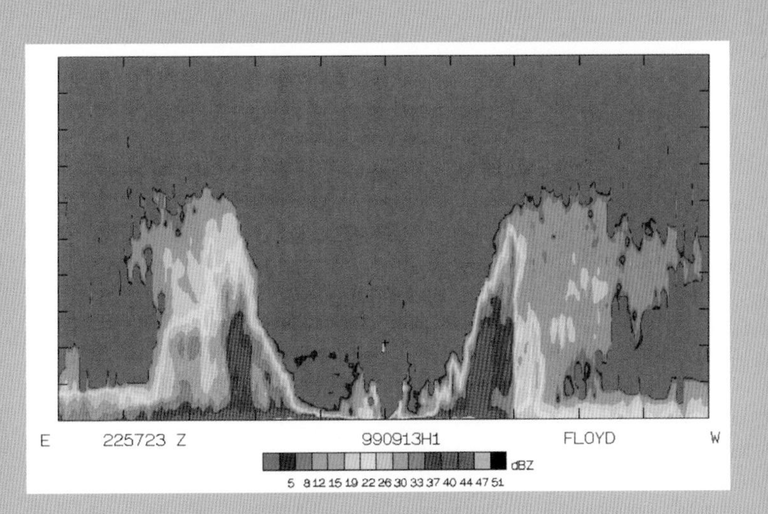

0
20
60
40

旋转的地球对流风的影响随着与赤道距离的增加而增大，在赤道为零。为了开始并保持旋转，飓风需要地球自转的帮助；离赤道越远，帮助越大。飓风形成还需要海洋的热量。这一事实说明了在特定地区生成飓风的原因：海洋表面必须靠近赤道，拥有足够的热量，还要有足够的距离才能诱发旋转。飓风形成的临界温度为26℃，如果绘制1年中不同季节26℃的等温线地图，可以发现飓风的起源就在其中。在此温度或温度更高时，从海洋表面吹过的风通过直接与海洋表面或海浪接触和海水的蒸发可以收集足够的热量。蒸发海水所需的热量是从海洋中吸取的，因此海水温度会降低。美国东海岸飓风经过前和经过后的卫星图像显示公海中海洋下降的温度超过3℃，降温持续两周以上，纬度更高或靠近海岸线温度更低的海洋中观测到的温度下降幅度更大。

与龙卷风相比，飓风是完全可以预测的。龙卷风可能会发生在任何地方，特别是美国中西部，但很少在非洲也很少在印度发生。龙卷风有惊人的强大的风速，但时间非常短暂——通常为10分钟，最多2小时。还有其路径范围的局限性，路径只有50米宽，长度小于10公里，只有0.5%的龙卷风的行程超过160公里。在外形上，它们可能像一根长而细的绳子、大象的长鼻或粗大的倒过来的铃钟。龙卷风可以轻而易举地就将坚固的房子摧毁，甚至全部卷走；或掀起一辆校车并扔在教室里面，四轮朝天；也可将咸菜罐子带到40公里外却完好无损；或者拔掉鸡的羽毛或拨开电线杆的光纤再插入稻草。它们还经常夺去人的生命——最严重的一次是1925年3月，在美国中西部三个州有689人遇难。

追逐龙卷风是科学家和业余爱好者热衷的活动。但由于测量龙卷风的巨大困难和危险，科学研究尚处于起步阶段，甚至龙卷风的最大风速也还需要讨论。有人尝试将科学仪器投入龙卷风内，但大多数信息是从多普勒雷达和摄影获得的。照片证实，龙卷风的结构是非常复杂的。龙卷风通常有一个以上的漩涡；有时龙卷风中的一个小型旋涡顺时针旋转，与其主漩涡的方向相反。在北半球，少数情况下，甚至主漩涡也是顺时针旋转的，这违背了所有自然规律，没有这种飓风的详细记录。“我们对风暴、龙卷风或其他形式风暴的形成原因还没有一个很好的认识”，气象学家霍华德·布鲁斯坦在《龙卷风地带》(*Tornado Alley*)中承认。

对页图：超级雷暴。超级雷暴是持续时间较长的风暴，包括上升气流区域和下沉气流区域。在上升气流无雨部分下方，强烈的上升运动和向内流的风力可能会产生削弱的领形“云墙”。云墙中经常会产生龙卷风，就像图中的超级雷暴。多普勒雷达（见第96页）有时可在龙卷风实际出现之前检测到其生成。雷达屏上风暴降雨模式的“钩状”回波（左下图）与龙卷风有关。这里，可以看到两个钩状回波，一个在最左边，另一个在右上方。雷达也可以显示龙卷风的垂直截面（右下图），从而展示中心几乎为空的“弱回波孔”，中心从地面延伸到龙卷风似的超级雷暴的顶部，“就像一个微型的飓风眼”[霍华德·布鲁斯坦（Howard Bluestein）]。

闪电

一次闪电通常会持续零点几秒的时间。闪电可能由一次闪击构成，也可能包含 3 或 4 次闪击（这是最常见的情形），或者甚至高达 20 或 30 次闪击。这种闪击通常会持续 0.04 秒或 0.05 秒，其闪光亦是如此。闪电中的电流一般为 1 万 ~2 万安培，但也可能高达数十万安培。电流会在几百万分之一秒内从几亿伏特的云地电势差中跃变。

这个过程的大部分十分神秘，我们甚至都无法确切地知道为何雷雨云是三极的，即一个负电荷区域夹在两个正电荷区域之间。放电通常是从负电荷区域（1 号图）开始的，然后向下传播，就如同“梯级先导”一样（2 号 ~6 号图）。在接近地面时，负电荷遇到了向上移动的正电荷（7 号图），然后一个闪光，“回击”便从地面跃至云中（8 号 ~10 号图）。只有特殊的照相机才能拍下这一梯级先导，但是我们的肉眼可以看到耀眼的回击。闪电移动的速度差不多是光速的三分之一，可以将空气加热至大约 30 000℃，同时产生 100 个大气的压力波，就是人们可以听到的雷声。

在 2002 年，即本杰明 · 富兰克林放飞著名风筝的 250 年之后，通过发射导电线接入木塔的小型火箭，科学家们在佛罗里达州的雷暴中触发了闪电。意想不到的是，地面仪器检测到了 X 射线的脉冲。“如果人类像超人一样可以看见 X 射线”，物理学家约瑟夫 · 杜威（Joseph Dwyer）写道，“那么闪电就跟我们习惯见到的看起来完全不一样。”当梯级先导向下分叉时，就可以看见“一系列强烈的闪光从云层中快速地下降”。当接近地面时，这些闪光会变强，最后，在回击开始的一瞬间，会产生非常强烈的脉冲。尽管伴随的电流脉冲在可见光中是灿烂耀眼的，但在 X 射线中看起来却是黑色的。不过，有关 X 射线的详细研究还未提出关于闪电公认的理论模型。

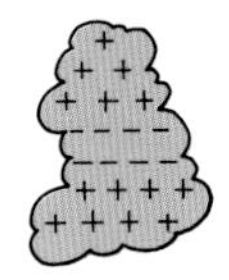

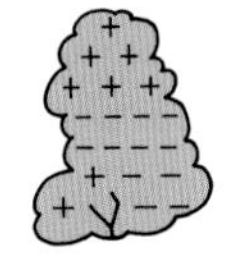

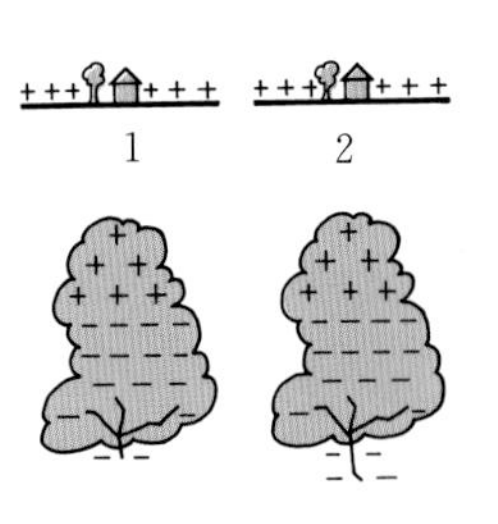

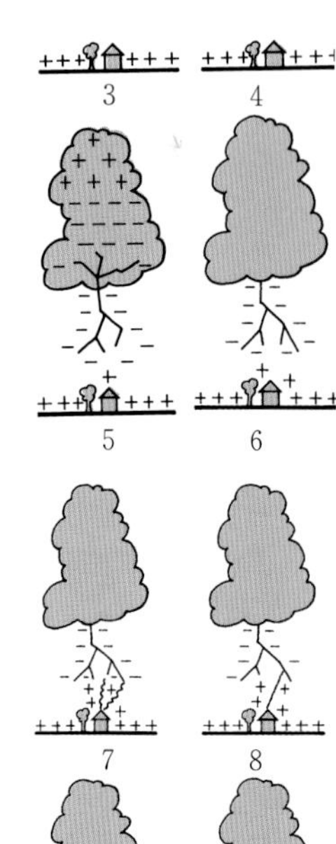

上图：闪电（说明参见正文）。

左图：携带金属丝进入风暴的火箭可以触发和测量闪电。

气候变化

大气中99%的成分是氮气和氧气，它们都没有绝缘性能。剩下的百分之一，包括所谓的温室气体，它们起着缓冲层的作用，使得生物可以生存和繁荣。其中主要的气体有二氧化碳、甲烷、一氧化二氮、臭氧和氯氟烃（CFC）。类似于温室中的窗格，它们可以吸收红外辐射（热量的一种形式），不过彼此并不完全相同。

在真实的温室之中，可见光辐射可以射入深色的植物并被其吸收，然后部分以红外线的形式再从植物中辐射出来，其中大部分都不能逸散出去，因为波长较长的辐射是不能透过温室的玻璃的。因此，温室中的空气受到加热温度上升，于是远高于室外空气的温度。

在温室地球里，太阳光的辐射被地表吸收，然后以红外线的形式重新辐射到大气之中，于是被温室气体和云层中的水蒸气吸收，然后其中的一部分再次辐射。其中很大一部分（12%）逸散到太空之中（与真实的温室不同），但是更大的一部分则向下辐射，同时加热低层大气和地表。从太空中用分光仪测得地球的温度为零下19℃，但是经过地球大气再测量，其平均温度则为14℃。这33℃的温差，即是温室效应，它对人类世界关系重大。

现在的问题是，温室效应正使地球的平均温度逐渐升高。几乎可以肯定，其原因在于人类活动所排放的温室气体，尤其是化石燃料燃烧所产生的二氧化碳。在20世纪里，二氧化碳的浓度已显著增高：在20世纪末，其浓度为370 ppm（百万分之370），比工业革命开始时1750年的275 ppm高出三分之一。根据严谨的分析所得到的温度记录，从1900年—2000年，地球的平均温度升高了0.6℃（不确定度为0.2℃），并且几乎所有最温暖的年份都出现于20世纪90年代。人类对地球气候所造成的重大变化仍在进行中。政府间气候变化专门委员会（IPCC，Intergovernmental Panel on Climate Change）在2001年说道：“截止到21世纪末，地球的平均温度将比1990年高1.4℃～5.8℃，这取决于碳排放量的水平，其后果则是给人类文明造成灾难性的影响。”（见下页的插图。）

查里斯·大卫·基林（Charles David Keeling，1928—2005），大气化学家及气候学家。1957年—1958年间，他在夏威夷岛的冒纳罗亚火山（Mauna Loa）和南极洲的南极地带开始了关于大气中二氧化碳的精确测量。

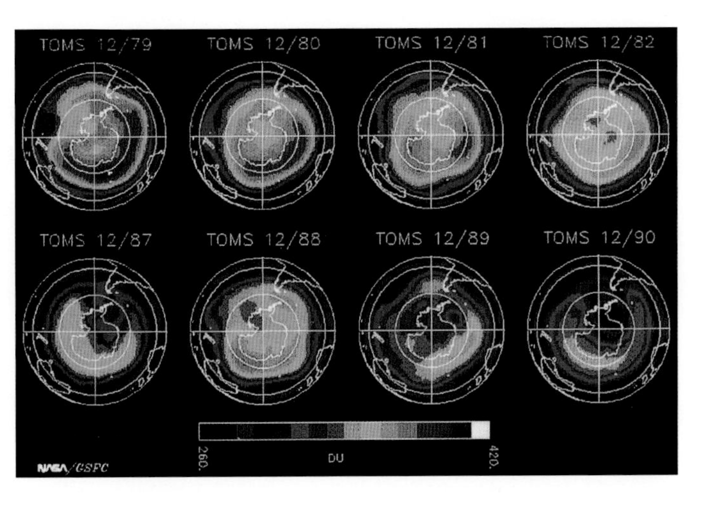

左图：南极洲臭氧层空洞。在20世纪80年代，南极洲的臭氧不断减少——红色和黄色表示较高的浓度，蓝色和紫色则表示较低的浓度。这是由氯氟烃（CFC）造成的。

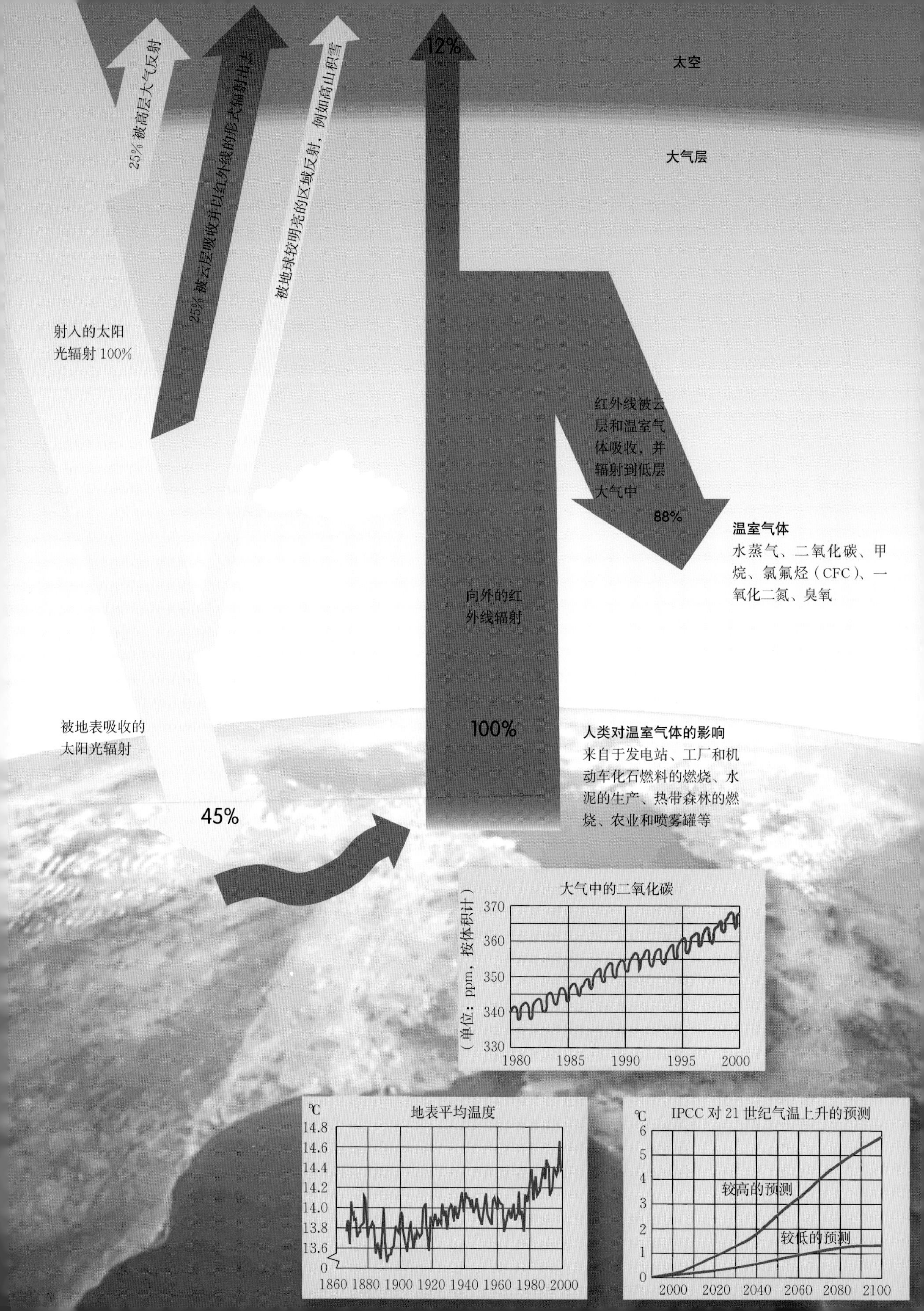

太空

大气层

25%被高层大气反射

25%被云层吸收并以红外线的形式辐射出去

被地球较明亮的区域反射，例如高山积雪

12%

射入的太阳光辐射 100%

红外线被云层和温室气体吸收，并辐射到低层大气中

88%

温室气体

水蒸气、二氧化碳、甲烷、氯氟烃（CFC）、一氧化二氮、臭氧

向外的红外线辐射

被地表吸收的太阳光辐射

100%

45%

人类对温室气体的影响

来自于发电站、工厂和机动车化石燃料的燃烧、水泥的生产、热带森林的燃烧、农业和喷雾罐等

大气中的二氧化碳

（单位：ppm，按体积计）

370 360 350 340 330

1980 1985 1990 1995 2000

地表平均温度

℃

14.8 14.6 14.4 14.2 14.0 13.8 13.6 0

1860 1880 1900 1920 1940 1960 1980 2000

IPCC 对 21 世纪气温上升的预测

℃

6 5 4 3 2 1 0

较高的预测

较低的预测

2000 2020 2040 2060 2080 2100

地质年代

宙	代	纪	世	年代
显生宙	新生代	新近纪	全新世	0.012
			更新世	1.8
			上新世	5.3
			中新世	23
		古近纪	渐新世	34
			始新世	56
			古新世	65
	中生代	白垩纪		146
		侏罗纪		200
		三叠纪		251
	古生代	二叠纪		299
		石炭纪	宾夕法尼亚纪	318
			密西西比纪	359
		泥盆纪		416
		志留纪		444
		奥陶纪		488
		寒武纪		542
元古宙				2500
太古宙				4550

地球起源

在《圣经》的《创世纪》(*Genesis*)这一卷中，世界的形成是在七天之内完成的，随后便发生了大洪水；其中，地球的年龄约为6 000岁。1785年，詹姆斯·赫顿是第一位提出另一种具有说服力的科学观点的地质学家，他因此而被称为地质学之父。根据赫顿故乡苏格兰有关岩石的证据，他提出了均变论的原理：即目前可观测到的地质作用，例如侵蚀和火山作用，和过去所发生的一切都是相同的。但是，假如这是对的，则需要巨大的时间跨度，并且地球必须非常古老。

在19世纪上半叶，新的地质科学将这一时间跨度划分为宙、代、纪和世，并且发明了地质柱状图。这样做可以研究地层和岩石层的顺序，以及生物的遗体在这些岩石中所形成的化石。一般而言，如果某一地层位于另一地层之上，则表明上面这一地层的形成时间肯定更晚一些，除非这两地层因后来的运动而颠倒了位置，例如熔岩的侵入。当然，属于特定时间跨度的可辨认族群灭绝后，形成化石。到了20世纪初期，人们才广泛接受如今这一基本的地质柱状图。

然后，在20世纪里，随着放射定年法的出现（此方法依赖于岩石中放射性元素的衰变率），地质学家们才能将确切的年代数字填入地质柱状图中。例如，中生代侏罗纪时期的时间跨度在2000年才得以断定，该时期处于1.46亿~2亿年前。更精确来说，根据铅定年法，侏

上图：詹姆斯·赫顿（James Hutton，1726—1797），地质学之父。此为约翰·凯（John Kay）于1787年所绘的一幅漫画。在赫顿那引起争论的地球理论出现之后，此画便发表了，画中展示了他在用锤子敲击岩石。批评者将这些岩石画得惟妙惟肖，就像是赫顿的脸一样。

左图：目前公认的基本地质柱状图。纪和世的持续时间常常具有争议性，并且地质学家们会对其定期审查（表中的年代按百万年前计）。

罗纪与三叠纪的分界线为1.996亿年前（误差为30万年）。在加拿大西部海岸的公哥岛（Kunga Island），通过采取三叠纪地层顶部的一层火山凝灰岩中锆石矿物的样本，科学家们测量了两种铀同位素转化为铅同位素的衰变（见第80~81页）。

然而，将地质柱状图和时标对比时，就会出现真正的问题。首先，某个国家对地层的命名，对另一个国家的地质学家来说可能是毫无意义的。“在美国，一整套适用于奥陶纪阶段的命名，对许多欧洲的地质学家来说会很难理解，其难度就如同破译塞尔维亚－克罗地亚语一样。例如：加拿大阶（Canadian）、恰祖亚阶（Chazyan）、黑河阶（Blackriverian）、特伦顿阶（Trentonian）和辛辛纳提阶（Cincinnatian’）”，英国地质学家帕特里克·韦斯·杰克逊（Patrick Wyse Jackson）如此写道，“这些词分别近似等价于英国的特马豆克阶（Tremadoc）、阿雷尼格阶（Arenig）、兰维恩阶（Llanvim）、兰代洛阶（Llandeilo）、卡拉多克阶（Caradoc）和阿什极尔阶（Ashgill）。”其次，对于不同的岩石和不同的技术手段，其放射性测定的日期会全然不同，这一问题也会影响过去不久的考古样品所对应的碳定年法。1987年，经估计，侏罗纪结束于1.31亿年前。这是根据对海绿石矿物的钾氩定年法所确定的，直到后来才认识到，原来氩气从这种矿物中逸出了，使得海绿石比实际看起来形成的较晚一些。对于侏罗纪结束的时间，目前公认为1.46亿年前，正如前文所提到的，这一时间的确定采用了对玄武岩的钾氩定年法。杰克逊写道：“地质柱状图还会继续演变下去。”

树轮年代学。通过计算树木的年轮，即可确定该树木的年代。图中的样本来自于美国西南部亚利桑那州断笛岩（Broken Flute Cave）一处洞穴房中的垂直屋顶支柱。研究人员手中指针所指的年轮表示公元543年。

下表：白垩纪时标的一部分。此时标包含了白垩纪末期，即6 500万~7 000万年前，化石记录表明，恐龙在这一期间灭绝。译者注：表中拉丁文物种名无对应中文译法，因此保留原文。

白垩纪时标

年代（百万年前）	阶段	极性时	菊石区 古地中海	菊石区 北美西部内陆海	箭石及其他巨体化石	微体化石基准 浮游有孔虫	微体化石基准 钙质微型浮游生物	主序列 TR
65	古近纪（达宁期）	C29				P1 Pα&P0	NP2 NP1 CP1	
65.5 ±0.3								
	马斯特里赫特阶 U	C30	*P. terminus*	（三角龙恐龙动物群） 菊石记录稀少	*Belemnella casimirovensis*	*Abathom. mayaroensis*, *Gansserina gansseri* A. mayar.	*Micula prinsii* *Nephrolithus frequens* 26	
		C31	*P. fresvillensis*	*Jel. nebrascensis* *Hoplo. nicolleti* *Hoplo. birkelundi*	*B.junior* *B.fastigata*	*Abathom. mayaroensis*	*Micula murus* *Lith. quadratus* CC25	
70	L		*Pachydiscus neubergicus*	*Bac. clinolobatus* *Bac. grandis* *Bac. baculus*	*B.cibrica* *B.sumensis* *B.obtusa*	*Racemi*, *fructicosa*, *Contusotrun. contusa* R. fruct.	*Reinhardtites levis* *Quadrum trifidum* CC24	

板块构造论

在 1911 年，当仔细观察非洲与南美洲海岸线之间明显匹配时，博学的气象学家和天文学家阿尔弗雷德·魏格纳逐渐对曾经发生的大陆漂移确信不疑。魏格纳将盘古大陆（即“全大陆”）称作为超大陆，它曾经分裂开来，在数百万年之后，这些分裂的部分渐渐形成如今的大陆构造。遗憾的是，虽然魏格纳的基本思想完全正确，但是他所提出的机制以及对漂移速度的计算则存在缺陷。因此，很多科学家都反对大陆漂移说这种观点，一直到 20 世纪 60 年代，各种各样支持此观点的证据愈发充分，以至于当时引发了一场关于地球科学的革命。

最早发现的证据来自于大西洋的洋底。自 19 世纪 50 年代以来，大西洋中部之下的山脉就引起了人们的猜疑。1947 年，科学家们利用当时可以使用到的最为强劲的测深器，开始了对大西洋中脊形状的测定。他们发现，此山脉绵延于大西洋中心，与两侧海岸线的距离大致上相等。对海泥的取样表明，山脉的岩石起源于火山的爆发，并且其形成的时间比预期的要更晚一些。之前的理论认为，洋底是在地球的早期历史中所形成的。该取样同样表明，洋底中沉淀物的量比预测的要少得多。一位相关的地质学家布鲁斯·希森（Bruce Heezen），对这一发现深深着迷，和他的绘图助理玛丽·萨普（Marie Tharp）开始从全世界收集深度记录的资料，并由此绘制了有关洋底最早的轮廓图和三维地图（见下页）。当希森拿起地图开始标注大西洋地震震中位置的时候，他忽然意识到，这些地震其实发生于大西洋中脊的裂谷之中。

板块构造论的起源可追溯至 20 世纪 60 年代，该理论假设地壳由几个大型的刚性板块构成，而非以某种方式在可塑性地壳中漂移的刚性大陆。这些板块通过某些边缘地带的火山作用来增长，而在其他的边缘地域受到破坏。同时，这些板块通过地球热核和地幔中的对流来驱动，逐渐横跨整个地球。不同的板块之间有三种基本的边界：洋脊 / 谷，两个板块在此扩大；海沟，一个板块在另一板块之下受到破坏（即“俯冲”）；还有一种称为“转换断层”，在此处板块既不扩大，也不缩小。每种类型的边界在陆地和水下都会产生火山和地震。冰岛的火山即为洋脊的产物、加勒比火山是俯冲带的产物、加利福尼亚州圣安德烈亚斯断层的地震是转换断层的产物。板块构造论很好地解释了所谓的太平洋“火环”，但不能圆满地解释远离板块边界的火山和地震，例如，夏威夷和意大利的火山，以及美国中部和印度中部的地震。

阿尔弗雷德·魏格纳（Alfred Wegener，1880—1930），于格陵兰岛。自 1906 年起，魏格纳对北极圈进行了三次科学考察，后来在这里逝世。在他的讣告中，魏格纳被称赞为探险家和气象学家，但是几乎没有提及他那引起巨大争议的大陆漂移说，该学说以德语发表于 1915 年，后来相继用法语、瑞典语、西班牙语、俄语和英语发表［即《大陆与大洋的起源》（*The Origin of Continents and Oceans*）］。

下页图：洋底地图的一部分，此图中展示了大西洋中脊和东太平洋海隆，这部分后来成为陆地上的圣安德烈亚斯断层。对大西洋中脊的测量表明，作为一个整体的大西洋正以大约每年 1.8 cm 的速度扩宽。由此可推断，北大西洋大约是在 1 亿年前裂开产生的。

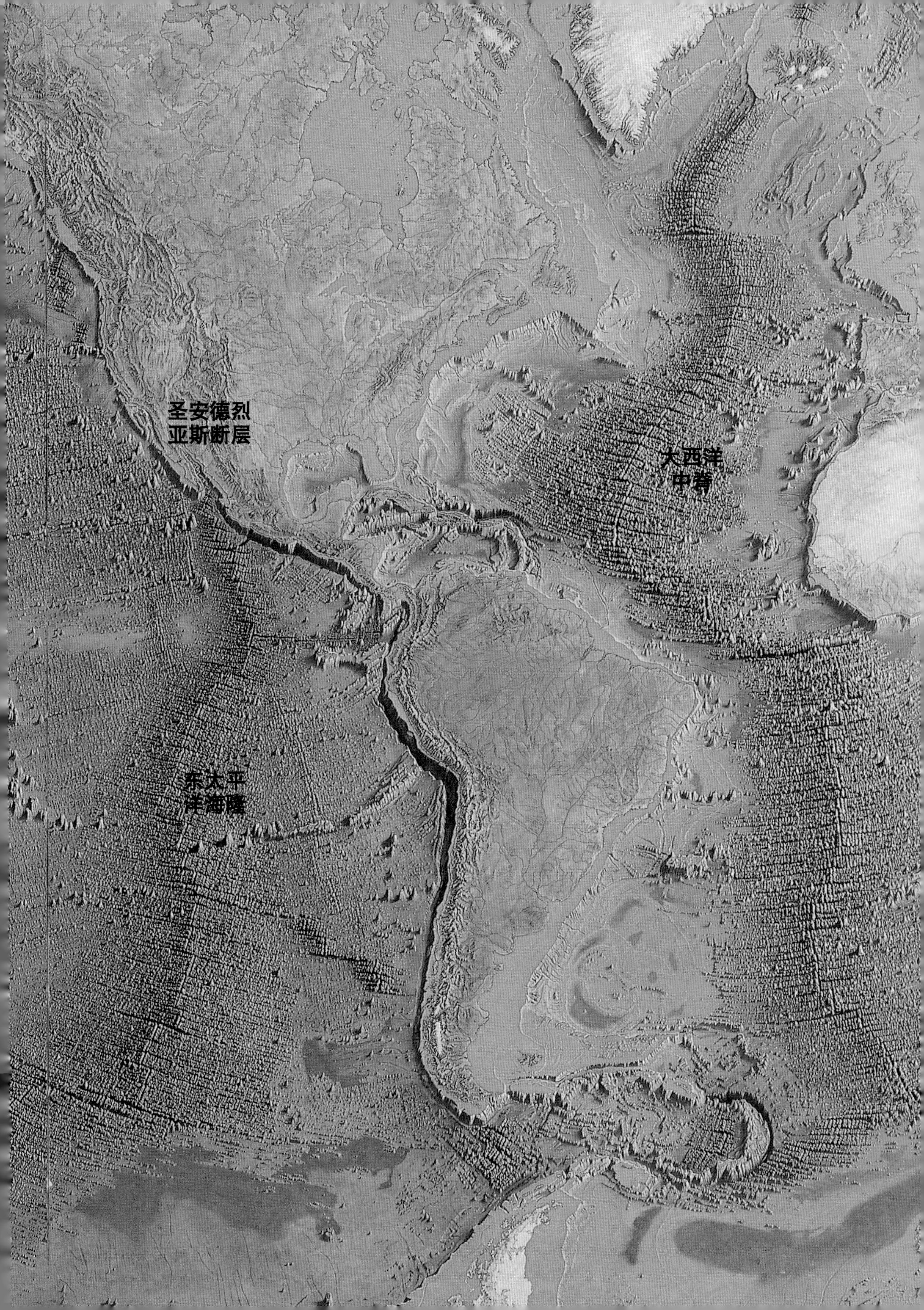

圣安德烈
亚斯断层
大西洋
中脊
东太平
洋海隆

地震

在 18 世纪中期以前，地震仍属于神的管辖范围内。例如，在日本，人们认为地震是一种巨型鲶鱼造成的，即大鲶（namazu）。据说它们生活在地表之下的泥中，并且只受制于警惕的鹿岛神（Kashima）的恶作剧——他将一块巨石压在了大鲶的头上。当鹿岛神打瞌睡松手时，大鲶就放肆地躁动着，从而形成地震。

接下来令人恐慌的地震是 1750 年发生在伦敦，以及 1755 年发生于里斯本的破坏性极强的地震。约翰·米歇尔（John Michell），一位天文学家和地质学家，他提出了地震是“地表几英里之下大量移动的岩石所引起的波动”的看法。同时，他认为存在两种类型的波动，其中一种波动发生之后，便会产生另一种波动；并且通过对不同位置波动到达时间的测量，能确定其速度和地震的中心。虽然此处的第二种见解几乎在整个世纪都未曾应用到，但在目前，这一原理仍然用来确定震中（地表位置）。

戈尔登，科罗拉多州
震中
韦拉克鲁斯，墨西哥
火奴鲁鲁
安托法加斯塔

在 1857 年，一份来自于意大利的地震报告送达伦敦，并将工程师罗伯特·马莱（Robert Mallet）吸引到了那不勒斯（Naples）王国。训练有素的马莱对每个破坏后开裂程度进行评估，编纂了等震线图，即由相同破坏力 / 烈度的等值线所构成的地图。同时，他也创造了一种今天所使用的改良方法，用于在地图上描述地震的危害性。利用等震线图，马莱可以估计震动的中心以及地震的相对规模。二十年来，马莱将全球的地震活动汇编成了一张目录。此目录含有 6 831 个列表，其中给出了地震波的发生日期、位置、振动次数、可能的方向和持续的时间，同时也记录了相关的影响。通过这些数据，他所创建的世界地图到现在仍然是精确的，并且这也是最早指出地震在全球某些地带出现汇聚现象的地图。不能将地震的烈度与震级所混淆，后者通常会出现在新闻报道之中。与震级一样，烈度也度量了地震的规模，不过震级是通过地震仪（见第 68 页）中摆钟的振动来计算的，而烈度则由人造建筑物的可见损伤来确定，即地球表面的变化和感知的强度，例如，地震对驾驶汽车的司机所产生的影响。烈度度量了地震之后人类的所见；而震级则是科学仪器的所见。

意大利地震学家朱塞佩·麦加利（Giuseppe Mercalli）于 1902 年创建了地震烈度表，今天通常使用的是其修订之后的形式，但它还有些大的缺陷。此外，也有一些其他的地震烈度表。本页图中展示了麦加利地震烈度的主

上图：受地震严重影响的子弹头式高速列车。2004 年，日本西部发生 6.8 级地震，一辆列车脱轨。在收到全国范围内地震预警系统的警报之后，该列车能在几秒之内将其 216 km/h 的运行速度减至 200 km/h。但是在 2003 年，虽然日本列岛各处分布有大约 1 000 个地震仪，在 8.0 级地震袭击日本北部海岸之前，这一预警系统仍然无法探测到任何地震即将来临的迹象。

左图：如何确定震中。震动图给出了地震台到震中的距离。如果从三个不同的地震台来计算这一距离，便可用三个相交的圆来精确计算震中的位置。在该例中，即为 1967 年 3 月 11 日发生于北纬 19.10°、西经 95.80°［刚好位于墨西哥的韦拉克鲁斯（Veracruz）东边的海中］的一场 5.5 级的地震。

观感受，这一烈度取决于建筑物的施工质量，而且并不能很容易地评估。例如，一间房子可能会幸免于一场地震，但是其相邻的房子则会难逃厄运。从“文化”角度来说，这一地震烈度也需视情况而定。比如说在旧金山，地震对石制和钢筋混凝土建筑物的损伤就很大；而在印度的村庄，则几乎毫无影响。最后，这种地震烈度没有考虑到观察者到震中的距离：附近的小地震能产生比遥远的大地震更高的烈度。即便如此，地震烈度也非常有用，尤其是对于20世纪之前所发生地震的比较，因为对这些地震来说，烈度是唯一可以利用的估计量。

尽管在最近几十年里从每种技术可行的视角度量了地震，尽管板块构造理论也取得了成功，但是仍没有形成可靠的地震预测方法。在1985年，美国地质调查局（United States Geological Survey）预测，1992年年底之前在圣安德烈亚斯断层上的帕克菲尔德（Parkfield）有95%的可能会发生一场6级的地震。这场地震确实是发生了，不过是在2004年！查尔斯·里克特（Charles Richter）在1958年说的这段话仍然是正确的：“人们可能会将地震预测比作为这种情形：一个人在其膝盖上掰弯一块板子，并且试图提前确定这块板子在何处于何时会断裂。”

1989年洛马·普雷塔（Loma Prieta）大地震对旧金山海湾大桥（Bay Bridge）的损坏。这场地震的震级为7.1级，根据精简修订后的麦加利地震烈度（下图，1931年），该地震在旧金山的烈度为11度（“桥梁损毁”）。

1度　无感觉，只有在最佳的条件下才有极其轻微的感觉。

2度　在静止状态下，只有少数人有感觉，尤其是在建筑物的高层；微小的悬挂物可能会摇晃。

3度　室内有明显感觉，尤其在建筑物的高层，但大多数人意识不到这是地震；静止的汽车可能会轻微地摇晃。

4度　在白天，室内许多人有感觉，室外少数人有感觉；在晚上某些人会惊醒；会打破盘子、窗户和门；墙壁会发出断裂的声音。

5度　几乎所有人都有感觉，大多数人会惊醒；某些盘子和窗户等物件会破碎；会出现石膏破裂的情况；不稳定的物件会倾翻；摆钟可能会停下来。

6度　所有人都有感觉，很多人会害怕而逃到室外；一些重型家具会移动，会出现石膏下落和烟囱损坏的情况；破坏轻微。

7度　每个人都会逃至室外。优良设计和施工的建筑物会出现微小的损坏；结实的普通建筑物会有轻微或中度的损坏；建筑或设计质量很差的建筑物会出现相当大的损坏。

8度　特殊设计的建筑物会有轻微的损坏；一般结实的建筑物会出现相当大的损坏，甚至局部坍塌；质量很差的建筑物会大面积坍塌；幕墙会被甩出框架结构建筑物；烟囱、工厂排气管、柱子、纪念碑、墙壁会倒塌；重型家具会倾翻。

9度　特殊设计的建筑物会有相当大的损坏；建筑物会移动而脱离地基；地面明显破裂；地下管道断裂。

10度　一些结实的木造建筑物会毁坏；大部分砌体或框架结构的地基会毁坏；地面严重破裂；铁轨弯曲；水会溅过（溢出）堤岸。

11度　即便有也只有少数（砌体）建筑物尚未倒塌；桥梁损毁；地面出现较宽的裂缝；地下管道完全不能使用；软地层出现坍塌与滑坡；铁轨严重弯曲。

12度　天崩地裂。几乎所有建筑工程都会严重破坏或损毁；地表可看见波动；视线和水平线扭曲；物体被抛入空中。

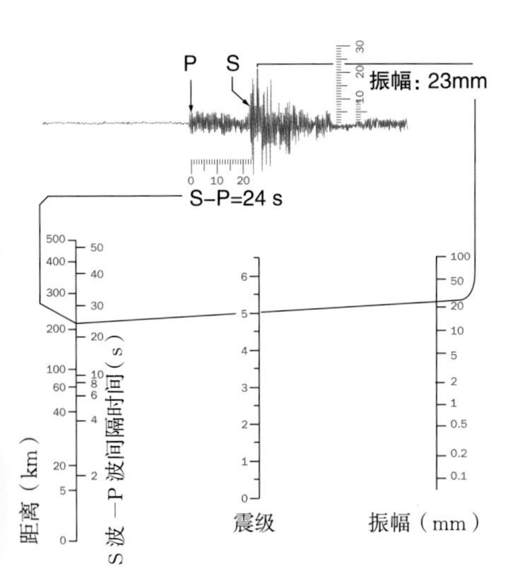

通过记录在震动图中的摇晃情况以及地震仪到震中的距离，地震学家们可由此来计算一场地震的震级。这一公式补偿了因晃动而减少的地震仪到震中的距离。这些计算非常复杂，并且当前有几种正在应用的衡量标准。到目前为止，最著名的是里氏震级，由加利福尼亚州的地震学家查尔斯·里克特发表于1935年。里氏震级最初只是用来测量加利福尼亚州南部的地震震级，但经过后来的修改，便适用于全球地震震级的测量（现在的新闻报道中常用“里氏震级”来强调地震的灾难程度，而并非其纯粹的科学意义，因此地震学家会对这种不准确的表述方法不满）。

根据最初的定义，震级是记录在标准伍德·安德森（Wood Anderson）地震仪上最大地震波振幅（千分之几毫米）的对数，该地震仪距离地震震中100 km。这一衡量标准之所以是对数的形式，是因为各种地震的规模差异巨大，这使得线性尺度使用起来并不方便。因此，里氏震级每增加1级，相当于振幅增加10倍。举例来说，一场8级地震使地面震动的程度，是7级地震的10倍，是6级地震的100倍。然而，如果震中恰巧位于人口稠密的地区，6级地震可能比8级地震更加强烈，也更具破坏性。

里氏震级相当于地震所释放能量的对数尺度。震级每增加1级，地震能量大致增加30倍。这一数字使得可以将地震与核爆炸或火山喷发进行比较。

左图：如何计算当地地震的里氏震级。S波与P波的时间间隔决定了地震仪（见第68页）到震中的距离，此图中的时间间隔为24 s，即距离略大于200 km。在震动图中可以直接测量最大地震波的振幅，在图中情况下，振幅为23 mm。两点之间直尺的左右两边刻度形成了5.0级的震级。

下图：地震能量释放。本图按震级（左轴）和能量释放（右轴）展示了每年地震的总数量。震级每增加1级，释放的能量增加约30倍。

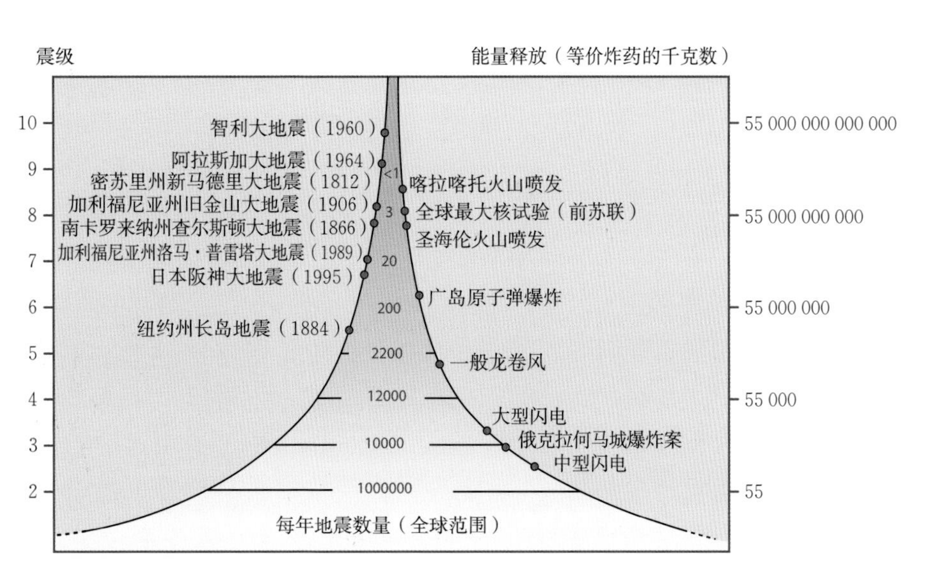

海啸

在1883年喀拉喀托火山大喷发中，大部分死者其实是因为海啸而遇难的。这场海啸冲垮了爪哇岛（Java）和苏门答腊岛之间巽他海峡（Sunda Strait）的165个村庄，超过36 000人遇难。海啸所掀起的波浪还到达了南非，甚而远至英吉利海峡。

2004年，苏门答腊-安达曼（Sumatra-Andaman）地震所引起的海啸，其影响甚至更加深远。在印度洋沿岸的国家中，接近300 000人因此丧生，在整个太平洋和北大西洋，都很容易检测到这一海啸掀起的波浪。这是第一次同时在地球表面利用高质量全球验潮仪和在太空中利用多程测高卫星来测量海啸。这些数据用来约束公海波浪传播这一严格测试的计算机模拟程序，称为“海啸传播方法”（Most）模型。这张全球图表中的颜色由瓦西里·季托夫（Vasily Titov）和他的同事一起创建，展示了44小时之内模拟计算的最大海啸高度。从等值线可看出计算后的波浪到达时间，以及三种山脉类别中波浪的圈数、位置及振幅。图中的小插图展现了震源的四个次级断层，由卫星测高、地震与大地测量数据以及孟加拉湾（Bay of Bengal）海浪高度的特写所构成。“大部分的袭击是由海啸高度的定向本质引起，这受到‘发源地的集中分布和大洋中脊的波导结构’的影响”，此图的作者如此写道。例如，科科斯群岛（Cocos Islands）距离震中只不过1 700 km，但海啸带来的水量比秘鲁和新斯科舍（Nova Scotia）还要少一些。

2004年的印度洋海啸如何蔓延至全球。发生于格林威治标准时间12月26日0点59分的最初地震，位于苏门答腊岛西边100公里处，其深度为平均海平面以下30公里。30分钟后，海啸袭击了苏门答腊岛，2小时便抵达斯里兰卡（Sri Lanka），并且在7小时15分之后抵达了非洲（见文中更为全面的探究）。

火山

火山喷发有各种各样的形状、规模和类型。基拉韦厄火山（Kilauea），是位于夏威夷的一座“盾状”火山，坡度平缓，喷发无爆炸性，并能产生熔岩喷泉和持续的熔岩流。这些现象开始于1790年，并一直延续至今，而且熔岩外流持续了四分之一个世纪。相比之下，1883年在印度尼西亚喀拉喀托火山那次惊天动地的喷发持续了100天，在后来的一个多世纪里，这座火山就比较平静了。此外，对于喀拉喀托火山，仅知更早的一次喷发发生于1680年，其强度一般。埃特纳火山，实际上是西西里岛的最高峰，其喷发强度大约在这两座火山之间，有时会出现频繁而猛烈的喷发并产生熔岩流，有时也会相对静止。有关埃特纳火山活动的报道和传说可追溯至约3 000年前。由于火山活动的多样性，关于喷发的历史记录极其不完整，以及接近正在喷发的火山的技术性难度，使得对火山的分类和度量比地震更加困难（不过预测火山喷发比较容易一些）。

维苏威火山（Mount Vesuvius）是一座小型火山，它也许是众多火山中最知名的一座，其高度仅为1 280 m，耸立于意大利南部的那不勒斯湾。维苏威火山的形成时间较晚，仅有17 000年。它的上一次喷发是在1944年（在第二次世界大战同盟国攻入意大利期间），在此之前的1906年也喷发过，并且在过去2 000年里，维苏威火山喷发超过50次，平均大约每40年一次。不过，实际上的喷发间隔时间与平均间隔几乎全然不同，这里的间隔时间比较科学的说法为休眠期。它在1037年喷发过一次，在此之后，维苏威火山休眠了600年。当它终于在1631年“醒来”的时候，三天之内便夺去了4 000多人的生命，这些人生活在维苏威火山山坡之上的村庄里，他们被泥浆、火山灰和熔岩埋葬。那不勒斯距离火山大约有16 km，也覆盖着齐

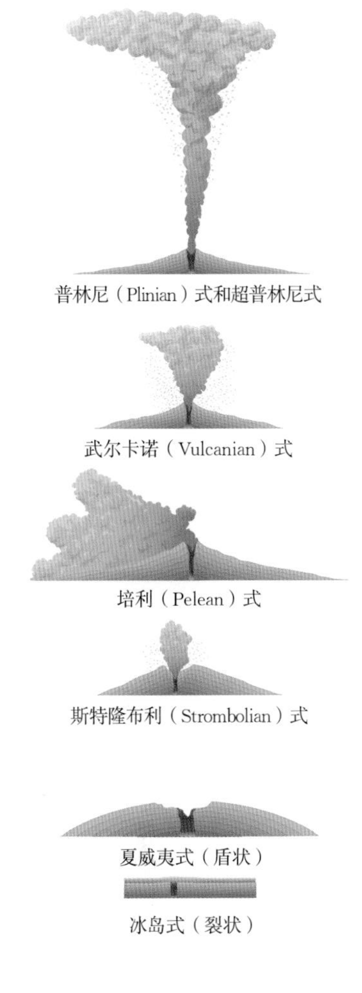

上图：不同类型的火山喷发。

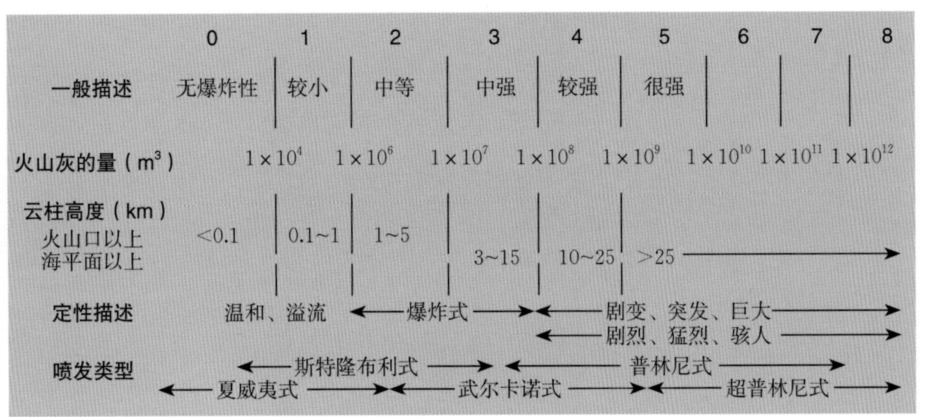

左图：火山爆发指数。除了最多的喷发类型之外，即按小普林尼的名字命名，火山喷发的类型是以特定的火山来命名的。通过火山灰（火山爆发所喷射的碎屑）的量和火山口及海平面以上的云柱高度来量化喷发的类型，火山爆发指数才可能具有科学性。

膝深的火山灰。波蒂奇（Portici）是一座刚好位于那不勒斯南部海岸的城镇，处在这一“破坏者”的山脚之下，曾被完全摧毁。在那里竖立着一位总督的纪念碑，部分内容为：“孩子们啊，孩子的孩子们啊，你们听！……这座山迟早会着火的，但是在这之前，会出现低沉的轰鸣和咆哮，还有地震。到处喷涌着浓烟、大火和闪电，空气颤抖着，隆隆作响，疯狂呼啸。尽全力逃跑吧……如果你轻视它，如果你认为财产比你的生命更加宝贵，你将因为鲁莽和贪婪而受到惩罚。不要担心你的壁炉和房子，毫不犹豫地逃跑吧。”

正是1631年的这次喷发，使得维苏威火山的名字家喻户晓，但如今已被大多数人遗忘。重建波蒂奇时，发现井会下沉。人们发现在波蒂奇之下的赫库兰尼姆古城（Herculaneum），因而波蒂奇是在古城港口之上重建的。随后，人们在沿海岸线向下的几英里处（也是位于维苏威火山的山脚之下），又发现了庞贝古城。由于维苏威火山在公元79年的那次喷发，这两座古城都完全被泥浆、灰烬和坚石（并非熔岩）的碎片所覆盖，之后几乎无人记得此事。若不是那时小普林尼写的一封信，其中描述了他的叔叔老普林尼在这次火山喷发中的丧生，18世纪的挖掘机肯定不会使赫库兰尼姆古城和庞贝古城这两座城市重见天日。

威廉·汉密尔顿爵士［其妻子艾玛（Emma）是海军上将纳尔逊（Nelson）的情妇］是英国在1764年—1800年派驻于那不勒斯法院的大使，他是众多对维苏威火山感兴趣的人之一。在汉密尔顿驻留于那不勒斯期间，维苏威火山一共有过9次猛烈的喷发；他曾200多次来到火山上的两侧，并成为火山学的先驱之一。通过收集那不勒斯和维苏威火山周围城镇和村庄牧师展示神圣画面的

《星火燎原》。1771年5月，英国驻那不勒斯的大使威廉·汉密尔顿（William Hamilton）爵士陪同两西西里王国（Two Sicilies）的国王与王后以及皇室成员，参观了维苏威火山侧面的熔岩流，背景中可见到喷发的山峰。皮埃特罗·法布里斯（Pietro Fabris，在最明显的位置给了自己一个特写）的这幅手工着色的版画来自于汉密尔顿著名的《卡毕·菲拉格累》（*Campi Phlegraei*，1776），这是一部关于火山学具有开创性的著作。

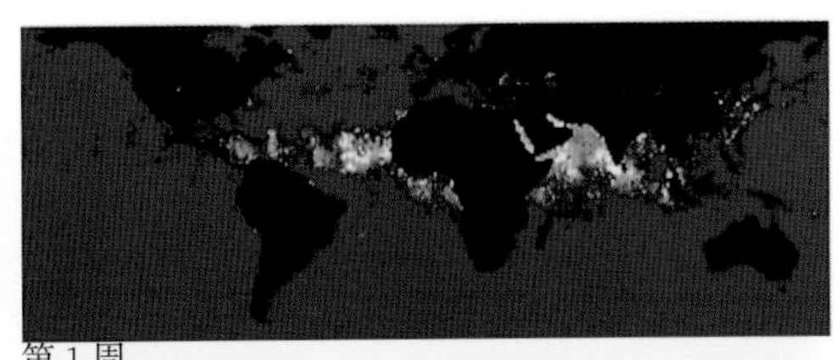
第 1 周

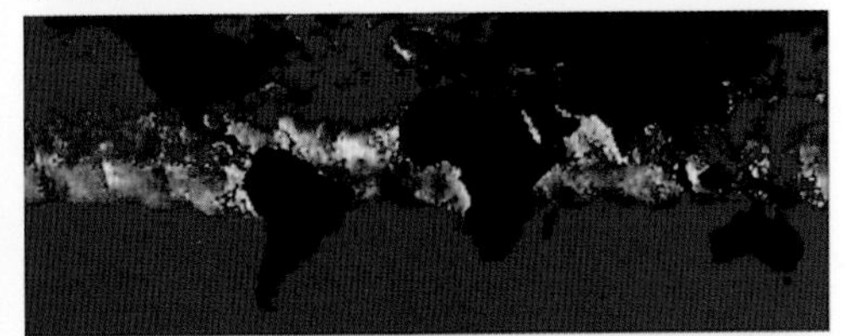
第 6 周

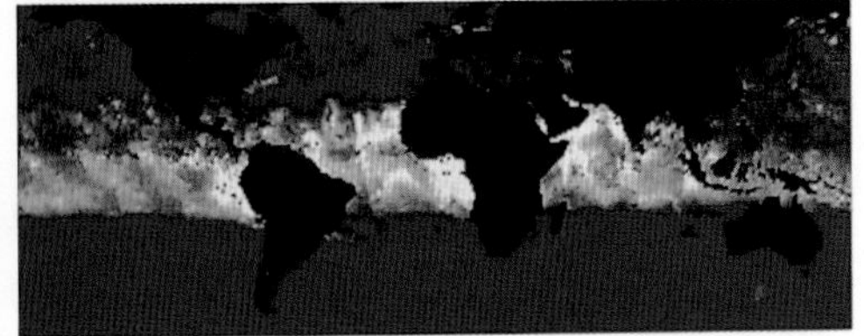
第 10 周

20 世纪最大的火山喷发。在休眠了 600 年后，菲律宾的皮纳图博火山（Mount Pinatubo）于 1991 年喷发，其火山爆发指数为 6。除了大量的火山灰之外，它还向平流层喷出了 2 千万吨二氧化硫。图中的卫星影像展示了在火山喷发的 1 周、6 周以及 10 周之后，硫酸气溶胶如何蔓延至全世界。这些气溶胶将太阳光的辐射反射至太空中，并且在两或三年内大大降低了地球的温度，很大程度上掩饰了 20 世纪 90 年代全球气候变暖的趋势；但是到了 1994 年，全球平均温度又回到了之前的水平。在这次火山喷发之前，火山学家们测量了地面二氧化硫的产量，并且利用其产生速度和来自地震活动的证据，预测到一场火山喷发即将来临。

日期，汉密尔顿开始编制火山喷发的时间表。汉密尔顿写给伦敦皇家学会的信是关于火山学的第一部现代著作，名为《走近维苏威火山、埃特纳火山及其他火山》（*Observations on Mount Vesuvius, Mount Etna and Other Volcanos*）。

在两个多世纪之后，尽管 21 世纪的技术发展惊人，就像地震预测一样，火山喷发的预测仍然是一门令人感到惭愧的科学。监测火山之下不安宁的岩浆是一回事，预测这些岩浆什么时候喷发却又是另一回事。最重要的是监测的连续性。如果对火山的历史有足够认识的话，包括其地质情况和喷发情况，这对于预测其未来的活动有很好的指导。

火山学家们所用的度量指标有地震活动；火山膨胀和倾斜；化学物的排放；重力、磁力和电力变化以及次声学。当然，地震活动是其中最为重要的指标，因为地震几乎总是会在火山喷发之前发生。当岩浆强行冲出地表时，也许是经过地壳中的裂缝（科学家们几乎对此毫无认识），这通常会造成大量的震动，通过地震仪很容易测得。有时也会有重大的预兆性地震：公元 62 年就是这样一场地震摧毁了庞贝古城；1880 年另一场地震破坏了喀拉喀托火山附近的一座重要灯塔；1975 年，夏威夷发生了一场 7.2 级的地震，紧接着基拉韦厄火山喷发了，这改变了火山的活动模式。火山喷发可能发生在地震后的几个小时，也有可能是一年甚至更久。

20 世纪初首先在日本和夏威夷观察到：当岩浆上升至地表时，便会使火山产生膨胀并使其表面变形。岩浆可能在几分钟之后喷发，也可能需要几天。如今，全球定位系统的卫星是测量火山地形特征的关键工具。以前，必须通过标准的大地测量技术来确定火山表面数以百计的参考点，并且对变形的测量也与这些参考点有关。如今，广布于火山的 GPS 接收器收到来自卫星传输的无线电波，并能以惊人的准确性确定出其位置的变化（包括水平位置和垂直位置），其精度可达几毫米。基拉韦厄火山可能是全世界被研究得最多的火山，GPS 监测使得人们可以看见其形状上的轻微变化，这样也可反推出岩浆的深度和体积。

也可以通过卫星来测量化学物质的排放，但必须是在火山喷发之后存在足够大数量的情况。例如，1991 年菲律宾皮纳图博火山喷发所造成二氧化硫的大量排放。在喷发之前，为了仔细查看挥发性气体，火山学家们仍需要从火山口采取样本。然而，化学分析通常必须在实验室完成，因为所需设备十分易碎且体积庞大，难以运至火山——这意味着化学分析花费高、时间长。因此，这种技术在预测上的用处有限。不过，在皮纳图博火山，对二氧化硫的探测是有价值的。在 1991 年 5 月中旬，皮纳图博火山每天排放大约 500 吨二氧化硫。两周之后，这一速度增至十倍。然后，又突然降至每天 280 吨。监测团队将此现象归因于火山的堵塞，这意味着地下压力的积累。那时，山顶不会发生地震了。火山喷发则主要发生在 6 月 12 日后的一周之内。

在现场（上图）用于测量火山的现代工具包括激光测距仪，它可以测量火山表面的膨胀度，还有由碳化硅等材料制造的温度传感器，可以经受高达 500℃的温度。图中（下图）展示了基拉韦厄火山从 1956 年—1986 年的山顶倾斜（膨胀和下沉）。当岩浆在火山中上升时，山顶之下的岩浆房便会扩张，其角度也会增大。每次喷发后（黑色箭头所示），这一角度就会减小。山顶膨胀与火山喷发的总体关系并不是那么直接，然而对火山学家们来说，对基拉韦厄火山的探索具有极大的吸引力。

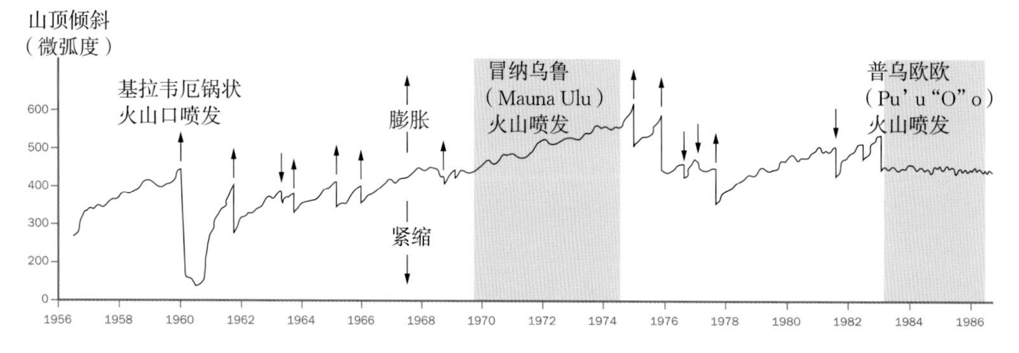

矿物、钻石和黄金

在国际单位制中，并没有物质的硬度单位，因为硬度与原子量一样，不是明确定义的物理变量。不过，大家都同意已知最硬的物质是钻石。这就是为何钻石（主要是 20 世纪 50 年代以来可以制作人造钻石）能用作切割工具，并且可以测试其他物质的硬度。

在物理学和工程学领域所使用的几种硬度等级中，洛氏（Rockwell）硬度度量了金属的硬度。在标准荷载条件下，将钻石锥压入金属之中；洛氏硬度的定义即为凹痕的深度，也就是钻石锥的压入程度，洛氏硬度后的字母表示所用钻石锥的尺寸。另一种硬度标度是莫氏（Mohs）硬度，由德国地质学家腓特烈·摩斯（Friedrich Mohs）于 1812 年发明，主要用于在野外区分岩石和矿物。它通过划痕测试进行度量，其中最硬的是钻石，莫氏硬度为 10；最软的是滑石，莫氏硬度为 1。在两者之间分别是：刚玉（9）、黄玉（8）、石英（7）、长石（6）、磷灰石（5）、萤石（4）、方解石（3）和石膏（2）。举例来说，石英可以划伤长石，但反过来则不行；方解石和石膏亦是如此。通过比较，钢针的硬度为 6.5、玻璃板的硬度为 5.5、折叠小刀的硬度为 5.1、一美分铜币的硬度为 3.2、手指甲的硬度为 2.2。黄金的硬度（取决于其合金的成分）在 2.5~3 之间，因此手指甲不会划伤黄金。

“克拉”一词来源于阿拉伯语中的“qirat”，即所谓的珊瑚树种子。克拉是度量钻石或其他宝石的重量单位，也可以度量黄金的纯度（为避免混淆，在美国，黄金纯度的克拉拼写为“karat”）。1 克拉的重量等于 0.2 克或 200 毫克，因而 5 克拉钻石的重量为 1 克。相比之下，纯金规定为 24 K，而 18 K 黄金则是 3 份黄金与 1 份合金的混合，12 K 黄金中有一半的黄金，还有一半的合金，等等。（译者注：汉语中，把表示黄金纯度的“karat”译为“开”，而不是克拉。）

至于如何区分黄金与合金，则是由阿基米德发现的（见第 44 页）。不过，如何辨别自然钻石和人造钻石，却更加困难。测试的关键取决于这两种类型钻石的杂质与生长构造不同，因为人造钻石在几日之内即可形成，相比之下，天然钻石可能需要数十亿年。当它们都置于激光或过滤光之下时，便会发出不同的荧光。就职于一家钻石贸易公司的物理学家西蒙·罗森（Simon Lawson）如此描述这一结果（见照片）：“当在强烈的紫外线下观察时，会发现人造钻石中有块状的荧光碎片，并有明确的几何形状，而在天然钻石中，则存在更多波浪或‘年轮’样式的结构。”

天然钻石与人造钻石。一种称为“钻石观测仪”的紫外荧光测试工具可以区别天然钻石（顶图）和人造钻石（上图）。

物种

如何定义某一物种，新的物种如何出现，都是生命科学的主要问题，这可见证于查尔斯·达尔文（Charles Darwin）出版于1859年的具有革命性的著作《物种起源》(*On the Origin of Species*)。那时，卡尔·林奈（Carl Linnaeus）的分类双名法已在植物学家与动物学家中获得了普遍的认可，该方法于18世纪中期提出，至今仍在使用。

在双名法中，拉丁文学名的第一部分是属名，即属，第二部分则是种加词，即物种；两者都用斜体印刷。例如，在林蛙（common frog，即 *Rana temporaria*）这个名字当中，"*Rana*" 表示属，而 "*temporaria*" 表示物种。草场毛茛（meadow buttercup，即 *Ranunculus acris*）与匍枝毛茛（creeping buttercup，即 *Ranunculus repens*）相比，则是两个物种，分别为 "*acris*" 和 "*repens*"，但是都属于同一个属，即毛茛属。

对于某一物种，其发现者的名字可以罗马字体的缩写形式加入该物种的双名之中，例如，雏菊的学名为 "*Bellis perennis* L"（其中L代表林奈）。因此，动物或植物的俗名将其种名置于前面（例如 "creeping"），而将属名（例如 "buttercup"）置于后面，而学名则是相反的顺序。

同一种植物可能有多个俗名，但是只有一个学名；在英国，驴蹄草（marsh marigold，即 *Caltha palustris*）有80个名字。当然，一个俗名可能会用于指代多个不同的植物，想想三叶草的例子。园艺学家安娜·帕福德（Anna Pavord）在《植物的故事》(*The Naming of Names: The Search for Order in the World of Plants*）一书中有趣地写道："在1892年，都柏林的纳撒尼尔·科尔根（Nathaniel Colgan）尝试辨别三叶草，来自二十个不同国家的爱尔兰人给他数不清的植物。有的人寄的是白三叶草，有的是红三叶草，有的是小黄三叶草，也有的是褐斑苜蓿。没有人寄酢浆草，它在英格兰有时也称作三叶草。"

已知最早的植物插图，是大约公元400年前被称为约翰逊·帕帕勒斯（Johnson Papyrus）的残片。标签的 "Symphyton"，是紫草科的聚合草，在英格兰通常被称为 "comfrey"。

比属的范围更大的有：科、目，以及门。这些都是《国际植物命名法规》(*International Code of Botanical Nomenclature*）自1867年后所规定的。例如，百合科包括百合属、郁金香属、贝母属和猪牙花属，毛茛目包含毛茛科（Ranunculaceae）、小檗科（Berberidaceae）和木通科（Lardizabalaceae）。门是首要的类别区分，比如说，来自于蕨类植物门或苔藓植物门的开花植物。

事实上，即使是在20世纪50年代分子生物学出现之前，科、目和门一直都在处于审度之中。如今，基因测序的特异性已改变了物种的完整概念。"你

植物类群与真菌的大概数量

分类群	
原核生物（细菌，蓝菌门）	3 600
真核藻类	33 000
绿藻	7 000
硅藻	6 000
红藻	4 000
褐藻	1 500
真菌，包括黏菌	90 000
子囊菌门（子囊菌）	30 000
担子菌	30 000
苔藓	26 000
地衣	20 000
类蕨类植物	15 000
石松门	400
木贼属植物	32
种子植物	236 000
裸子植物	800
被子植物	235 000

若见过一种金花虫，那么你肯定没有见过所有的金花虫。实际上，你对叶甲科仍然所知甚少”，著名生物学家和蚂蚁研究专家艾德华·奥斯本·威尔森(Edward O.Wilson)在《追寻自然与天性》(*In Search of Nature*)一书中如此写道，“根据分类群，每一物种的基因都包含属于同类的一百万至十亿字节的信息，在一百万至一千万年的平均寿命期间内，这些信息通过不计其数突变、重组和自然选择。”

威尔森等人估计，世界上存在140万个物种，其中包括动物、植物和微生物，但是物种的总数也可能处于五百万至一亿之间。这些数

经选择的主要动物分类群的大概数量

分类群	
原生动物	40 000
海绵动物	5 000
刺细胞动物（例如，珊瑚和水母）	10 000
扁形虫	16 100
线虫	23 000
软体动物	130 000
蜗牛	85 000
蛤蜊	25 000
头足类动物（例如章鱼）	600
环节动物	17 000
节肢动物	>1 000 000
蛛形纲动物	68 000
甲壳纲动物	50 000
昆虫	1 000 000
蜻蜓	4 700
蟑螂	4 000
蝗虫，草蜢	20 000
半翅目动物	73 000
甲虫	350 000
蜜蜂和蚂蚁（膜翅目）	110 000
蝴蝶	120 000
苍蝇，蚋	120 000
棘皮动物（例如海胆）	6 500
脊椎动物	46 500
鱼类（包括七鳃鳗）	20 600
两栖动物	3300
爬行动物	6 300
鸟类	8 600
哺乳动物	3 700

字已经足够惊人了，但是，这可能还不足以代表历史上存在过的所有物种的1%。威尔森一直主张：“对于地球上的生命，无论是现存的还是已经灭绝的，我们仅仅刚刚开始了甚至是非常肤浅地探索。”

上图：“雪人蟹”(Yeti crab，*Kiwa hirstua*)。雪人蟹发现于2005年，是一种爪上多毛、无视觉能力的螃蟹，其长度约为15 cm，由于无法对其分类，因而有必要创造一种新的分类学上的科，即基瓦科。雪人蟹是寄居蟹（寄居蟹科）的远亲，基瓦（Kiwa）是波利尼西亚神话中的甲壳女神。雪人蟹发现于深海之下约2 200 m，它生活在复活节岛（Easter Island）南部的东太平洋海隆中形成不久的熔岩流之上。如同其他的生物，雪人蟹也在洋底的深海热泉中获取营养物质。其生存方式为何如此目前尚不清楚，不过考虑到雪人蟹绒毛（实际上是可以活动、如同绒毛的刺，称作刚毛）中的大量菌落，存在这样一种可能，即雪人蟹在“养殖”细菌，可能将其作为食物的来源。

第七章　宇宙

浑天仪。上有地平环、子午环、赤道环、极圈等各大天体环，地球处于浑天仪中心位置。浑天仪由古希腊人发明，其名字来源于拉丁语“armilla”，意为“手环”。

日心说

亚里士多德和托勒密认为地球是宇宙中心，太阳和各大行星都绕地球呈圆形转动。显然，这些圆圈拥有最完美的几何形状，各大天体的形状也可谓完美。事实上，我们现在了解到地球和其他行星都按椭圆轨道围绕太阳运动。亚历克斯·希伯拉在《计量单位》一书中说道："我们现代人，与其贬低古人的智慧，倒不如想想从古代到中世纪，科学家根据圆周运动概念准确预测了太阳、月球和行星的运动，制定了准确的日历，并准确地推测了月食。这一系列的突破都绝非易事，而且是在'这些天文学家'认为太阳围绕地球运动这种情况之下。"

浑天仪使这一切成为了可能。浑天仪是一种天文仪器，为骨架式天球仪，球体由多个圆环构成。为方便测量角度，又对这些圆环进行了分度。浑天仪在文艺复兴时期非常流行，被视为智慧和知识的象征。人们或是将浑天仪悬挂或安装在支架上或是固定在手柄上。16世纪末，第谷·布拉赫设计了多款球体形状各不相同的浑天仪，每一款都有其特定的天文用途。虽然为了避免出现由于自身重量而发生凹陷的情况，浑天仪的构造变得越来越简单轻便，然而其复杂性依然能反映天文学家在解释说明所观测到的天体椭圆轨道和曲线上锲而不舍的尝试。到17、18世纪，浑天仪的热度未减，常用于论证旧的托勒密宇宙观（地心说）和新的哥白尼宇宙观（日心说）之间的区别。

中世纪时期，天文学上取得了一系列实践成果。天主教会支持亚里士多德的哲学思想。另外，人们自然而然地倾向于认为人类就是世界的核心，这也是为什么提出并接受太阳系新观点要花那么长时间的原因。1543年，哥白尼在临终之前出版了他关于日心说的著作《天体运行论》（*De Revolutionibus Orbium Coelestium*）。但是到17世纪末之后，仍有不少拥护地心说的书籍出版。事实上，直到20世纪初相对论的出现才让这种争论变得毫无意义。"太阳静止，地球在运动"或"太阳在运动，地球静止"，这两句话讲的只是关于两个不同坐标系的不同惯语而已。"无论用哪个坐标系，结果都一样。"［爱因斯坦《物理学的进化》（*The Evolution of Physics*）］

上图：公元前2世纪的安蒂基西拉（Antikythera）机器。1902年在一座希腊海岛的海底沉船中发现，上有齿轮，是一台精密的日（月）食计算器，其年代之久远令人震惊。

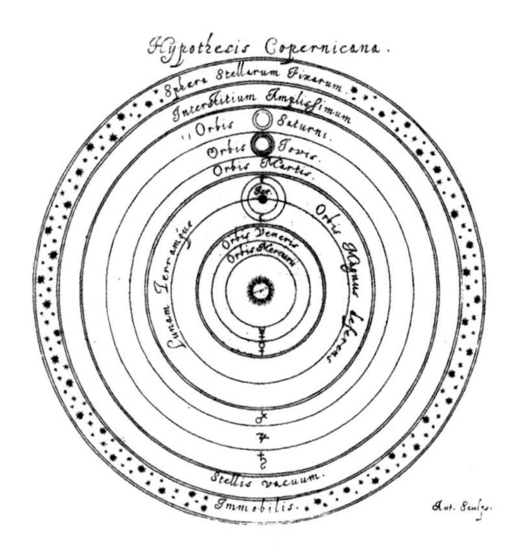

左图：约翰·赫维留1647年出版的《月图》（*Selenographia*）一书中画出的哥白尼以太阳为中心的宇宙图。图中，行星都以圆圈表示。

行星运行

40天
爱神星轨道
40天
40天
40天
太阳

1601年，约翰尼斯·开普勒在第谷·布拉赫去世之前得到了他编著的有关行星运动的准确观测资料，并率先分析了这些资料。根据这些资料，他推测行星轨道不是圆的（哥白尼和托勒密也如此认为），而是椭圆形（希腊人“发现”的一种几何形状）的。这让思想上有了巨大飞跃的开普勒发现了三条行星运动定律。根据这三条定律，他计算出了一系列星表，进而计算出了过去、现在或将来任何时间的行星位置，与天文学家的观测结果正好相符，这其中还包括同时代伽利略的观测结果。之后在17世纪，开普勒定律，特别是第二定律为牛顿提出地球和月球之间以及太阳和行星之间的万有引力定律提供了重要依据。

1930年，爱因斯坦在纪念开普勒逝世三百周年所写的文章中说道：“人类的头脑首先必须独立地构思形式，然后我们才能在事物中找到形式。知识不能单从经验中得出，而只能从理智的发现与观察到的事实两者的比较中得出，开普勒取得的伟大成就就是这条真理的最好例证。”

现在人们所知的开普勒第一和第二定律都发表在开普勒1609年的著作《新天文学》（*Astronomia Nova*）一书中，虽然事实上第二定律的发现先于第一定律。直至1620年，他才在《宇宙和谐论》（*De Harmonices Mundi*）一书中发表了第三定律。开普勒第一定律指的是每一颗行星都沿各自的椭圆轨道环绕太阳运动，而太阳则处在椭圆轨道的一个焦点上。开普勒第二定律稍难，是指在相等的时间内，太阳和行星连线所扫过的面积都是相等的，也就是说行星离太阳越近，则运行速度越快。上图清楚地说明了这个概念。开普勒第三定律，也是最复杂的一条，描述行星与太阳的距离和行星速度的数学关系。《哈金森科技传记辞典》中这样写道：“这一功绩为开普勒带来了无与伦比的快乐，同时更让他对宇宙和谐论深信不疑。”

约翰尼斯·开普勒（Johannes Kepler，1571—1630），天文学家，提出了行星运动定律。左图说明了开普勒第二定律，图中为爱神星（Eros）围绕太阳的椭圆形轨道，各部分的面积相等（请见正文进一步说明）。

月球

2001年初，世界著名天文学家帕特里克·摩尔（Patrick Moore）在他的著作《月球的故事》（*Patrick Moore on the Moon*）中写道："让我们回到1969年，那时人们普遍相信，一个设备完善的月球基地将在几年之内建成，到月球去观光游览指日可待。今天，在新千禧年的开始，实现这一目标仍还很渺茫。"1970年，航天员尼尔·阿姆斯特朗（Neil Armstrong）在讨论这件事时还十分肯定地说："我完全确信，在我们的有生之年，我们会拥有这样的基地。"现今看来，阿姆斯特朗无疑是过于乐观了，在过去30年后仍未有人再登上月球。

中间这么长的时间间隔引发了月球探索和地球极地探索的比较。从1909年首次抵达北极和1911年首次征服南极，直到1957年—1958年国际物理地球年，国家之间的竞争促使科学家在极地开展工作并建立永久性科考站，中间过去了差不多半个世纪之久。1969年美国在载人登月上"打败"了前苏联，踏上月球表面时，阿姆斯特朗说："这是一个人的一小步，却是人类的一大步"。如果美国国家航空航天局在第一次登月后半个世纪的2018年以后的某个时间重登月球，届时可能四人组成的科学小组将在月球上停留一个星期，并在月球上建立永久基地。

2006年，《新科学家》（*New Scientist*）杂志在对月球科学的特别报道中这样评价："月球是太阳系中的最佳科学研究场所。"极地附近的某些地方有极光，适合研究连续太阳能。火山口边缘的阴影区域笼罩在无边的黑暗当中，是天文研究的理想场所。"月球环形山内温度极低，尤其适于红外天文学、超导电力系统以及其他类型的低温研究。"此外，月球表面稳如磐石，可以在上面修建各种建筑物，同时还有修建所需的各种材料。"这也难怪科学家会对月球表面如此垂涎。"

下页图：1969年11月14日—24日，"阿波罗12号"任务。脱离指令舱后，无畏号（Intrepid）登月舱悬浮在大型环形山托勒密上空111千米（69英里）处，做最后着陆准备。图片右边中间处是赫歇尔环形山。无畏号最后在风暴洋着陆。

月球测量结果

月地平均距离	384 365千米（238 840英里）或0.002 569 5天文单位
最远距离	406 670千米（252 700英里）
最短距离	356 396千米（221 460英里）
恒星周期	27.321 661天
会合周期	29天12小时44分钟2.9秒
赤道与黄道的轴倾角	1° 32′
轨道偏心率	0.054 9
轨道倾角	5° 9′
平均轨道速度	3 680千米/时（2 287英里/时）
视直径	最大：33′ 31″；平均：31′ 5″；最小：29′ 22″
平均距离处的满月亮度	−12.7
平均反射率	0.07
直径	3 476千米（2 160英里）
质量	1/81.3地球质量 = 0.012 3地球质量 = 3.7×10^{-8} 太阳质量
体积	0.020 3地球体积
逃逸速度	2.38千米/秒（1.5英里/秒）
密度	3.34水密度 = 0.60地球密度
表面重力	0.016 53地球表面重力

行星

早在发明望远镜之前很久，古代天文学家就知道，除太阳和月球外，另外还有五个明亮的天体固定穿行于众多星辰之间。这些天体被称为行星，分别是水星、金星、火星、木星和土星，在某些语言中，这些行星名字与一周中各天有关。最明显的就是星期六（Saturday），来源于拉丁语“Saturni dies”，意为“土星日”。望远镜发明后，又相继发现了三颗行星：1781 年发现了天王星，1846 年发现了海王星，1930 年又发现了冥王星，与地球一起构成了太阳系九大行星。但是，2006 年，不再将冥王星列为行星。

众所周知，伽利略发现了木星的四颗卫星。除此之外，他还发现了土星环，也就是他所称的“土星的耳朵”。1659 年，克里斯蒂安·惠更斯使用更好的透镜、更长的望远镜将土星环描述为圆盘，还发现了土星的最大卫星泰坦（Titan）。但奇怪的是，他没有观测到土星的其他卫星。惠更斯还是笛卡尔的追随者，这让他更信奉数字命理学，相信数字的性质能反映天体结构。所谓的完全数，即所有因子之和与其本身相等的数字。例如 6 是一个完全数：除数为 1、2、3，1+2+3=6（接下来的完全数有 28、496、8128）。惠更斯认为，既然宇宙是完全的，那么一定能体现完全数定论。已知有六颗行星，六颗卫星（月球、木星的四大卫星和土星卫星泰坦星），这些都是完全数，因而完全没有必要再白费力气寻找其他卫星了。

在 1671 年—1672 年间有了转折，法国地图卡西尼时代开辟者让 - 多米尼克·卡西尼观测到了土星卫星伊阿珀托斯（Iapetus）和利亚（Rhea）。I. B. 科恩在《数字的胜利》（*The Triumph of Numbers*）一书中写道，让 - 多米尼克·卡西尼也“加入到了数字幻想中”。为了能够当上国王路易十四新建的巴黎天文台的主管，卡西尼宣称太阳系中的 6 颗行星和 8 颗卫星加起来正好凑成了幸运数字 14，这 14 个天体围绕太阳旋转，以此称颂第 14 代君王“太阳王”的光辉。虽然卡西尼如愿得到了这个职务，但是人们不禁会想他要如何解释自己在 1684 年发现的另外两颗土星卫星忒提斯（Tethys）和狄俄涅（Dione）（事实上，一共发现了 40 多颗卫星）。之后，卡西尼一直担任巴黎天文台主管，直至 1712 年去世。现今，人们依然记得他，主要是因为卡西尼环缝（卡西尼最先发现的土星环之间的暗缝）和“卡西尼号”土星探测器。

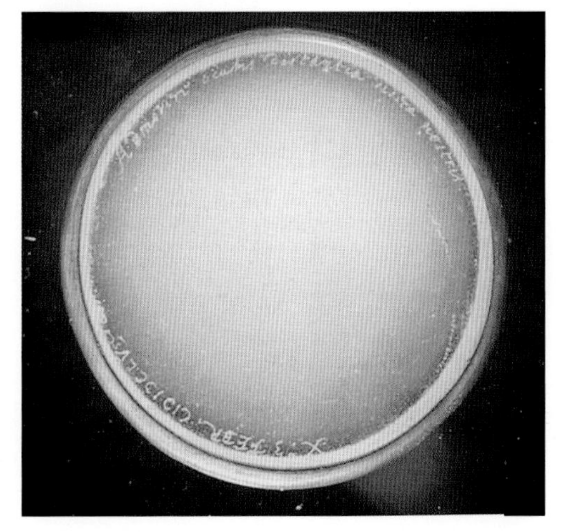

克里斯蒂安·惠更斯（1629—1695），物理学家、数学家、天文学家，发现了土星的卫星泰坦，揭示了土星环的本质。下面的照片是惠更斯望远镜留存下来的一部分：直径 57 mm 的透镜，沿镜片边缘刻着焦距（10 Rhineland feet）以及 1655 年 2 月 3 日的最后抛光日期。照片附有古罗马诗人奥维德（Ovid）的诗文“他们把遥远的星星送到我们眼前”（Admovere oculis distantia sidera nostris）。惠更斯也因其光学研究名噪一时。他提出了波动理论，推翻了牛顿的微粒说。

“卡西尼号”任务从多方面改变了人们对土星的了解，这是卡西尼自己都未能想象到的。“卡西尼号”航天器重5712 kg，是有史以来最大的行星航天器之一。“卡西尼号”工程师之一琼·霍瓦特（Joan Horvath）在《土星：一个新的视图》（*Saturn: A New View*）中写道：“即使不算上向各个方向突出的悬臂，它都有一辆校车那么大。”1997年“卡西尼号”航天器从地球发射升空（见对页图）。同时，它也是最复杂的航天器，这主要是因为土星上太阳光线微弱（约为地球上太阳光线的1%），排除了将太阳能板用作可行电源的可能。照片（右图）为加州喷气推进实验室（Jet Propulsion Laboratory）的工程师们给航天器穿上了“防护服”，准备进行热真空舱测试。在热真空舱内模拟发射振动、太阳系内的高温和太阳系外的低温。镜头中被包裹着的是“惠更斯号”探测器。“惠更斯号”在2004年圣诞节当日与“卡西尼号”分离，2005年1月14日伞降在泰坦表面，收集表面数据。“惠更斯号”在此停留了了1小时12分13秒，比预计时间要长得多。航天器与哈勃太空望远镜协力拍摄到了独一无二的影像，见右图。图中是土星南极长达五天的极光。太空望远镜在紫外光中拍摄影像的同时，航天器记录下了无线电发射情况，并对太阳风进行了监测。

左图和对页图：1997年向土星发射的“卡西尼号”航天器。

下图：“卡西尼号”与哈勃太空望远镜协力观察到的土星环和极光。

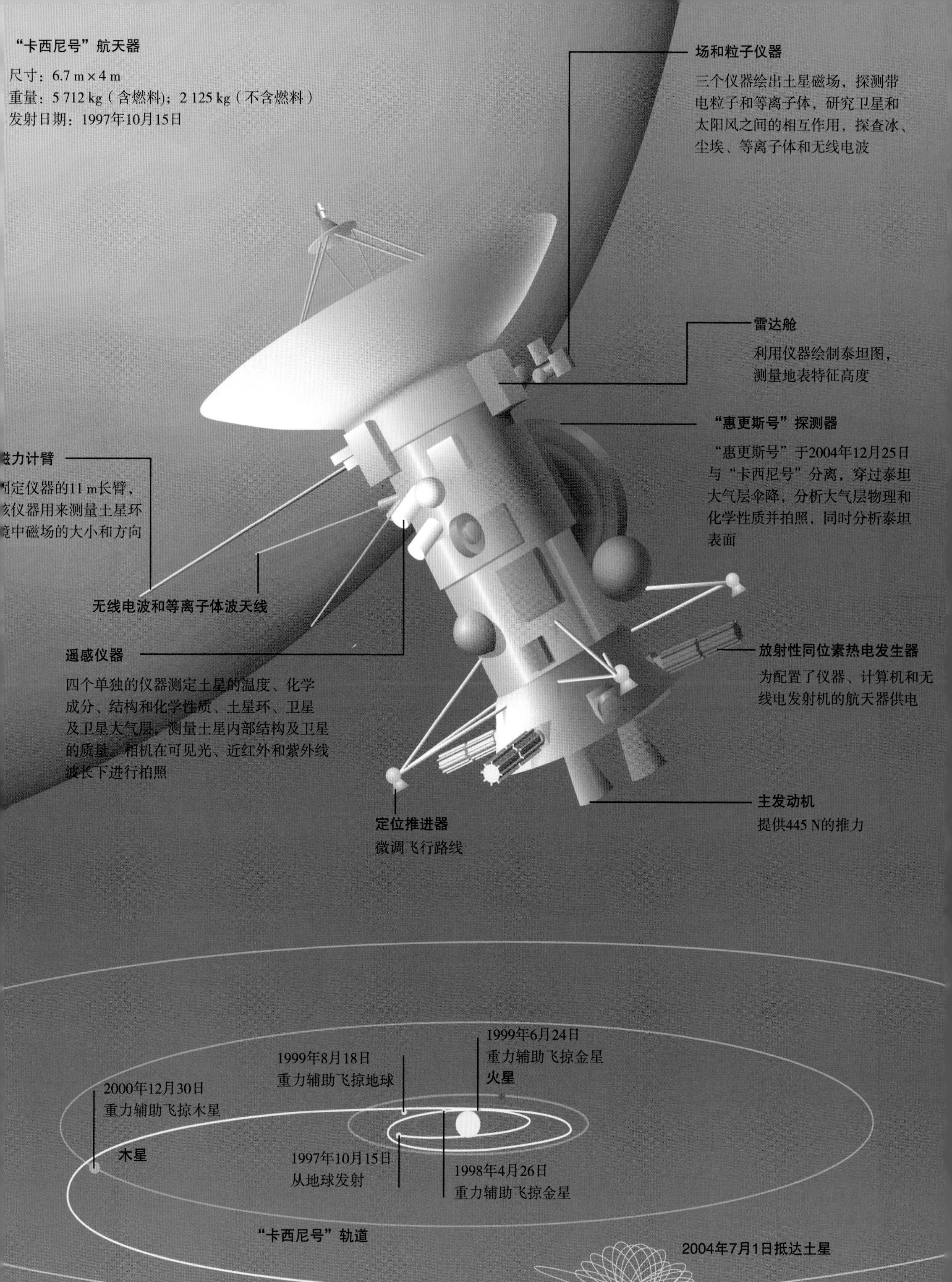

“卡西尼号”航天器
尺寸：6.7 m×4 m
重量：5 712 kg（含燃料）；2 125 kg（不含燃料）
发射日期：1997年10月15日
场和粒子仪器
三个仪器绘出土星磁场，探测带电粒子和等离子体，研究卫星和太阳风之间的相互作用，探查冰、尘埃、等离子体和无线电波
雷达舱
利用仪器绘制泰坦图，测量地表特征高度
“惠更斯号”探测器
“惠更斯号”于2004年12月25日与“卡西尼号”分离，穿过泰坦大气层伞降，分析大气层物理和化学性质并拍照，同时分析泰坦表面
磁力计臂
固定仪器的11 m长臂，该仪器用来测量土星环境中磁场的大小和方向
无线电波和等离子体波天线
遥感仪器
四个单独的仪器测定土星的温度、化学成分、结构和化学性质、土星环、卫星及卫星大气层，测量土星内部结构及卫星的质量，相机在可见光、近红外和紫外线波长下进行拍照
放射性同位素热电发生器
为配置了仪器、计算机和无线电发射机的航天器供电
定位推进器
微调飞行路线
主发动机
提供445 N的推力
1999年6月24日
重力辅助飞掠金星
火星
1999年8月18日
重力辅助飞掠地球
2000年12月30日
重力辅助飞掠木星
木星
1997年10月15日
从地球发射
1998年4月26日
重力辅助飞掠金星
“卡西尼号”轨道
2004年7月1日抵达土星
土星

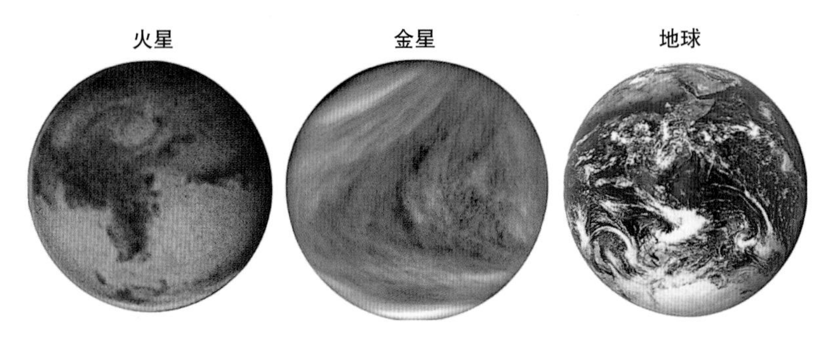

	火星	金星	地球
二氧化碳	95%	96.5%	0.03%
氮	2.7%	3.5%	78%
氧	0.13%	微量	21%
甲烷	微量	0.0	0.000 001 7%
表面温度	−53℃	+459℃	+14℃

左图：过冷、过热和适合居住的行星温度和大气。

火星上有生命吗？或者说，有过生命吗？这样的争论始于1895年，起因是天文学家帕西瓦尔·罗威尔（Percival Lowell）宣称他观察到火星上存在“运河”，援引2006年《自然》上的话来说：“他认为火星是一颗沙漠行星，曾经像地球一样，是一颗充满液态水的行星。这大大激发了20世纪人们的想象力。”但是，无论是火星的大气成分还是不适合人类居住的表面温度都表明火星可能像金星一样没有生命存在。然而，最近发射到火星上的航天器又在火星大气中探测到了微量甲烷。

下图：2003年“火星全球探勘者号”（Mars Global Surveyor）拍摄到的火星上夏帕雷利陨石坑（Schiaparelli Basin）内一个古老环形山的高清层状结构图。人们立即建议将其与地球上沉积在古湖泊或海洋底部，后来因地质风化外露的沉积结构做对比。“在遥远的过去，这颗红色行星上的这个环形山曾经被水覆盖，它可能沉寂在被水填满夏帕雷利陨石坑的湖底”，杰里·邦内尔（Jerry Bonnell）和罗伯特·奈米洛夫（Robert Nemiroff）在《天文365天》（*Astronomy: 365 Days*）中这样说道。但是，他们后来又承认这些层状结构也可能由火星大气沉积的物质构成。2004年，“勇气号”和“机遇号”火星车发现了暗示火星过去适合生物生存的条件，例如可能由远古水缓慢沉积而来的灰色小球。这些小球由铁和岩石构成，被形象地称作“火星蓝莓”。

太阳

太阳是光和热的主要来源，是人类早期文明，特别是盛行信奉拉美西斯（Ra-meses）的古埃及文明的核心。在希腊，哲学家戴奥真尼斯（Diogenes）一生都裸身居住在雅典附近的一只桶内，在财富和阳光之间作抉择时，他选择了阳光。一天早晨，亚历山大大帝去见戴奥真尼斯，测试他的宣言是真是假。亚历山大大帝表示可以给予戴奥真尼斯想要的任何东西，据说亚历山大大帝得到了这样的回答："我希望你不要挡住我的阳光。"

关于日食和月食的发现，最远可以追溯至公元前21世纪的巴比伦时代。一块楔形文字板上记录了关于月神会黯然失色的预言，"乌尔王（Ur）将被自己儿子冤枉"，但是他的儿子不会继承王位，因为太阳神会抓住他。经过详细调查，这很有可能是舒尔吉（Shulgi）被自己的儿子谋杀，阿马尔新（Amar-Sin）在公元前2094年4月4日月食之日前后继位一事。

1611年，克里斯托弗·谢纳尔首先发现了太阳上的污点。这些污点为黑色斑点，被称为太阳黑子。谢纳尔使用的望远镜能将影像投射到白板上，可以起到保护眼睛的作用。但是，为了避免出现因自己的结论被证明是错误而损害自己在耶稣会（Jesuit）声誉的情况，谢纳尔的早期作品都只能匿名发表。但这并未阻止伽利略验证谢纳尔结论，并宣称他发现了太阳黑子的脚步。17世纪20年代，谢纳尔首次以自己的名字发表了关于太阳黑子的重要作品《罗莎·乌尔西娜》(*Rosa Ursina*)，并亲自绘图（上图）。照片（下图）所示为2002年拍摄的太阳黑子特写。由于太阳黑子温度比太阳表面温度（略低于6 000℃）要低2 000℃，所以看起来比太阳表面要暗。

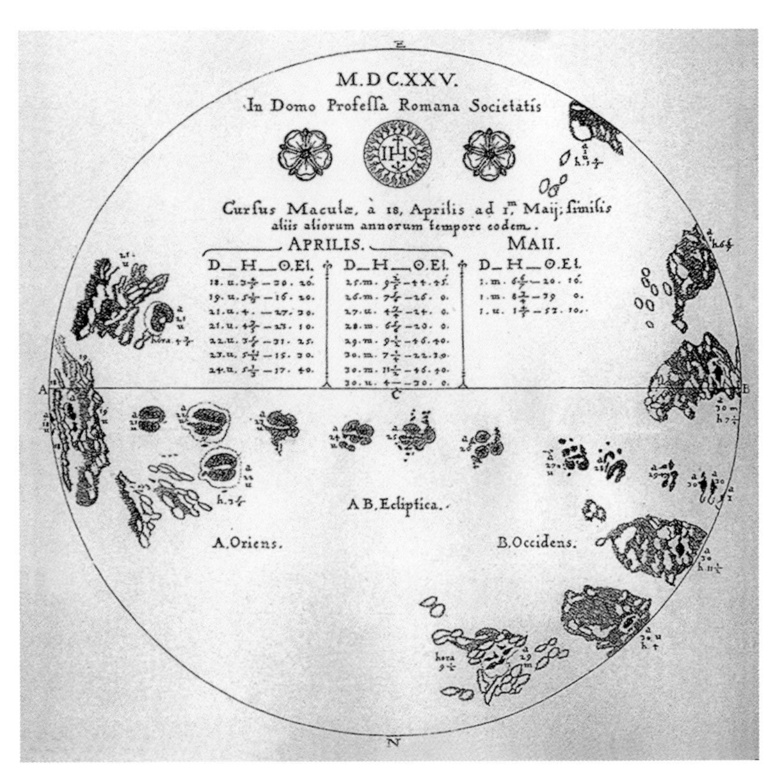

上图：1625年克里斯托弗·谢纳尔（Christoph Scheiner）绘制的太阳黑子。

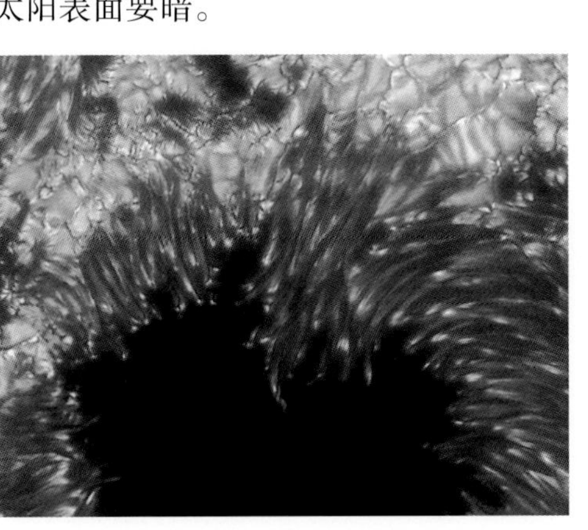

下图：2002年拍摄的太阳黑子特写。

天文术语“日行迹”原为希腊单词，意味日晷的底座，用来命名一年中每天同一时间测到的太阳位置所得到的曲线。要完成这项任务，需要相机每次曝光时的位置完全相同。对页图为2003年记录的古希腊尼米亚（Nemea）遗址上空的基于地球的日行迹，共经历了44次曝光外加一次前景曝光。下图是由1997年在火星“探路者号”（Mars Pathfinder）所建的萨根纪念站（Sagan Memorial Station）拍摄的照片模拟而成的基于火星的日行迹图。地轴倾角和地球绕轨道运行速度的变化共同形成了这一道日行迹曲线。如果地球围绕太阳的轨道不是椭圆形而是完美的圆形，地轴无倾角并垂直于轨道面，那么一年中每天同一时间太阳会出现在天空中的同一位置，日行迹就只是一个点而已。如果轨道是圆形的，但是地轴有倾角，那么所得到的日行迹是阿拉伯数字8的形状，且数字上下两部分的圈尺寸相同。

地球（对页图）和火星（下图）上的日行迹。由于火星上不同的轴倾角和轨道形状相互作用，模拟出的火星上日行迹并不像地球上的日行迹呈8字形，而是呈泪滴状。土星上的日行迹也呈泪滴状，木星上的日行迹则为椭圆形。

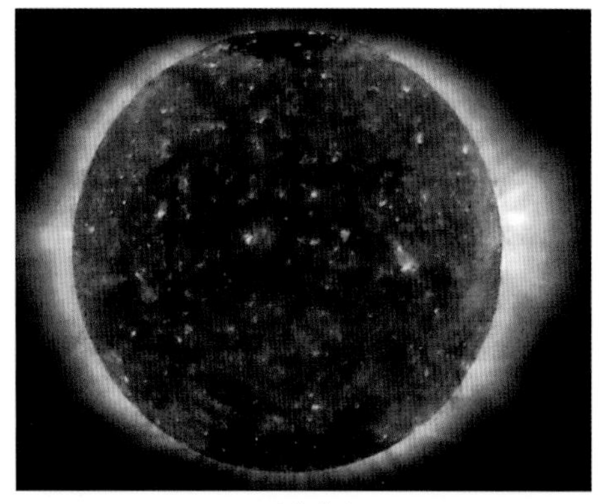
1997年年初

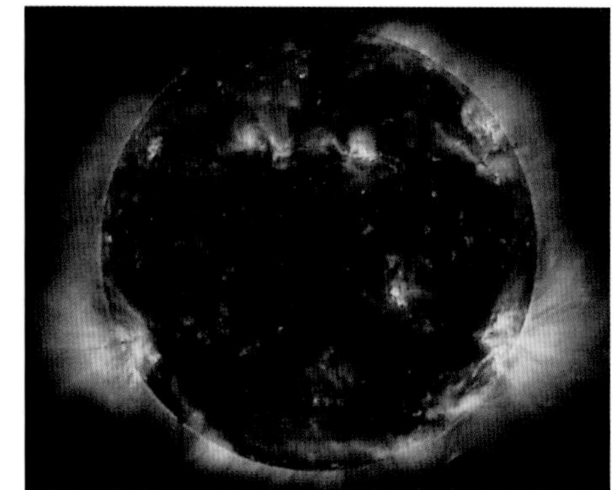
1998年年中

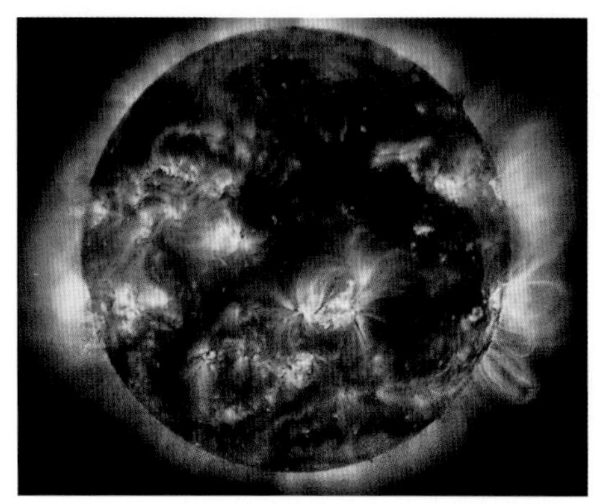
1999年年末

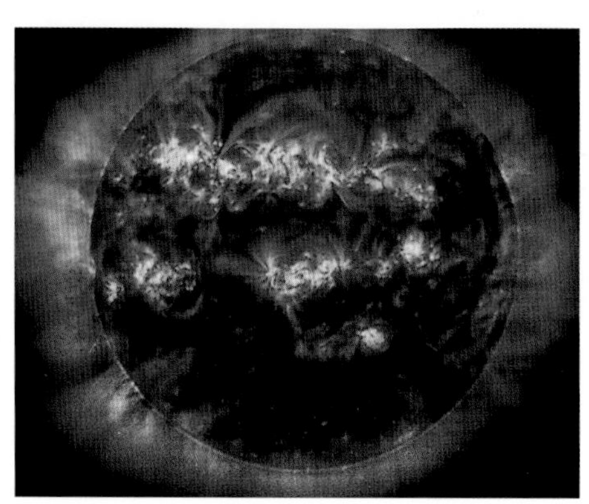
2001年年初

左图：太阳周期性活动。太阳活动周期是11年，如下图所示，1997年—2001年的紫外图像中太阳活动逐渐增强，2001年时最为活跃，正如1750年—1997年太阳黑子爆发一样。戈登·霍尔曼（Gordon Holman）认为：“科学家普遍认为太阳耀斑释放的能量必须先储存在太阳磁场内。”这个过程可能会引发磁重联，使得磁场反向结合，相互之间发生部分湮灭，这也解释了太阳耀斑环的形成原因。

左下图：1994年日环食，月球阻隔了大部分但并不是所有的太阳光。月球轨道不是完美的圆形，有的时候与地球的距离就会稍远一些，从而改变日食的形状。

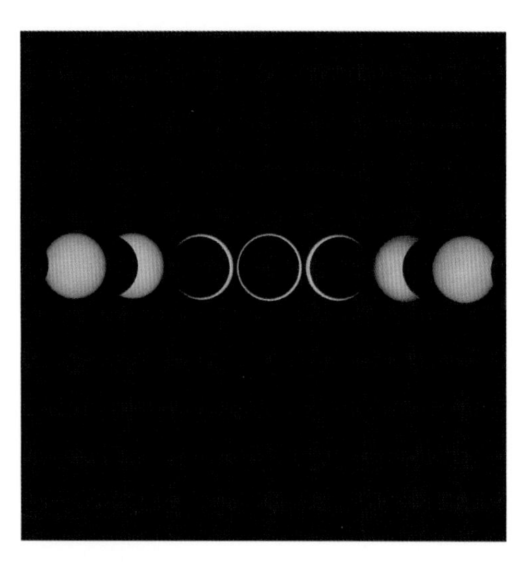

恒星

宇宙中存在数万亿（10^{12}）颗恒星，但是凭肉眼只能看得到很少一部分。数千年来，人们虽然一直都在探索星空，将星辰看作神、动物或者像天平等熟悉的物品，但这并没有减弱人们对浩渺星辰的敬畏。

距离太阳系最近的恒星被称为比邻星（Proxima Centauri），距离太阳约4.3光年（译者注：光年是指光在真空中行进一年的距离，等于9.461×10^{15} m）。最远的恒星在数十亿光年以外。与双恒星、聚星系或恒星云相比，像太阳一样的单行星相对较少。恒星的亮度、颜色、温度、质量、大小、化学组成或年龄各不相同。

公元前2世纪喜帕恰斯制定了星表（见第16页），首次引入了亮度测量体系。将亮度分为六等，第一等为北方天空最亮的15颗恒星，第六等为最暗的恒星。现今，依然遵循喜帕恰斯的亮度体系，即等级越低，亮度越大。每降低一个等级，亮度增加2.512倍，这意味着降低5个等级，亮度增加2.512^5倍（或100倍）。有些恒星太亮了，因而引入了负数，如天狼星的亮度是 −1.5。金星又称启明星或长庚星，最亮时的亮度为 −4.0。与之相比，满月亮度为 −12.7，太阳亮度为 −26.9。这些数字并没有考虑相应恒星与地球的距离，只是表示视星等。绝对星等可直接反映恒星的光度，是在32.6光年的标准距离处观察到的星等。

辐射光谱分析是了解太阳的强大工具（见第70页），同时也是了解遥远恒星构造的主要技术。因此，又根据恒星颜色和温度将其分为多种光谱型。最热的蓝色恒星为O型星，温度为40 000 K；最冷的红色恒星为M型星，温度为3 000 K。恒星光谱型和绝对星等的关系图为赫罗图［Hertzsprung-Russell（H-R）］。图中，恒星在部分地方聚积，例如，形成“白矮星”“巨星”“造父变星”等。

上图：1540年一本畅销宇宙学教材中配的星座图。

左图：1193年中国星象图，是所有文明中涉及时间最长的连续天文记录。

下页上图：凯克望远镜（见第61页）等大型光学望远镜拍摄的其所在地夏威夷冒纳凯阿火山上空的星轨。使用数码相机进行超过150次1分钟曝光拍得这些照片，曝光过程中地球自转形成了长长的星轨。前景的火山景观也被月亮所照亮。

下页下图：仙女座星系的红外图像。仙女座星系为螺旋星系，距离银河系两百万光年，是距离银河系最近的大星系。这张图像是使用史皮泽（Spitzer）太空望远镜经过11 000次曝光，历时18个小时制作而成。红外光对经恒星加热的星尘尤为敏感。

彗星

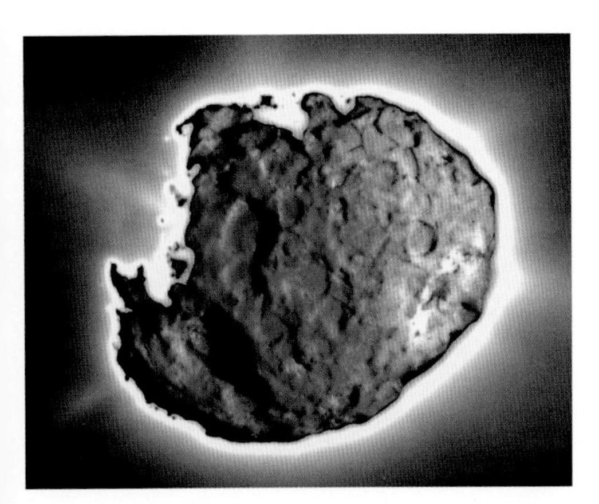

左图：2004 年“星尘号”（Stardust）航天器飞过怀尔德 2 号彗星（Wild 2）时记录的慧核。该慧核直径仅为 5 km，而喷射出的尘埃和气体会延伸数百万公里。

人类对彗星的造访神往已久。早在公元前 240 年人们便观测到了哈雷彗星。哈雷彗星每 76 年绕回到地球附近，最近一次发生在 1986 年。1066 年诺曼统治（Norman Conquest of England）时期，人们看到了哈雷彗星，并将它的形象绣到了贝页挂毯上。1910 年的哈雷彗星格外明亮。雷纳德·伍尔夫（Leonard Woolf），即弗吉尼亚·伍尔夫（Virginia Woolf）未来的丈夫，是当时热带国家锡兰（Ceylon，今斯里兰卡）遥远沿海地区的一名政府官员。他在自己的官方日记中提到了当地村民是如何将哈雷彗星视为邪恶征兆的（表现在其严格性）。

爱德蒙·哈雷率先计算出彗星轨道，并预测回归周期。1705 年，哈雷对外宣称 1531 年、1607 年和 1682 年观测到的三颗彗星特征非常相似，必定是同一颗彗星。同时，他还预测，这颗彗星下一次造访地球的时间是 1758 年。1742 年哈雷逝世，之后这颗彗星如期而至，人们便将其命名为哈雷彗星。

21 世纪初，人类的知识飞速发展。人们利用航天器拍下了彗星与地球等天体亲密接触的照片，还利用探针碰撞慧核。2006 年《自然》杂志评述道，最惊奇的是“这些‘污雪球’是由火和冰共同产生的”。科学家从美国国家航空航天局“星尘号”探测器 2004 年 1 月 2 日与怀尔德 2 号彗星相遇时所采集到的微粒中找到了大量矿物质，“许多化合物只在恒星附近形成——这是远离彗星首次在太阳系寒冷外缘的地方合成”。

下图：1066 年的贝页挂毯（Bayeux Tapestry）描绘的哈雷彗星。

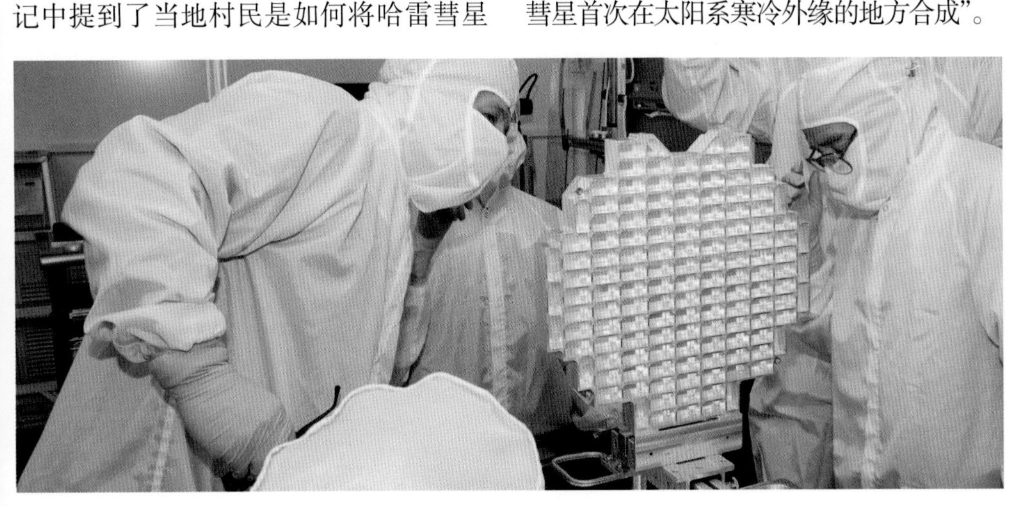

左图：科学家检查包含从怀尔德 2 号彗星尾巴中捕捉到的微粒的气凝胶块体。“单是一颗微粒就够我们研究上一年了。”

黑洞

考虑到关于黑洞的种种夸张推理，以及推理的主要支持者史蒂芬·霍金（Stephen Hawking），我们可以说黑洞存在，也可以说黑洞不存在——没有确凿证据可以证明孰是孰非；而这一观点已是老生常谈。1783年，地震学家约翰·米歇尔首次提出黑洞概念，随后经皮埃尔·西蒙·拉普拉斯完成计算；1916年，卡尔·史瓦西（Karl Schwarzschild）利用爱因斯坦的广义相对论做出黑洞数学定义；1939年，罗伯特·奥本海默（Robert Oppenheimer）和哈特兰·斯奈德（Hartland Snyder）经数学计算再次证实黑洞存在，但是遭到爱因斯坦本人极力否定；最后，1964年，约翰·惠勒（John Wheeler）将其命名为"黑洞"。米歇尔曾认为，可能存在一个足够大的天体且其逃逸速度快于光速。

在天文记录电影《黑洞：无限的另一端》(*Black Holes：Other Side of Infinity*) 中有一更为现代的定义："黑洞产生于巨大恒星崩溃之际，是一种超高密度天体。天文学家建立了一种理论，即黑洞中心为奇点，奇点的物质密度无穷大。"根据黑洞定义，因为光无法逃离黑洞引力（尽管诸如霍金辐射的其他辐射可以逃离），所以黑洞不可见。能定位黑洞的方法只有一种，即通过黑洞作用于宇宙中临近天体的辐射（例如气体射流及快速运转的天体）定位。首个潜在黑洞为天鹅座X-1（Cygnus X-1），于1965年发现。

银河系中心。帕瑞纳（Paranal）天文台的大型望远镜拍摄的近红外图像，跨越了银河系近两光年的距离。特定恒星S2的轨迹可能可以证明黑洞存在于银河系中心，其质量是太阳的200多万倍。特大质量黑洞的密度极大，不可见，其产生的巨大引力形成S2恒星的轨迹，这就是上述观点的依据。但是一些天文学家仍持迟疑态度，更倾向通过假定一种新型恒星解释该运动。

自然界中的常数

即便是爱因斯坦，在物理学中也有错误。其中最著名的无疑是他于1917年时在其1915年发表的广义相对论方程式中加入了宇宙常数，但正是他本人将这一错误公之于众。从这个事件中，我们可略知物理常数的重要性。

爱因斯坦在他的方程式中加入宇宙“容差系数”，以保证他提出的宇宙模型静止永恒。当时，爱因斯坦等人都认为宇宙是静态永恒的。他争论道：“若缺少容差系数，那么宇宙在万有引力的作用下就会崩塌。”因为该常数仅仅是使物质处于准静态分布，对于原方程式而言，无疑是画蛇添足。在这以后，爱德文·哈勃通过天文望远镜对银河系观测的结果证实宇宙不是静态的，而是在不断膨胀。1931年，爱因斯坦在事实面前低头，他告诉记者他将摒弃静态宇宙模型及宇宙常数，并转而支持膨胀宇宙理论（见第62页）。尽管爱因斯坦对把宇宙常数加入最初方程式后悔不已，但是能够简化方程式，他也能满意接受。

史蒂文·温伯格（Steven Weinberg），著名的理论家及诺贝尔奖获得者，在1993年的《终极理论之梦：寻找自然的基本定律》(*Dreams of a Final Theory:The Search for the Fundamental Laws of Nature*）中写道：“然而，宇宙常数的可能性却没有这么容易消失殆尽。”“现在判定宇宙常数为多余之物，还为时过早。与其他事物一样，简约要有简约的道理。”温伯格的小心谨慎是合情合理的。最新关于宇宙膨胀的观测结果都有力地指明，宇宙常数是千真万确存在的，其原因是与宇宙膨胀加速息息相关。

有些基本物理常数是明显存在的。大众所熟知的就是光速c，为$2.997\ 924\ 58 \times 10^8$ m/s（约300 000 km/s）。其他常数还有牛顿重力方程中的重力常数，电子或质子的电荷e，用于计量1 mol（见第84页）中微粒个数的单位阿伏伽德罗常数N_A以及用于连接量子能量和量子频率的普朗克常数h（只需用普朗克常数乘以频率，就能得到能量数值）。不计其数的实验表明，这些常数都始终存在于差异很大的物理条件下。若这些常数数值在土星和地球略有不同，就会导致“卡西尼号”任务的计算错误，飞船就会迷失于宇宙之中。

没有任何理论可以阐明这些基本常数的价值所在，以及它们数值不变的原因。最终的分析结论是，这些常数都是由人类创立。它们与自然定律一样，从阿基米德开始，同时由科学家“发现”和“发明”。爱因斯坦宇宙常数的曲折故事，将一直提醒我们这一真理的重要性。

阿尔伯特·爱因斯坦(1879—1955)，相对论和量子论的奠基者，是20世纪最重要的物理学家。不过爱因斯坦也承认，他的理论与牛顿的理论一样，并非永远不可动摇。他写道：“科学像一部翻不完的书，永无止境。每一项重大进步都伴随着新的疑问。长远看来，每一次科学进步引出的新问题都难上加难。”爱因斯坦提出的宇宙常数恰恰是文中的最好例证。

宇宙膨胀及大爆炸

“100亿—200亿年前发生了大爆炸，就这样我们的宇宙诞生了。大爆炸发生的原因是迄今的最大谜团，而大爆炸并非子虚乌有。”卡尔·萨根（Carl Sagan）的这段话总结了目前宇宙学家的共同观点。宇宙学家都认为宇宙形成于某一瞬间，目前普遍认为是在137亿年前左右。对于那些“宇宙在大爆炸之前是什么样的？”的问题，目前普遍认为“大爆炸前”没有“时间”存在，所以这一问题毫无意义。

宇宙诞生必然暗示了宇宙是膨胀的——从某一点爆炸，再从所有方向收缩。于20世纪20年代，爱德文·哈勃的测量数据首次为宇宙膨胀理论提供确凿证据。在威尔逊山天文台，哈勃利用世界最大的天文望远镜，最敏感的照相底板以及准确的分光仪，经过彻夜的工作后，终于在1931年绘制出了一张著名的图表（见右图）。该图表展示了星系随着与地球距离变化而变化的退行速率。该速率由在星系的波长的多普勒频移（见第96页）计算得出。星系衰退越快，星系波长越长——即开始转向可见光谱的红色尾端。天文学家以比较视星等和绝对星等（见第143页）与造父变星的变量（它们亮度会呈现周期性变化）为基础，采用智能技术，可以得到银河和地球的距离值。

在适当的数据不确定度范围内，哈勃的图表为一根直线。该图表明，退行速率与距离成正比，这让人感到万分惊诧。恒星离地球距离越远，退行速率越快。的确，哈勃计算出了一个比例常数，退行速率等于距离乘以哈勃常数。

在哈勃测量之后，证实大爆炸的最重要证据则是宇宙微波背景辐射。20世纪40年代，乔治·伽莫夫（George Gamow）等人预测，大爆炸之后的原始光线应大量存在于宇宙之中，并可检测。他们按大约1 000的因子（根据哈勃定律），考虑宇宙膨胀因素，计算了纹波的波长，计算结果约为1 mm。该波长属于光谱的微波区域。1965年，一个偶然的机会，阿诺·彭齐亚斯（Arno Penzias）和罗伯特·威尔逊（Robert Wilson）用射电望远镜发现了微波辐射。1992年，宇宙背景探测者卫星进行了更为准确的测量，表明宇宙微波背景不是等方性

天文学家爱德文·哈勃（1889—1953）于20世纪20年代发现宇宙膨胀。通过测量银河系退行速率及其与地球的距离，他发现该速率与距离是成比例的（如下图所示），即哈勃定律。

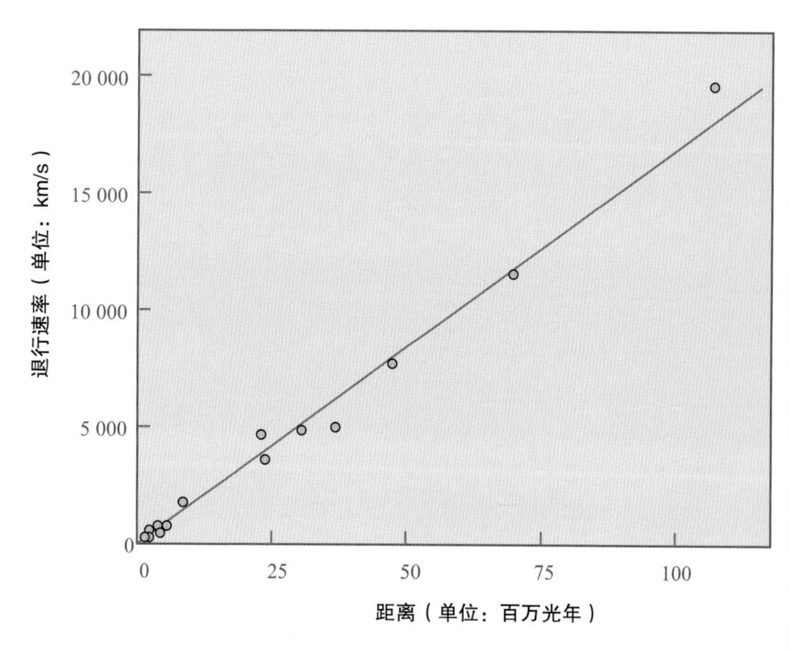

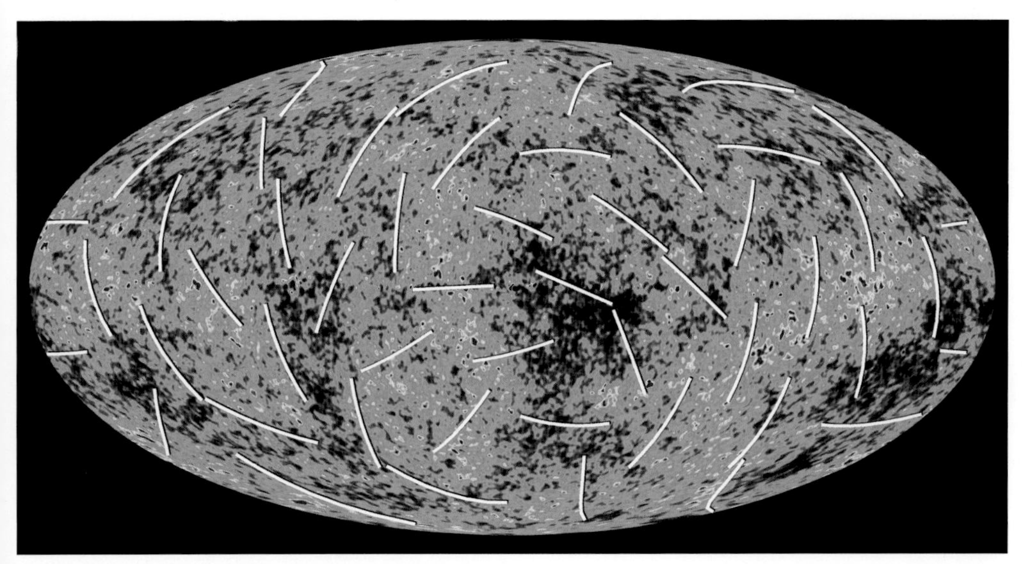

威尔金森微波各向异性探测器（Wilkinson Microwave Anisotropy Probe，下图）检测到的大爆炸产生的纹波（左图）。各向异性探测器发射于2001年，用于检测各向异性宇宙微波背景（CMB）辐射，分辨力比1992年发射的宇宙背景探测者（Cosmic Background Explorer）高出35倍。信号图像中的不同颜色代表细微的温度波动（介于百万分之三十到百万分之七十开尔文之间）。在第一颗恒星诞生之际，宇宙微波背景极化就随之产生，这大约是在130亿年前。

（每个方向一致）的，而是各向异性的：其中包含许多微小波动。这些波动是大爆炸后的微小密度波动产生的纹波：从等方性的原始宇宙迷雾中形成星系的信号。

令人惊奇的是，许多现象大爆炸理论仍不能解释。但是毫无疑问的是，大爆炸理论对大量天文观测结果的解释优于静态宇宙理论。一部分重量级的天文学家，在爱因斯坦1917年的静态宇宙理论的基础上，发展了后一理论，以涵盖哈勃的膨胀数据。该理论用“恒稳态宇宙”这一新名词来形容膨胀现象，但需要产生新物质（如星系）来填充因膨胀而产生的间隙，以维持宇宙的恒定及总密度不变。具有讽刺意味的是，弗雷德·霍伊尔，恒稳态宇宙的坚实拥护者，却坚决反对大爆炸理论，在他看来大爆炸理论无异于一个蹩脚的笑话。

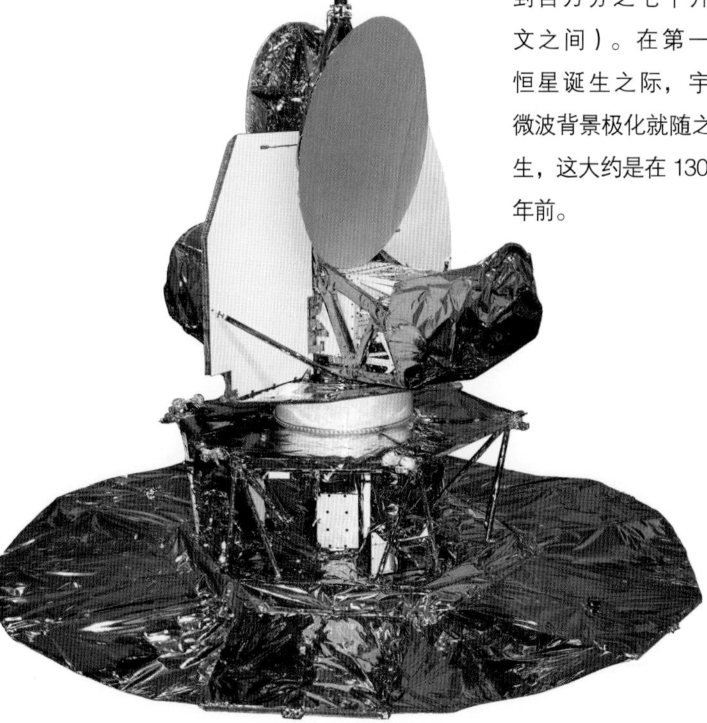

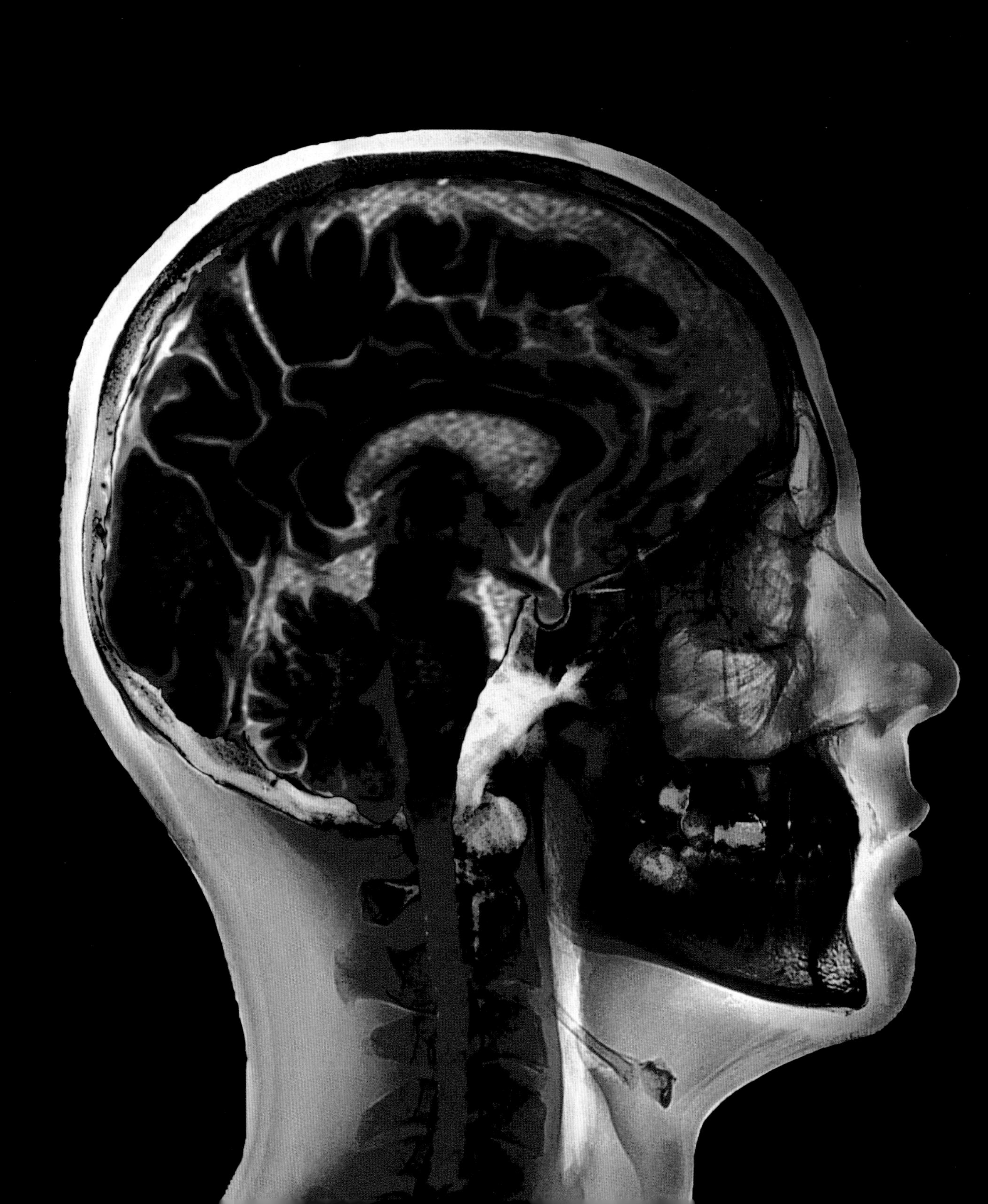

力测试、教育考试、专业考试以及更专业的学科分支的数量急剧增加。健康指标、医学体检和外科手术也不例外。就社会而言，没有市场调查，商业就不能正常维持，没有税收和人口普查的反馈，政府也无法正常运作。而国家政治和选举更是立足于问卷调查和民意测验之上。

坦白地说，量化人性与量化可测量的物理性质的准确度不同；因为人性测试受道德的制约，而对于行星的实验或对于亚原子微粒的测验不涉及道德。但是语言学家、心理学家、遗传学家、社会学家以及物理学家的目标都是相同的：通过严谨的可控制的观察，量化人类的行为现象，以此得到可分析、可建立理论的数据。我们都清楚，我们将为之付出代价，但是一般来说，回报高于代价。

人类头部磁共振成像扫描图。对于医生而言，核磁共振成像价值不可估量，对于心理学家而言，也独具魅力。核磁共振成像不仅可以令人惊叹地清晰呈现出大脑结构，还可以呈现人们的所思所想。

第八章　思想

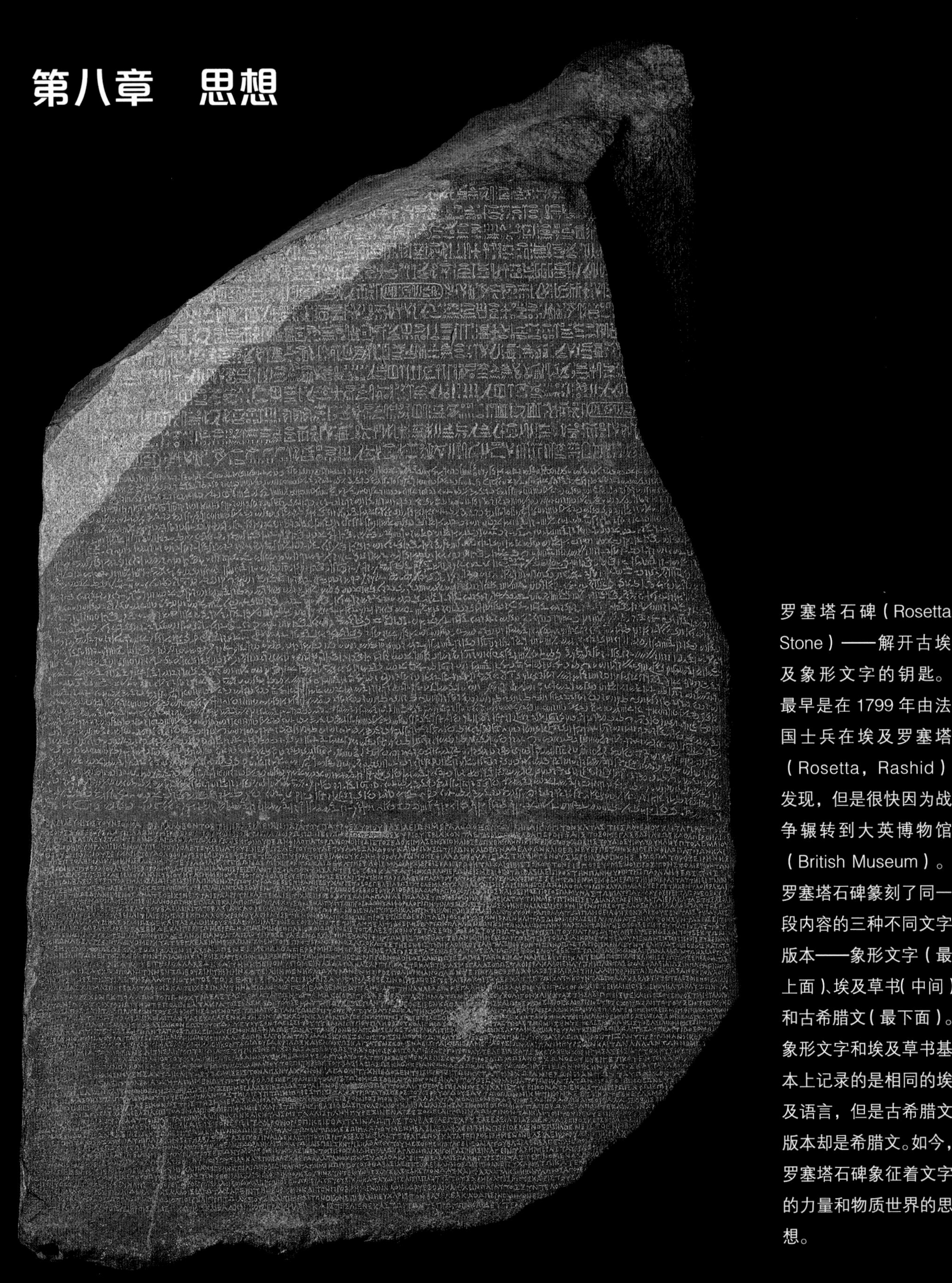

罗塞塔石碑（Rosetta Stone）——解开古埃及象形文字的钥匙。最早是在1799年由法国士兵在埃及罗塞塔（Rosetta，Rashid）发现，但是很快因为战争辗转到大英博物馆（British Museum）。罗塞塔石碑篆刻了同一段内容的三种不同文字版本——象形文字（最上面）、埃及草书（中间）和古希腊文（最下面）。象形文字和埃及草书基本上记录的是相同的埃及语言，但是古希腊文版本却是希腊文。如今，罗塞塔石碑象征着文字的力量和物质世界的思想。

语言

19世纪中期，美国语言治疗师亚历山大·梅尔维尔·贝尔（Alexander Melville Bell）设计了一套记录语音的符号，帮助失聪学生学习怎样清楚地发音。这些符号看起来一点也不像英文字母，而是发音器官——舌头、嘴唇、牙齿等位置和运动的抽象表达。例如，所有向左边弯曲的符号代表由舌头后部发出的辅音。1867年，贝尔出版了这套系统，书名为《可见的语言：通用字母科学》（*Visible Speech: The Science of Universal Alphabetics*）。在公开讲座中，贝尔会叫一位听众，特别是说陌生方言的听众，要求他（她）自己选择说几句话，而贝尔就会当场记下。之后，他会要求他的儿子拉汉亚历山大·格拉汉姆·贝尔（后来以发明电话而闻名）按照符号记录大声朗读这几句他从未听过的话，然后再将那位观众的原始发音与他儿子模仿的发音进行比较。

除了书面语言可见而口头语言不可见这个显而易见的区别外，书面语言和口头语言的关键区别在哪？最重要的是，一段书面语言，不管是字母表中的字母、汉字还是埃及象形文字，可自然分解成构成其文字的符号，而一段口头语言却不能。当然，我们通常将语音分为辅音、元音和音节，而且语言学家还创造了许多其他口头语言的“原子和分子”类别，例如音素和词素。但是这些划分通常都是人为的，从来没有完全摆脱重叠的问题。

语言科学家史蒂芬·平克（Steven Pinker）在《语言本能》（*The Language Instinct*）中写道：“说话就如同气息的河流，气息在嘴和喉咙柔软的肉体中弯曲前行，发出嘶嘶声和嗡嗡声。”不像如今大部分文字系统中单词间有空格，正常讲话时，口头语言中单词之间没有类似的空格。虽然我们可以想象到有这样的

lə

mɛːtrə fɔnetik

ɔrgan

də l asɔsjɑːsjɔ̃ fɔnetik ɛ̃ːtɛrnasjɔnal

vɛ̃tnœvjɛm anc. — ʒɑ̃ːvje-fevrie 1914

下图：1914年出版的语音期刊《语音教师》（*Le Maître Phonétique*）刊头。1970年后，由于读者觉得完全的语音拼写太难认读，因此该期刊选择采用标准拼写。该文本内容为：“《语音教师》，国际语音协会机关刊物，第二十九期，1914年1月—2月”。

下页图：声音、符号和文本。“87年前”［亚伯拉罕·林肯（Abraham Lincoln）葛底斯堡演说的开场白］的十种书写版本。最上面是这位演讲者的声谱。1国际音标版；2英语拼写；3俄语字母版；4孟加拉字母版，含标音；5韩文版，含标音；6埃及象形文字版（托勒密时期），含标音；7阿拉伯语辅音版，含标音；8日语片假名版，含标音；9楔形文字版，含标音；10汉语版，含拼音。

差异，但是当我们在听外国人讲话时，就会产生错觉。说话是流动的，不停地变化频率、音量和音调。若我们将某人说“cat”的磁带胶接成它的两个组成辅音和一个元音（尽可能接近），并将其颠倒，我们不会听到“tac”，而是一种莫名其妙的东西。我们正常交谈中使用的过半的单词，若单独重放，都不能识别出来，因为这些单词说得非常快，而且也比较随意。

虽然每一种口头语言里语音数量确实不计其数，但是他们都有自己的音域。其文字系统体现其中一些音域（语音部分在文字系统中所占的比例因语言系统不同而不同），其他的则由读者去猜测。声音和文字区别最大在于外国单词和名字。右图十种文字中的每一种都是在有区别地转录单词，并且准确度也不相同。最上面 1 国际音标（International Phonetic Alphabet，IPA）在 1888 年引入，如今精确度仍然很高，甚至可以表示说话人的重音（正如贝尔早期符号试图达到的效果）——如果在该例中，说话人是英国人或法国人，而不是美籍华人，则国际音标版本将有所不同。然而，国际音标的语音准确性优势被随之产生的可读性所抵消。所有版本都必须在嘴的精确发音和大脑的准确理解两者之间达成妥协。

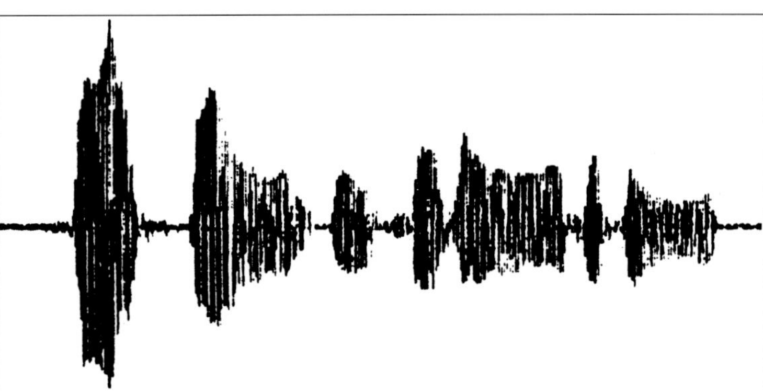

1 f ɔʳ s k ɔʳ ændsɛvnjir zɔg o

2 four score and seven years ago

3 фор скор энд сэвэн йирз эго

4 ফোর স্কোর এন্ড সেভেন ইয়ার্স এগো
for skor end sebhen iyars ego

5 훠 스코어 앤드 세븐 이어스 아고
h s kh æ d bu j a
o o se i o g
w u o n u n u o

6 f r s k r a n d s w n y r s a g o

7 أَقُو سَـڤَنْ يِيرْز أَنْد إِسْكُور فُور
ogai sri:ynafas dnai roksii rof

8 フォアー スコア アンド セブン イヤーズ アゴー
foā sukoa ando sebun iyazu ago

9 pu ar es ku ar an de se ba an yi ir iz a gu

10 佛 爾 斯 國 爾 恩 得 色 文 伊 爾 斯 阿 鈎
fo er si guo er en de se wen yi er si a gou

诗节韵律及韵律分析

"A little learning is a dang'rous thing;
Drink deep, or taste not the Pierian spring:
There shallow draughts intoxicate the brain,
And drinking largely sobers us again."

亚历山大·蒲柏（Alexander Pope）的诗句还久久萦绕在脑海中，主要是因为这些诗不但句句属实，而且还富有韵律。蒲柏诗的韵律称为抑扬格五音步，在那个年代风行一时。每一行有五个音步（因此称为"五音步"）。音步是诗节的基本单位，包括两个或两个以上音节；蒲柏诗的音步有两个音节，则每一行有十个音节。另外，音节也有韵律：第一个为短音节/轻读，第二个为长音节/重读——这种形式称为抑扬格，在英国诗歌中十分普遍。因此，上面诗句第一行中，重读音节为以下单词的第一个音节"little""learning"和"dang' rous"，以及"is"和"thing"。

大部分英国古典诗歌采用每行四个、五个、六个或七个音步（四音步、五音步、六音步或七音步）。除了抑扬格外，音步可为扬抑格（两个音节：重－轻）、扬扬格（两个音节：重－重）、抑抑扬格（三个音节：轻－轻－重）、扬抑抑格（三个音节：重－轻－轻）和抑扬抑格（三个音节：轻－重－轻）。

另外，这些形式可用于所有类型的诗歌，例如民谣、五行打油诗和十四行诗。另外还别忘了非英语诗歌形式，例如俳句、回旋诗和三行诗（但丁在《神曲》中使用的形式）。例如，伊丽莎白或莎士比亚十四行诗包括十四行：三段四行诗和一副对句，韵式为ababcdcdefefgg。

一些古典诗歌悄然打破了这些韵律节奏的规则，但是听起来似乎还是押韵的。例如刘易斯·卡罗尔（Lewis Carroll）《爱丽丝镜中奇遇》（*Through the Looking-Glass*）中那首绝妙的胡诌诗《伽卜沃奇》（Jabberwocky，意为"无聊、无意义的话"），这首诗开头的第一节如下：

"Twas brillig, and the slithy toves
Did gyre and gimble in the wabe;
All mimsy were the borogoves,
And the mome raths outgrabe."

每一诗节的第一行、第二行和第三行似乎为抑扬格四音步形式，第四行为抑抑扬格。但是谁又能确定呢！这些文字听起来有意思，但是却不能在字典中查到。正如矮胖子（Humpty Dumpty）向茫然的爱丽丝这样解释道："'toves'是一种像獾、像蜥蜴、又像螺旋的东西""'gyre'表示像陀螺一样打转。'gimble'表示把孔钻得像一个螺丝锥。"还是搞不懂？下图就是这本书中"some toves gyring and gimbling"的插图。

上图：但丁·阿利吉耶里（1265—1321）。他的史诗《神曲》为意大利语，采用了抑扬格五音步和三行诗节押韵法（terza rima，意大利语"第三节押韵"）。这种诗歌形式由三行诗节组成，称为"三行押韵诗句"。三行押韵诗句的第一行和第三行押韵，而第二行与后面诗句的第一行和第三行押韵。因此三行诗节押韵法的格律为aba,bcb,cdc，…，yzy，z。对于那些韵律不及意大利语丰富的语言来说，这种押韵法太难了。但是有时一些用英文写诗的诗人也会采用这种押韵法，例如波西·比希·雪莱和威斯坦·休·奥登。

旗语和莫尔斯电码

罗马帝国有许多的塔，其中超过 3 000 座是用于通过灯光发出警告信号。然而，直到法国大革命时期，才出现了用代码进行快速远程通信。1794 年，克劳德·查派（Claude Chappe）的“空中电报”开始在巴黎和里尔（Lille）之间运营。

信息中的词汇，包括姓名，可通过一系列旋转臂在标杆上的预定位置编码，标杆安装在塔上，塔间距为 8 公里 ~16 公里——称为“旗语”，希腊语中表示“传送信息”。后面的塔则通过望远镜来观察这些位置。听起来好像很愚笨，但是，在能见度高的情况下，一条信号甚至可以在 2 分钟内覆盖 16 个站，传输 225 公里，直达里尔。之后在 20 分钟内可以覆盖 116 个站，直达位于地中海的土伦（Toulon）。改进之后，查派最终的代码使用了

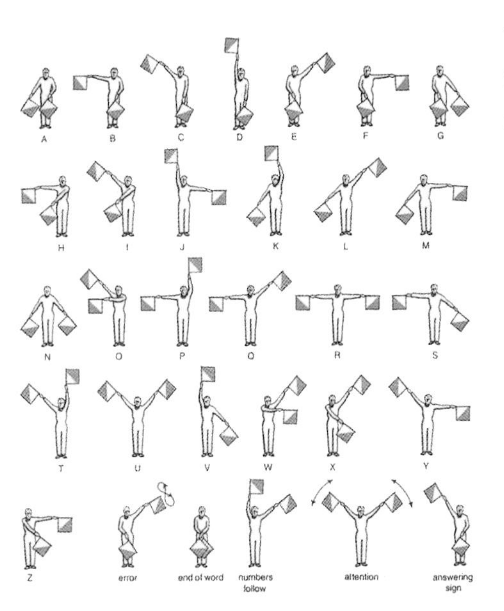

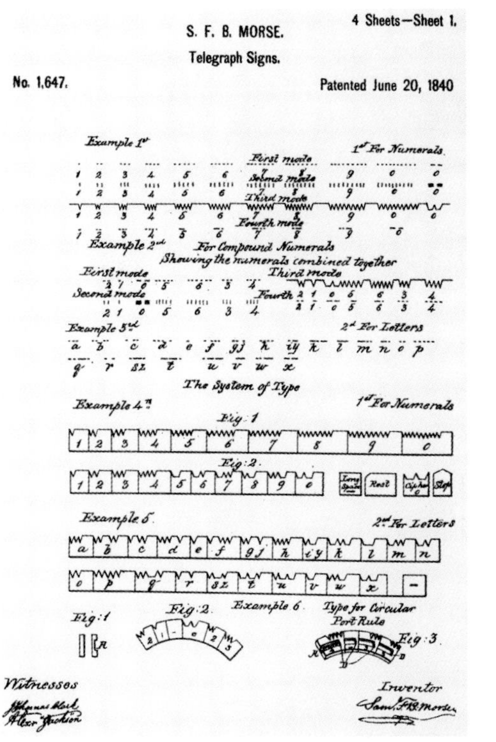

196 个可能旗语位置中的 92 个。

大约在同一时间，只有海上信息进行了改进。船员可以手持旗帜传达信息，而另一艘船上的观察员则用望远镜接收这些信息。主要的旗帜位置都是代表字母和数字，因此相比查派的方法，这种方法更简单。

不久之后，电磁电报就取代了陆上旗语。19 世纪 40 年代，萨缪尔·莫尔斯（Samuel Morse）发明了发送电报的莫尔斯电码。操作者只需按下一个键，就可以发送不同长度的电脉冲，形成代表字母和数字的“点 – 划”组合序列。在一定的时间内，莫尔斯电码发送的信息量比其他代码发送的信息量多约四分之一。

左图：国际莫尔斯电码（International Morse Code）基础。一划的时间等于三个点的时间，也是操作员在发送的每个字母或其他符号之间必须停顿的时间；单词之间留有五或六个点的停顿。莫尔斯在发明电码时，主要是想用简短的点和划的组合来代表最常用的英文字母——这些英文字母都是莫尔斯在费城的一份报纸铅字盘上发现的。其中包括 12 000 个 e，9 000 个 t，8000 个 a、o、n、i 和 s 等等；因此字母 e 的代码就简单定义为“点”，而字母 t 则为“划”。这种想法提高了莫尔斯电码的效率。如今，对国际莫尔斯电码感兴趣的人群主要为业余无线电爱好者。一个典型的信息就是“划 – 点 – 划 – 点，划 – 划 – 点 – 划”，读作“dahdlidahdit, dahdahdidah”，代表 CQ，表示“有人在吗？”

左下图：旗语。为了用旗语发送数字，信号员发明了数字信号，然后使用字母来代替数字 1~9。例如，A = 1，B = 2，C = 3；J 代表 0。

文字系统

纯粹的象形文字，比如冰河时代洞穴壁画以及如今使用的音乐和数学符号，并不能表达所有的思想。因此，一种代表有声语言的成熟文字按照画谜（rebus）的原则发展起来。“rebus”一词来源于拉丁语，意为“借助事物”。这种想法使语音值可以用象形文字来表示。因此，在英语中，一只蜜蜂（bee）和一个盘子（tray）的图片代表背叛（betray）；一只蜜蜂（bee）加上数字4（four），就代表以前（before），一只蚂蚁挨着嗡嗡响的蜂箱（buzzing bee hive）代表安东尼（Anthony）（这个例子没有那么明显）。埃及象形文字中有许多画谜。例如，太阳（Sun）的标志“⊙”读作“R(a)”或“R(e)”，是拉美西斯法老象形文字拼写的第一个符号。在早期苏美尔的一个会计碑（见上图）上，我们会发现一个抽象的词语——偿还（reimburse），由一幅芦苇（reed）图表示。因为在苏美尔语中，“reimburse”和“reed”的语音值相同。

左图：苏美尔画谜，约公元前3000年。

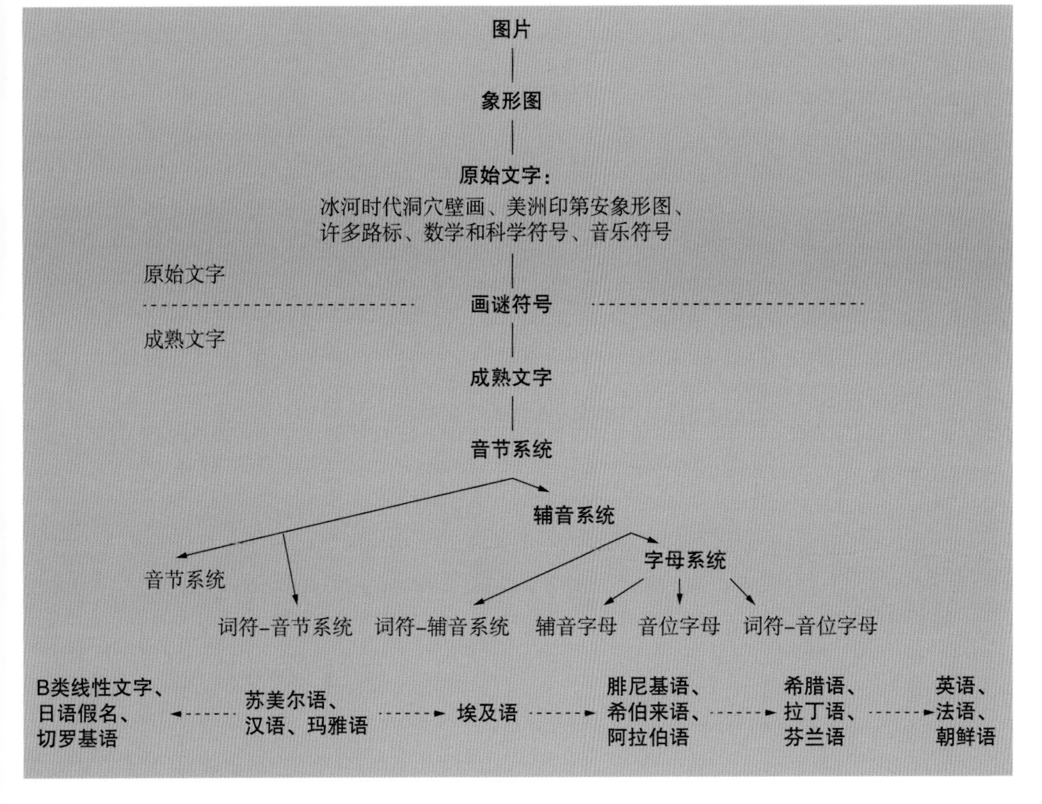

左下图：文字系统测量。这个树状图是根据属性而并非年代来划分的文字系统；而且也不表示一个文字系统对另一个文字系统产生的影响（虚线表示一个文字系统可能对另一个文字系统有影响）。怎样才算是对文字系统最好的分类这个问题一直存在争议。例如，一些学者认为希腊字母出现之前，没有存在过任何字母。理由是，腓尼基（Phoenician）字母只标出了辅音，而没有元音（就像现在的阿拉伯字母）。分类问题最根本的原因是没有一个“纯粹”的文字系统，即一个完全只用字母、音节或语标来表达意思的系统，因为所有的文字系统都混杂着语音和语义符号。不管怎样，分类标签都可帮助我们记住不同系统的主要性质。

速记

苏格拉底传记的作者色诺芬（Xenophon）是最早使用速记的人，此后便出现了几百种速记方法。一些采用传统拼写的缩略语；一些则记录语音；一些要求熟悉一份任意符号列表；还有一些则结合了所有的这些原则。

最著名的就是19世纪艾萨克·皮特曼（Isaac Pitman）发明的速记法。这种方法原理是基于语音，这使得相对容易适用于英语以外的其他语言。这种速记法中大约使用了65个字母，包括25个单辅音，24个双辅音和16个元音。虽然省略了大部分的元音，但是这些元音可以通过在单词上、单词中或单词下画一条线来表示。所用符号包括直线、曲线、点和划，而且还包括位置和明暗度的对比。这些符号与声音系统息息相关。例如，直线用于表示所有爆破音（如p），直线的粗细表示一个音是清音还是浊音。

塞缪尔·皮普斯著名日记所用的速记法相对来说就没那么复杂。这种方法是17世纪20年代由托马斯·西尔顿（Thomas Shelton）发明的，在某些方面类似于古代的文字系统，例如巴比伦楔形文字。虽然大部分的符号都只是单词的简化形式或缩略语，但是也发明了接近300个符号，大部分都是很随意的简写，例如2代表“to”，大的2代表“two”，5代表“because”，6代表“us”（其中几个符号是“空”，猜测大概是为了保密）。首元音用符号表示；中元音则通过将元音后的辅音放在前一个辅音上下或侧边五个位置来表示；而末元音则用点来表示，位置与中元音一样。总的来说，这种方法类似于音标。虽然有很多弊端，但在当时常常用来记录布道和演讲，速度可达到每分钟100字。

塞缪尔·皮普斯（1633—1703），日记作者。左下图为皮普斯著名日记的最后一页，写于1669年。当他误以为自己即将失明而感到心灰意冷时写道：“每次提笔我都会想到，若我瞎了，就不能再做现在做的事情了……所以我一直向前，就像看见自己走向自己的坟墓一样：因为这些以及所有伴随着失明带来的痛苦都是上帝赐予我的！”

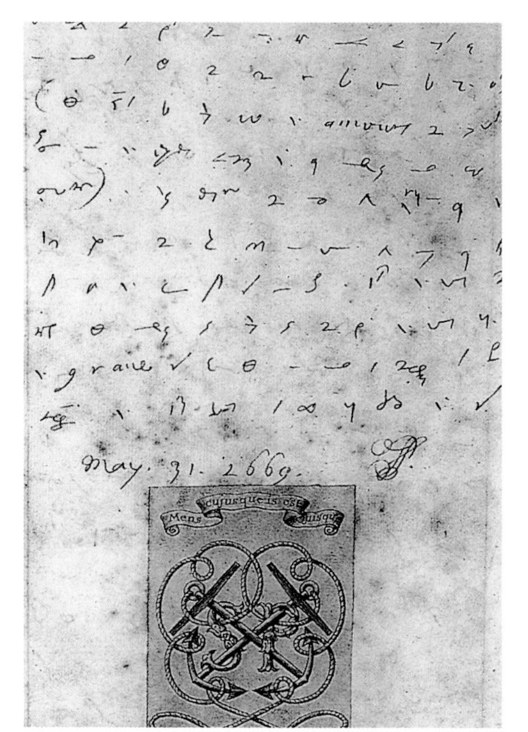

左图：皮特曼速记。

左下图：速记：“Since the dawn of history man has strived to communicate with his fellows and to record experiences that would otherwise be forgotten.”

纸张大小和图书开本

自从中国发明了纸后，就出现了各种各样的纸张规格。由于1922年沃尔特·波尔斯特曼（Walter Porstmann）将公制尺寸引入德国，大部分的纸张规格都被淘汰。如今，除了美国和加拿大外，几乎所有国家都使用这种规格。纸张规格分为三个系列——A、B和C。其中A系列是最著名的，常用于技术图纸和海报（A0、A1）、活动挂图（A1、A2）、图纸、图表、大型表单及许多复印机（A2、A3）、书信、杂志、表单、目录册和复印机（A4）、便条（A5）、明信片（A6），甚至还用于扑克牌（A8）。

这种纸张规格优势十分明显：将A3纸对折，得到两张A4纸，将A4对折，得到两张A5纸（如图所示）。这种折叠率可行的原因是1平方米A0纸的边长比例为$\sqrt{2}:1$，其他每一种A系列纸张规格都是如此。这种比例以1768年将其应用于纸张大小而闻名的数学家命名，称为利希腾贝格（Lichtenberg）比例（不要与更早的黄金比例相混淆）。

纸张规格形成之后出现了图书开本，其规格也是多种多样。最常见的源自一张19英寸×25英寸的手工纸。一整张纸对折后为对开本（2张，4页），两次对折后为四开本（4张，8页），三次对折后为八开本（8张，16页），以此类推。这样除了裁剪以外，不会产生任何浪费。如今，这种规格仍在使用，但是若不知道书本原始纸张大小，就无法确定实际的尺寸。

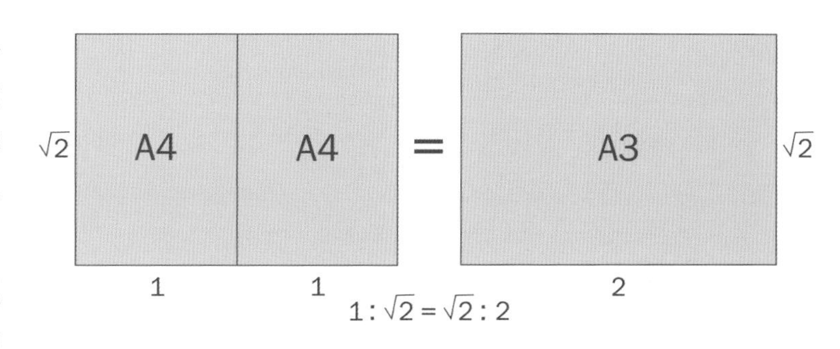

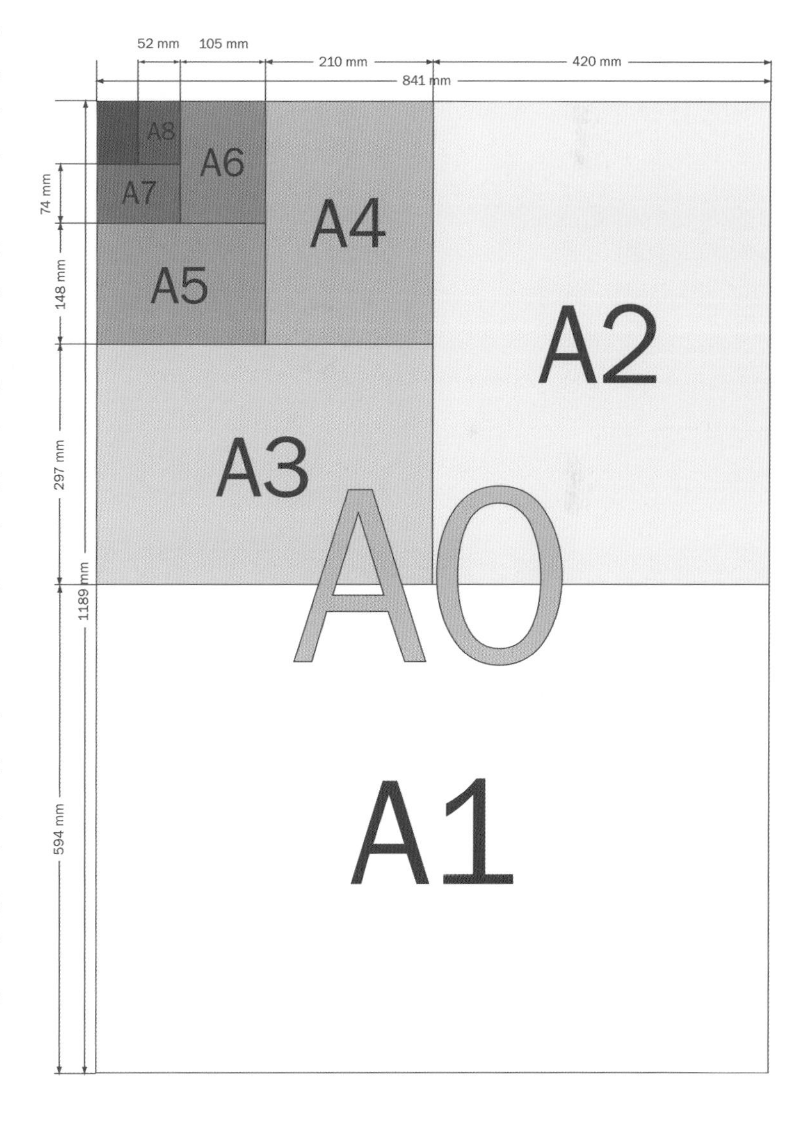

图书与图书馆分类法

由于知识不断扩展和分支，出版物分类也必须不断变化。即使个人藏书也需要定期重新整理，以体现出版物的全新领域以及主人爱好的转移。

最早的图书目录是在公元前3世纪由亚历山大编制的，称为“Pinakes”（希腊语，表示中间有蜡的板）。这种目录至少包括十个条目，可能还会更多。主要的类别还按作者姓名字母再次细分。中世纪早期前，中东和拜占庭帝国一直将这种目录作为模板。但是，中世纪的欧洲大学图书馆却根据传统的三门学科（文法、逻辑、修辞）和四门学科（算术、几何、天文、音乐）来整理书籍。所有的图书都有一个固定的位置，意味着图书管理员不得在书架上随意移动这些书籍——对于习惯于相对位置的现代图书管理员而言，这是一种陌生的概念。

如今有许多图书馆分类方法，通常与世界上最宏伟图书馆密切相关。但是其中最常用的还是杜威十进制图书分类法（Dewey Decimal Classification,DDC）。这种方法由美国麦尔威·杜威（Melvil Dewey）于1876年发明，后被频繁地改动更新。DDC主要是分级法和列举法。分级法是指将学科分为“自然的”细类：首先分为10个大类，如文学，再将每个大类分为10个中类，如现代英语和古英语文学，最后再将每个中类分为10小类，如英语小说。列举法表示DDC给所有的这些分类指定了十进制数——例如8大类，82中类，823小类。DDC的1 000个小类从000（计算机科学：总论：知识）开始编号至999（历史地理：其他地区历史：地球外的世界）。

另一种主要的方法就是分面分类法。随着网络世界的发展，这种分类方法越来越具吸引力，因为网络世界无需为每个分类名称指定一个书架位置。韦纳（Wynar）在《编目与分类导论》（*Introduction to Cataloging and Classification*）（第9版）一书中这样写道：“分面分类法不为科目指定一个固定的序列，而是使用某一分类或特定科目明确定义、相互独立、详细彻底的各个方面、属性或特点。”

冒号分类法是20世纪30年代阮冈纳赞（S. R. Ranganathan）创制的图书分类法。在这种分类法中，每一大类的五个分面为：“主体”（焦点或最特别主体）、“物质”“动力”（任何活动、操作或过程）、“空间”和“时间”。因此，一本1971年发行的关于日本水稻病毒根除的书籍分类为（采用规定的标点符号）：J, 381; 4: 5.42’ N70，分面如下：

J	农业	（大类）
381	水稻	（主体）
4	病毒疾病	（物质）
5	根除	（动力）
42	日本	（空间）
N70	20世纪70年代	（时间）

1969年引入的国际标准书号。如今，ISBN为机器可读的标准代码，用于标识所有书籍，无论是否出版。到2007年，ISBN有10位数字（ISBN-10）；如今已有13位（ISBN-13），以978开头，表示图书类。其余10位指示类别、出版社和标题。最后第10位为校验位，是一种检验ISBN是否正确的方法。例如上图中ISBN-10：1 85168 494 8，取出前9位分别乘以1~9：1×1=1；8×2=16，5×3=15，以此类推。然后将这9个乘积相加（本例中为250），将得到数字除以11，得到22，余数8。若余数与第10位（校验位，本例中为8）相符，则ISBN为正确的。ISBN-13，本例中的9 781851 684946，与ISBN-10一样，但是前缀978和校验位6的计算方法与ISBN-10不同，要稍微复杂一些。

字体排版

15世纪50年代，古腾堡发明了金属活字印刷术，并出版了《圣经》，其中使用的字体就是黑体，一种基于黑体字（Old English）或哥特体（Gothic）加粗字母的字体。后来，黑体成为了德国的标准字体。但是，20世纪纳粹政权时期，黑体却处在了争论暴风的中心：虽然阿道夫·希特勒（Adolf Hitler）出于爱国情绪而支持这种字体，但是这种字体却未能吸引希特勒的宣传部部长约瑟夫·戈培尔（Joseph Goebbels）。戈培尔在1936年柏林奥林匹克运动会宣传时使用的是罗马字体（roman）和现代无衬线字体（sans-serif）。然而在1941年初，希特勒做了一个重大的转变，明令禁止使用黑体，因为这种字体是犹太人的发明，并且还颁布法令将罗马字体作为标准字体。

毫无疑问，罗马字体起源于公元1世纪确定的古罗马语的大写字母形式；小写的罗马字母也参照了8世纪查理大帝要求使用的标准字母板式［称为“加洛林小写体”（Carolingian）］。这种字体同样也催生了黑体、现代无衬线字体和罗马字体之外的第四种主要的西文字体：斜体（italic）。西班牙和意大利大法官法庭抄写员快速抄写的罗马字体字母，就变为了后来的斜体。

16世纪起，排印师发明了各种新的罗马字体和斜体字体形式，后来还发明了现代无衬线字体。为了纪念这些排印师，这些字体均以他们的名字命名，现在这些名字仍在使用，例如克洛德·加拉蒙（Claude Garamond）、威廉·卡斯隆（William Caslon）、詹巴蒂斯塔·波多尼（Giambattista Bodoni）、约翰·巴斯克维尔（John Baskerville）和埃里克·吉尔（Eric Gill）。如今，只要有一台电脑，每个人都可以尝试亲手设计字体，只需把握它的四个特征：大小、x-字高（如图）、活字宽度（或宽度）和间距（字母组合间距）。字体设计有无限多的排列组合，不管从哪个角度看，都使我们眼花缭乱。

Eyxk

小写字母上半出头部分：小写字母在x-字高以上的笔画部分

x-字高：基线到小写字母x顶部的距离

基线：字母“坐落”的线

小写字母下半出头部分：小写字母悬挂在x-字高以下的笔画部分

上图：新罗马字体（Times New Roman），一种常用的字体，1932年斯坦利·莫里森（Stanley Morison）为《泰晤士报》（*The Times*）发明的字体。斯坦利·莫里森这样描述他唯一发明的字体：“它的优点在于看起来不像是某人设计过的。”图中字体大小为72磅，这是大写字母的高度，也约等于小写字母上半出头部分的顶部到下半出头部分的底部之间的距离（这种关系随字母和字体的不同而不同）。72磅约为1英寸；在英国和美国，1磅为0.351毫米，而在欧洲为0.376毫米。大部分情况下，字体线之间的空间也用磅来测量。

Frankfurter

左图和下图：黑体字，古腾堡《圣经》中使用的字体。

摄影

自从19世纪30年代路易·达盖尔（Louis Daguerre）使用金属片，亨利·塔尔博特（Henry Talbot）使用纸发明了摄影后，这项技术就将科学和艺术紧密联系在一起。摄影的先驱之一约翰·赫歇尔（John Herschel）创造了“摄影”一词，这个词语取自两个希腊单词，连在一起表示“用光画画”，另外还创造了“负片”“正片”和“快照”等术语。但是赫歇尔主要是一名天文学家和物理学家，看待摄影更多的是站在一个科学的角度而非艺术的角度［但是他却支持好友朱丽亚·玛格丽特·卡梅隆（Julia Margaret Cameron）的艺术摄影］。《牛津摄影词典》(*The Oxford Companion to the Photograph*）中表示，“相对于摄影快照，赫歇尔更喜欢绘画中令人深思的意境”。亨利·卡蒂埃－布列松（Henri Cartier-Bresson）是世界上最伟大的摄影艺术家之一，他也和赫歇尔持相同的观点。卡蒂埃－布列松在他60多岁的时候放弃了摄影，潜心专注于绘画。在他巴黎的公寓中，墙上没有挂一幅摄影照片。

测量也是摄影密不可分的一部分。相机镜头的焦距（长焦、微距、广角或变焦）决定看清楚目标的距离以及视野。光圈控制透过镜头的进光量，由此控制景深：图片变清晰的范围。快门用来设置胶片感光乳剂或数字电荷耦合器件曝光的时间。其他重要的测量用于处理记录敏感度和图像质量，例如胶片感光度、（镜头、胶片、放大机和纸张）对比度、密度和分辨力。现代的照相机对于摄影业余爱好者而言无需担心设置问题，但是专业人士就必须了解这些数据的设置。

科学艺术品。火星表面和维京号（Viking）的多重摄影图，1976年美国国家航空航天局拍摄。

1990年左右，市场上开始出售数码相机。近年来，大部分普通摄影师都采用了数码相机代替胶片照相机，但是专业摄影师仍然还是采用胶片照相机。全画幅的数码图片的分辨力等于35 mm胶片图像的分辨力（大约为1 200万像素），这种图片无疑更便于生成、处理和存储。但是，中画幅胶片或大画幅胶片的分辨力比数码图片的分辨力要好得多。而且，随机产生的噪点使数码相机不适合长时间曝光，但是胶片就不受这种问题的影响。此外，胶片和相片若存储在理想的环境下，可以保持100年以上。然而由于目前数字存储媒体更新换代太快，并且还采用了JPEG等各种各样的格式，所以未来几十年后，这些格式的图片可能很难读取。

计算

早在一个世纪以前，人类就有了“计算机”——但是这些“计算机”是人，而非机器。虽然人的计算速度很慢，但是也可以分析科学数据。若是繁琐的计算，尤其是天文学方面的计算，人类的计算必不可少，但是离我们如今电子计算机几乎称为神奇的力量确实还差很远。

互联网起源于20世纪70年代，是使计算机能够互相通讯的网络，即使用其进行电子通讯，最初用于保护美国周边的武器指挥与控制系统免受核攻击的军事研究。如图所示，关键的概念是拥有一个分散式而非集中式的网络，这样每个军事站的计算机就通过众多的链接点相互连接（而非通过单个链接点连接至易受攻击的总部）。另外，互联网还设有冗余——换句话说就是设置的链接点比通信实际需要的多（语言和文字也有大量冗余，以帮助口头和书面的沟通，但速记在很大程度上消除了这些冗余，见第158页）。

但是，若要将互联网功能投入实践，就必须改进通过链接点的电子信号的传输。使用传统电话线中的模拟信号——持续变化的电磁波，有用信号与无用噪音之比将随着距离增加而逐渐降低，信号很快就会被噪音覆盖。但是，通过定期抽取连续模拟信号，将样品信号转换为离散数值，然后将这些数值转化为位序列（1或0组成的二进制数字，见第32页）而产生的电子信号就不会存在被覆盖的问题。电子信号是离散信号而非连续信号，其传输错误很容易检测并更正。所谓的奇偶校验位与ISBN的校验位（见第160页）十分相似，可以添加到传输中的每组数字末端的数字信号中，接收信号的计算机则检验奇偶校验位是否与收到信号中检测到的1的个数相符（奇数或偶数）。若不相符，收到信号的计算机会自动要求重新传输。约翰·诺顿（John Naughton）在《互联网——从神话到现实》（*A Brief History of the Future*）中评论到：“这是电脑在眨眼不到的瞬间能做数百万次的事情。”

上图：阿兰·图灵（1912—1954）的像素化照片。阿兰·图灵被誉为现代计算机科学之父。他在数学方面最著名的贡献是1937年发表的论文《论可计算数》（*On computable numbers*），之后还创造了计算机编程概念。他曾这样写道：“生产各种工作机器的工程问题将会被万能工作机器‘编程’办公所取代。”

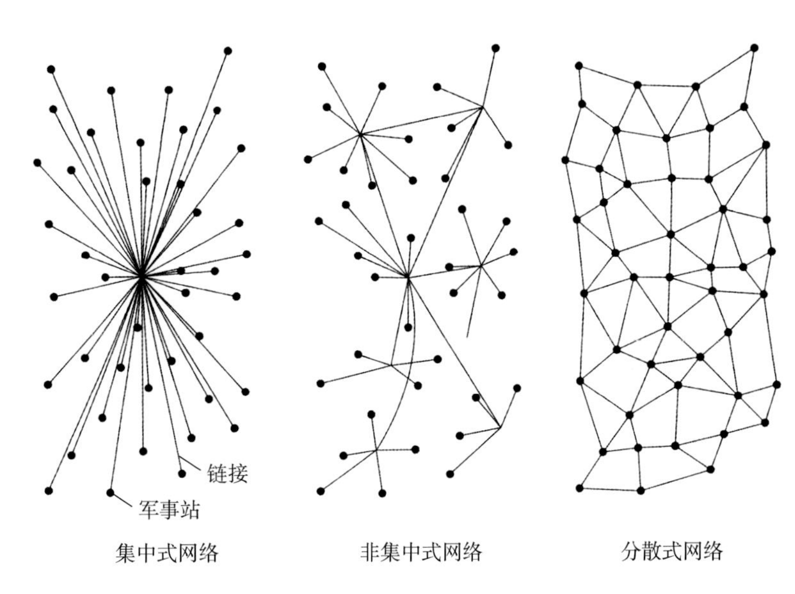

工具、钉子及螺丝

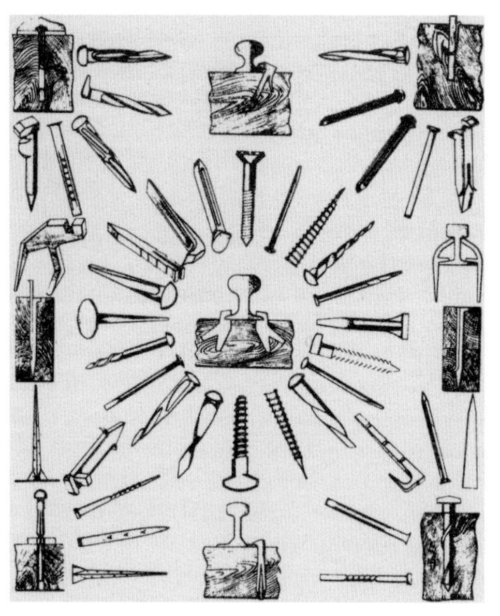

最早期的人工制品一般都认为是工具，例如雕刻的骨头和燧石斧等。在科幻电影《2001：太空漫游》（*2001: A Space Odyssey*）中，人类最初发现第一个工具的场景给人留下了深刻的印象：一只猿猴随意捡起一根很重的动物骨头，用来对付它的第一个猎物，之后又消灭了各种敌人。猿猴耀武扬威地将骨头掷入空中，骨头不断旋转，然后电影镜头一闪，跳过无数年代的演变，这根骨头变成了一个旋转的太空站。

工程师亨利·佩卓斯基（Henry Petroski）在《实用物品进化论》（*The Evolution of Useful Things*）中写道："很少有人工制品的形式像工艺品工具一样多样化和专门化。"但是，许多现存工具都丧失了用途。工具制造者和使用者通常都是文盲，他们因为害怕竞争而故意隐瞒工具。当一个陌生人闯入车间时，工匠会撤走他们的工具。若问及工人任何问题，他们都会说一些不着边际的话，甚至给出误导性回答。

但是，也有一些流传下来的工具，例如锤子、斧头 / 凿子、刀具、钻子和锯子。最初的锯子可能是死去动物的颚骨和牙齿。约 4000 年前近东（Near East）发现了铜，从而产生了由更坚硬金属制成的锯子：相继为青铜锯、铁锯、钢锯。西方人一般通过推动进行切割，而东方的锯子则是通过拉动进行切割。其中更重要的发展便是横切锯齿（如横穿纹路切割木材的刀具）和粗齿锯（如顺着纹路切割的凿子）的发明。

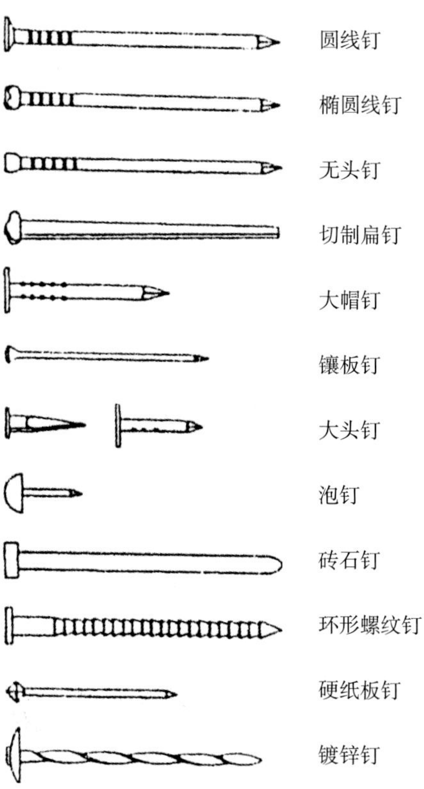

左图：过去的钉子。从罗马时期（也许更早以前）到 18 世纪末，钉子都是由手工制造的（制造者称为"制钉者"）。19 世纪，机器制造的"切制钉"几乎完全取代了手工钉子。该图来自 19 世纪晚期，表示当时美国可用的钉子。这幅图由当时的专利专员本杰明·巴特沃斯（Benjamin Butterworth）根据钉子专利编制。

左下图：目前一些（并非全部）钉子的类型，其中很多都有特殊的用途。许多钉子钉杆上的锯齿都是设计用来增加与木头的摩擦和防止钉子被拔出。在欧洲，钉子按长度或直径（米制单位）出售，但是在美国，人们用"便士尺寸"来表示钉子的长度。这似乎源自于英国以百为单位出售钉子的习俗。例如，"八便士"钉子指每 100 只钉子的价格为 8 便士。由于便士（来源于罗马单词"denarius"）的英文缩写为"d"，美国钉子的尺寸表示为 3 d、4 d、6 d 等等。最小的 3 d 为 1.25 英寸长，最大的 60 d 表示 6 英寸长。

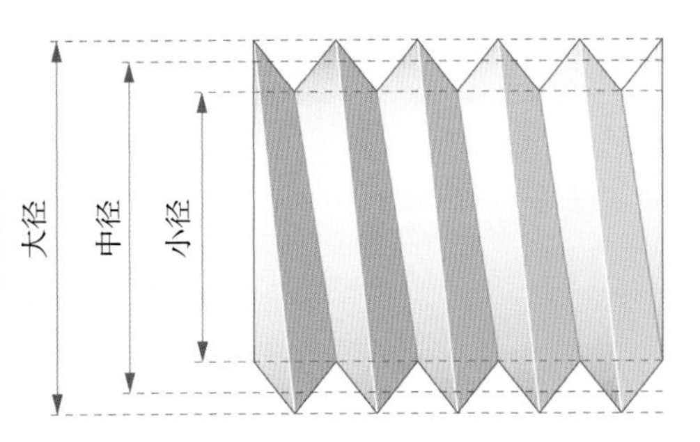

据说螺旋是由阿基米德发明的，用于抽出船中的水。将一个像钻头一样的螺旋装置装在倾斜的圆筒中，当通过手柄旋转螺旋装置时，末端会抽水，而螺旋槽就会将水运送到装置顶部。后来螺旋原理还用来压榨橄榄油和葡萄酒。

直到16世纪，金属螺丝和螺母才用作紧固件。当时是通过套筒扳手旋转，有时也采用叉状装置。1800年左右才出现了便携式螺丝刀。1841年，约瑟夫·惠特沃思（Joseph Whitworth）设计了第一个以他命名的统一螺纹标准。随后1884年，英国科学促进会（British Association for the Advancement of Science）设计了以其命名的科学仪器和精密机械制造中使用的直径非常小的螺丝BA标准。虽然如此，大约在1900年进行的对1207个推测可能有相同尺寸的螺母和螺栓组合试验表明，由于设计不良，用扳手拧紧后，只有百分之八“完全咬合”！

大部分螺丝和螺栓都是尽可能地拧紧。而一些关键的应用中（如车轮上的螺母），只能用特定的扭矩拧紧（扭力扳手上扭矩可调节）。这种方法是为了延伸螺栓，压紧螺栓头和螺母之间的材料，从而使每个螺栓像弹簧一样张开。这种延伸称为预紧力。若之后试图用外力分开螺栓，除非外力超过了预紧力，否则不会产生应力。预紧力按以下最小力的百分比计算：螺栓的屈服抗拉强度、螺纹旋进强度或夹紧材料的压缩强度。

一些螺丝为自攻型：锋利的螺纹可以在木头、塑料和软金属上钻孔（左下图）。其他类型的螺丝则需要提前钻孔或需要与螺丝螺纹相匹配的螺母。螺丝的大径（“尺寸”）为螺纹的外径，比等于螺纹中径的孔或螺母的直径大（如左上图）。几乎所有的螺纹都是右旋的，这样就可以顺时针拧紧螺丝；左旋螺纹则是逆时针旋转，但是只有少数情况下才使用。例如，一根杆的旋转会逐渐松开右旋的螺母，如自行车左边的脚踏板；防止危险误接的气体供应连接；以及开瓶器或螺丝扣（下图）等一些常用工具。螺丝扣可以调节绳子、缆绳或拉杆中的张力。右旋螺丝与左旋螺丝匹配时螺丝扣才会作用。拧紧第一个螺丝就是拧紧第二个螺丝，螺丝的松开亦是同理。

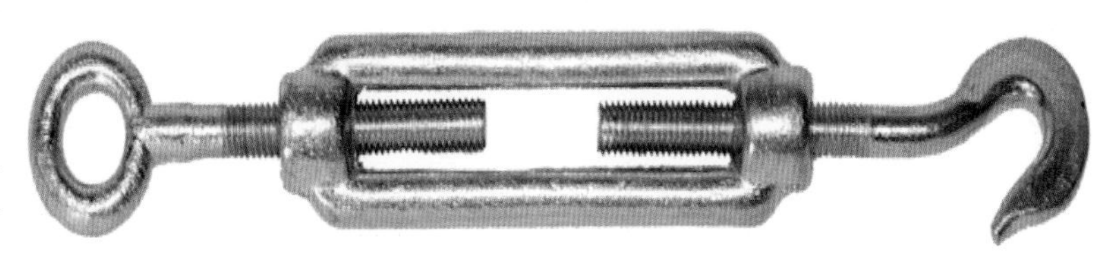

音乐与歌唱

声音强度有一个独立于任何听者的可用分贝测量的物理量，但是响度却取决于单个听者的感觉（见第95~96页）。音乐的频率和音高亦是同理。音符的频率可以用赫兹测量，但是音高虽然由频率控制，但是在很大程度上是对“高度”或“低度”的主观测量。

西方音阶中八度音阶有八个音符。在这个重要的音程间，音符的频率加倍（减半）：若钢琴的中央C调节至261.6 Hz，那么高音C必须调节至该频率的两倍，即523.3 Hz。但是，亚瑟·克莱恩在《测量的世界》中这样写道两个音符之间的音高关系：“我们的耳朵被调和，很难想到那是一个音程；相反好像是一种高低音之间的同音或半同音。”影响我们的是频率的比率而非其绝对值。因此，谈到八度音阶中的八个音符的同时，作曲家也会提到完全半音音阶（八个基本音调加五个升半音和平半音）中的音调和基于小三度、完全五度和大七度等音调的音程。与频率不一样，它们的值很难科学地定义，但是音调的关系却决定着音乐是否悦耳动听。

在八度音阶中，不同音符之间的频率比和音阶大小可以用十进制关系或分为1 200个音分的对数刻度表示，如右表所示，其中列出了约翰·塞巴斯蒂安·巴赫（J. S. Bach）支持的公认调谐“平均律”音阶。正如预期那样，高音C与中央C之间的十进制比为2.0，对数比为1 200音分。但是频率为中央C（261.6 Hz）和高音C（523.3 Hz）之间一半中音G（392.0 Hz）的等比为1.498和700音分——而不是1 200音分的一半600音分。这是由音分音阶的对数性质决定的。十进制比率音阶的很大优势在于每个音程都等于100音分。这意味着，作曲家通过减去或加上音分值，就可以决定任何两个音调之间的音程。

音符可以改变频率——与频率比不同。中音A（如今被称为音乐会音高或标

对页图：唱歌中的物理。训练有素的歌手与未经训练的学生之间的差异如图中声光谱所示。顶部显示的是训练有素的歌手（左）和未经训练的歌手（右）唱元音“bee”的C大调琶音时的基本频率；底部表示赋予歌声色彩和力量的所有和声（更高频率的共鸣）。训练有素的歌手在琶音的音符上过渡更平稳，在2.5 kHz~4 kHz范围内的和声更有力。

平均律的音阶

音调编号	调	音程	十进制比	比率（音分）	频率（Hz）
1	C	同音	1.0	0	261.6
	C#，D_b	半音程 / 小二度	1.059	100	277.2
2	D	全音程 / 大二度	1.122	200	293.7
	D#，E_b	小三度	1.182	300	309.3
3	E	大三度	1.260	400	329.6
4	F	完全四度	1.335	500	349.2
	F#，G_b	增四度 / 减五度	1.414	600	370.0
5	G	完全五度	1.498	700	392.0
	G#，A_b	小六度	1.587	800	415.3
6	A	大六度	1.682	900	440.0
	A#，B_b	小七度	1.782	1 000	466.2
7	B	大七度	1.888	1 100	493,9
8	C	八度	2.0	1 200	523.3

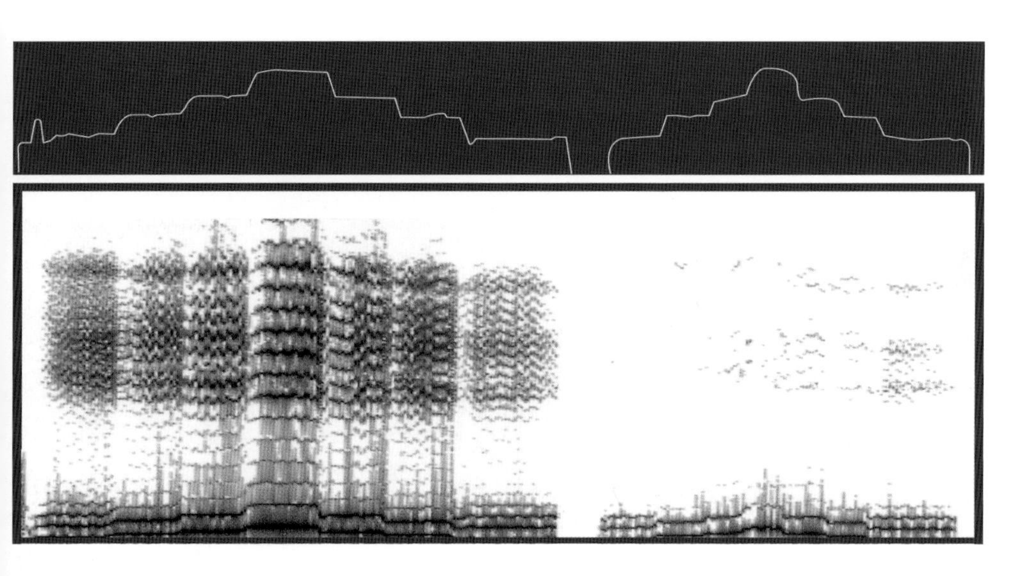

准音高）取 440.0 Hz。但是 1500 年左右到 1670 年左右，北欧的 A 频率为 466 Hz（音乐会音高以上半音程），1670 年左右到 1770 年，A 频率为 415 Hz（音乐会音高以下半音程）。

在五线谱符号中，音高由五线谱上音符的水平位置标示。现代五线谱中常用两个谱号表示音符的音高：高音谱号和低音谱号。在高音谱号中，五线谱中的五条线从下往上分别代表音符 E、G、B、D、F——从中央 C 以上三度到中央 C 以上八度和四度。因此，线与线之间的四个空间分别代表中间的音：F、A、C 和 E。A 音的音长由一系列的符号表示，例如♩（四分音符）和♪（八分音符）。横向读谱，五线谱同样被几条竖线分开，这个是由音乐的拍号（节奏）决定的。例如，4/4 拍表示这条竖线前有 4 拍，每个为四分音符音长或等音长，第一拍通常为强拍（但也不一定）。

下图：沃尔夫冈·阿玛迪乌斯·莫扎特（W. A. Mozart）手稿。G 大调弦乐小夜曲（K. 525）的开头，莫扎特将该作品称为“弦乐小夜曲”（Eine Kleine Nachtmusik），1787 年 8 月 10 日莫扎特编写歌剧《唐·乔望尼》（*Don Giovanni*）期间于维也纳完成。拍号在五线谱开头用“C”表示，意为“普通拍”，也即 4/4 拍。“这可能是有史以来最美妙的偶然音乐，所以它的魅力才经久不衰”［罗宾斯·兰登（H. C. Robbins Landon）《莫扎特：黄金年代》（*Mozart: The Golden Years*）］。

IQ 和智力

智力测试是一个非常有争议的领域，一定程度上是因为这种测试的起源与优等生相关，而且一直带有种族歧视。但是主要还是因为人们对智力的定义不能达成一致，尤其是心理学家。爱因斯坦毫无疑问是高智商，但是像甘地（Gandhi）这样的领导人、莫扎特这样的艺术家、贝利（Pelé）这样的运动员可以称为高智商吗？他们同样也有着非比寻常的心智能力，但是这些能够称为“智力”吗？

英国心理学家查尔斯•斯皮尔曼（Charles Spearman）和美国心理学家刘易斯・特尔曼（Lewis Terman）分别都在 20 世纪早期为智力测试打下了基础，他们相信智力可以通过单个数字来测量——g 表示“一般智力”（斯皮尔曼），IQ 表示“智商”（特尔曼）。

1912 年，特尔曼设计了斯坦福 - 比奈（Stanford-Binet）测试（斯坦福是特尔曼所在大学的名字，比奈是一名法国教育家的名字，特尔曼的这个测试就是根据他的测试改编的），而且还成为了五十年间美国各大学校、企业、军队和政府的标准智力测试。1917 年，其中一个版本还用来评定第一次世界大战的新兵。文盲则参加纯粹的图片陆军乙种智力测试。例如，他们须快速补充上图中各自缺少的内容。坦白说，不熟悉美国城市生活的文盲一般分数都很低（尤其是表示保龄球的第 15 项）。但是，这也未能阻止智力测试获得极高声誉。

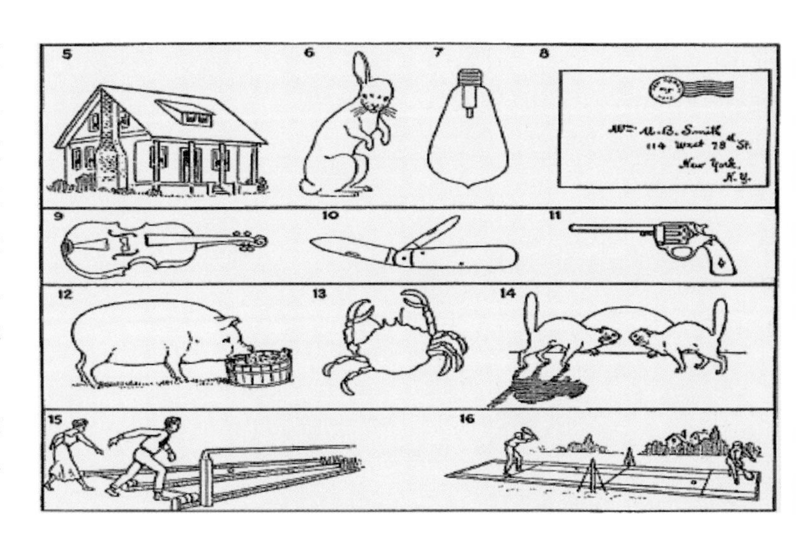

上图：1917 年陆军乙种（Army Beta）智力测试的一部分（具体说明参见正文）。

特尔曼计算 IQ 的方式如下：每个测试项给定一个“心智年龄”，在该心智年龄的儿童应知道正确答案。若一个 5 岁的儿童知道心智年龄为 6 岁的测试项目的正确答案，则获得额外的分数，若知道心智年龄为 7 岁的测试项目的正确答案，则额外获得更多的分数，以此类推。加上测试分数的总数，计算出心智年龄（单位为年和月）。然后 IQ 测试者将心智年龄除以该儿童的实际年龄，然后再乘以 100 去掉小数位。因此，IQ 刚好为 100 表示心智年龄等于实际年龄。

特尔曼用了几十年一直观察加利福尼亚智商高达 135 或以上的一群儿童［称为“特曼人”（Termites）］的成长以及他们的后代，以此研究高智商是否具有延续性以及智商是否会遗传。按常规标准来说，特曼人在成年后都非常出色，成为了美国领先机构的医生、律师、商人和科学家，这个比例比普通人群要高很多；而且他们的孩子的 IQ 也

对页图：大脑核磁共振扫描（左右侧）。红色表示皮质厚度和 IQ 之间紧密的正相关，紫色表示紧密的负相关。

非常高——只有20%的低于120。然而，没有一个人获得过诺贝尔奖。此外，特尔曼最初的测试还否决了两名后来获得诺贝尔奖的科学家，一位是路易斯·阿尔瓦雷茨（Luis Alvarez），另一位是威廉·肖克利（William Shockley）。这些特曼人中，无人自己建立工厂，也没有人成为知名的领导人、艺术家或运动员。

虽然如此，“一般智力”的概念还是深深吸引着心理学家，更不用说普通大众了。后来出现了大脑核磁共振扫描（见第176页），人们就试图将智力和大脑的发育联系起来。美国国家心理卫生研究院（National Institute of Mental Health）的一群科学家跟踪调查了300多名儿童从6岁到19岁的IQ测试以及大脑扫描，并在2006年将结果发表在《自然》上。研究结果表明，在童年早期，较高智商和大脑皮层（尤其是额部和颞部的大脑皮层）的厚度呈负相关，而童年晚期的结果则相反，较高智商和大部分大脑皮层厚度呈正相关。换句话说就是，智商较高的幼童的大脑皮层比智商一般的幼童的大脑皮层薄。研究人员这样总结：“‘聪明’的孩子比别人更聪明不仅仅是因为在某个年纪拥有更多或更少的智力。倒不如说，智力与大脑皮层成熟的动态属性相关。”科学家说这话的意思就是假设IQ测试可以测量一个人的智力。

另一种不同的而且争议相对较少的智力测量方法就是统计一名学者发布的作品被其他学者引用的频率。一部著作被引用的次数越多，这名学者就越有影响力，因此从某种意义上来说，智力也就越高。然而，除了这个论点的明显缺陷以外，即十个人可能犯同一样的错误，这种测量方法没有考虑引用这个作品的人或引文出版的地方。诺贝尔奖获得者在一本名声显赫的期刊上引用比一个无名的学者在一本鲜为人知的期刊上引用更能证明作者的智力。因此，为了调整苍白的引文统计数据，其他的指数就变得尤为重要，例如期刊的“影响因子”和谷歌的网页排名（Google's PageRank）算法得出的引用该作品的学者知名度。尽管有这些测量智力的成果，但是也不能忘记那些没有写下他们的想法但又的的确确是天才的人，比如苏格拉底！

上图：位于伦敦的英国皇家学会。皇家学会会员的评选是一个重要的学术荣誉，但是这个评选当然也会受到政治的影响。美国物理学家乔治·希尔施（Jorge Hirsch）提出了一种新的指数，称为“h指数”，致力于使评选更加公平。h指数为一个最大值，指在一位科研人员发表的论文至少有h篇的被引频次不低于h次。因此，若h指数为50，则表示一个人发表的论文中，每篇被至少引用了50次的论文总共有50篇。这个指数的目的不仅仅是为了确认论文的高产量或几篇论文的频繁引用，而且是为了确认该论文是否一直都为一项重要的研究成果。

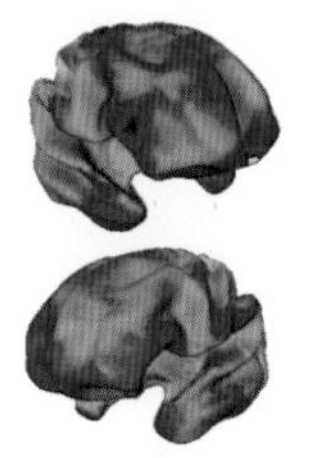
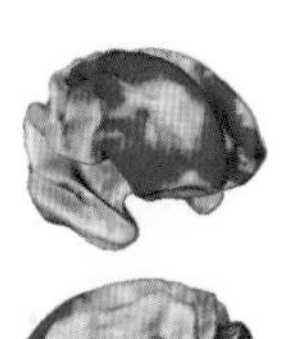
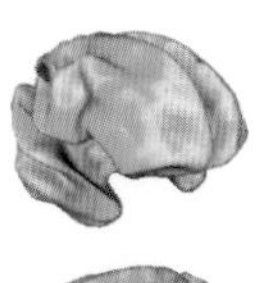
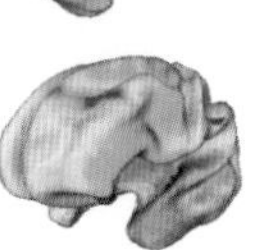
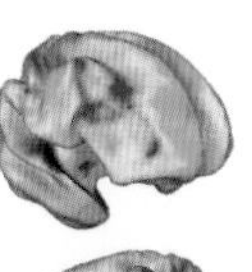

第九章 人体

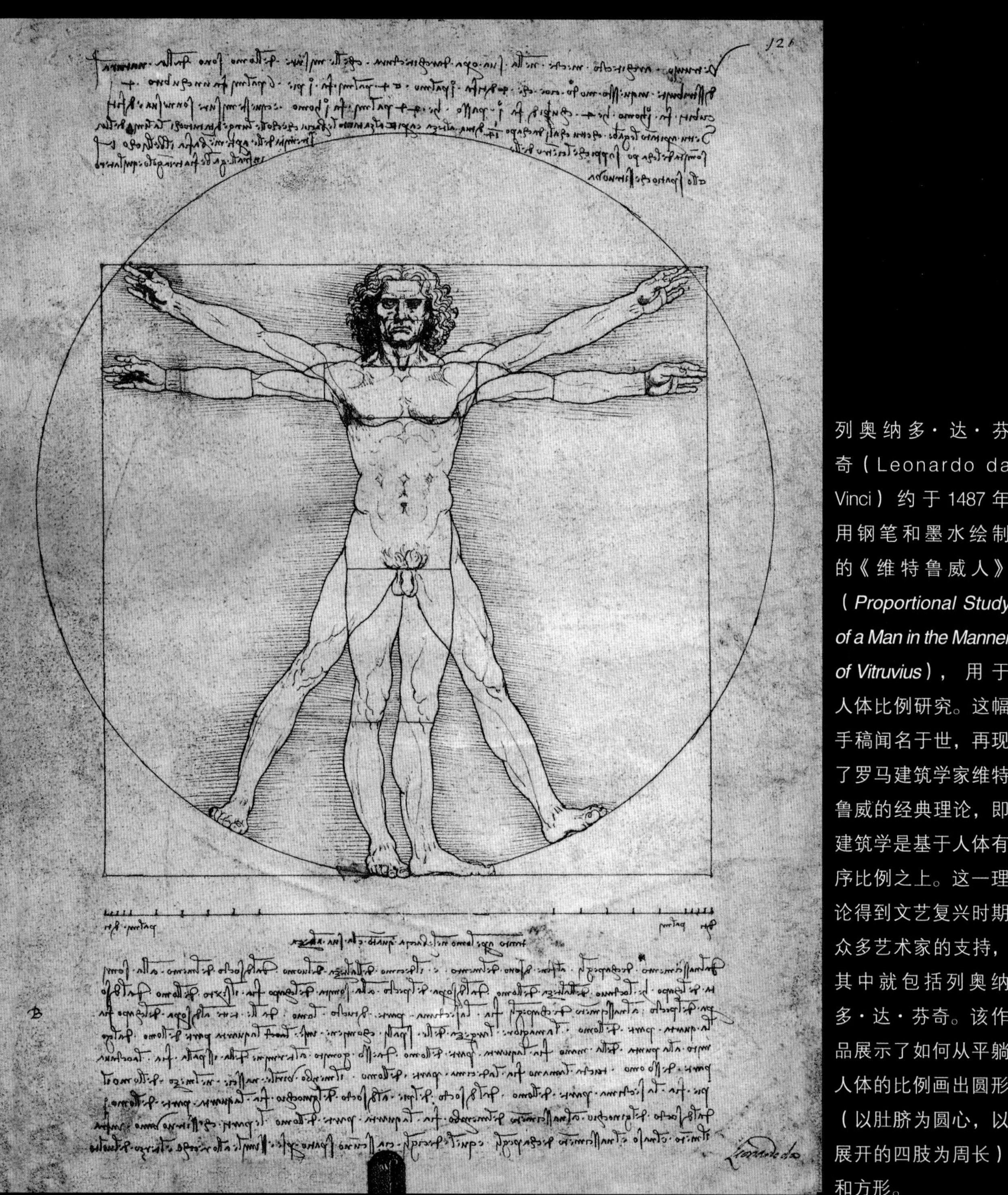

列奥纳多·达·芬奇（Leonardo da Vinci）约于1487年用钢笔和墨水绘制的《维特鲁威人》（*Proportional Study of a Man in the Manner of Vitruvius*），用于人体比例研究。这幅手稿闻名于世，再现了罗马建筑学家维特鲁威的经典理论，即建筑学是基于人体有序比例之上。这一理论得到文艺复兴时期众多艺术家的支持，其中就包括列奥纳多·达·芬奇。该作品展示了如何从平躺人体的比例画出圆形（以肚脐为圆心，以展开的四肢为周长）和方形。

人类基因组

基因在控制人体发育方面起到主导作用。但是自相矛盾的是，遗传学家越是了解人类基因组，越是难以对基因一词下定义。弗朗西斯·克里克（Francis Crick）与詹姆斯·沃森（James Watson）共同发现了DNA（即脱氧核糖核酸）的结构。DNA为基因基本构成，合成酶、蛋白质和染色体。然而，在40年后，克里克于1992年写道："想给基因下个定义，实在是太难了。"

2006年，不同组的遗传学家进行了两次"实验"，再次证实了克里克的看法。在一组实验中，科学哲学领域的研究人员，向500名生物学家寄出14份不同的真实基因信息，并要求他们完成一份调查问卷，回答每份基因信息是代表一份还是多份基因。在另一组实验中，一名同事组织25名基因测序人员，要求大家在封闭环境下协商出一个所有人都同意的"基因"定义。

在第一组实验中，研究人员发现，60%的生物学家持一种答案，余下40%则确信是另一种答案，几乎无人承认自己无知。而在第二组实验中，经过两天的激烈争论，25名科学家竭尽所能给出的结果便是广义的基因定义："基因组序列的可定位区域，与遗传单位相一致，并与监管区域、转录区域和其他功能区域相连。"

在一篇描述这种困惑的社论中，《自然》科学杂志于1953年首次刊登了DNA结构："经过数十载的探讨，只得出公众和媒体均已接受的相当广泛的概念：基因是一种严格界定的存在，注定承载着美与健康，或者更多的是瑕疵和疾病。"《自然》杂志写道："虽然仅有DNA结构图还远远不够，但是简单的机械论观点（即认为一种基因对应一种疾病，而另一种基因对应另一种疾病）还是很受欢迎的。""遗传密码独具魅力——4个字母的序列编码可能已有记载，但其背后还有隐藏的密码，仍待遗传学家破译。"

我们或许不该称之为密码破译，而期望遗传学的未来进程更像是学习一门外语。我们始于学习单词表、查字典和逐字逐句地解读，在我们付诸大量努力，并经常与母语者交流后，总有一天，我们既能欣赏基因巨著中那些晦涩之处，也能欣赏那些华美篇章。

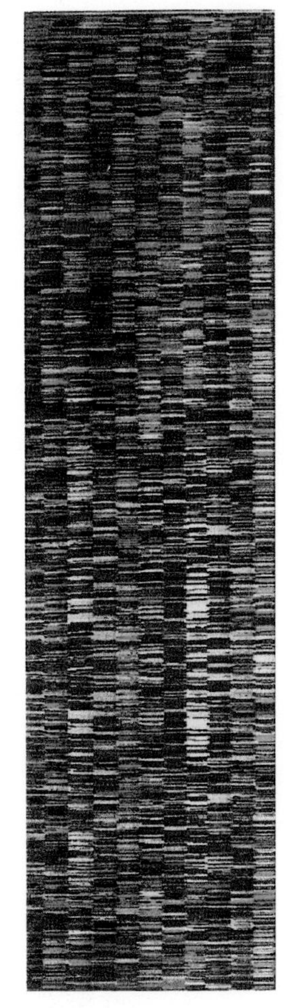

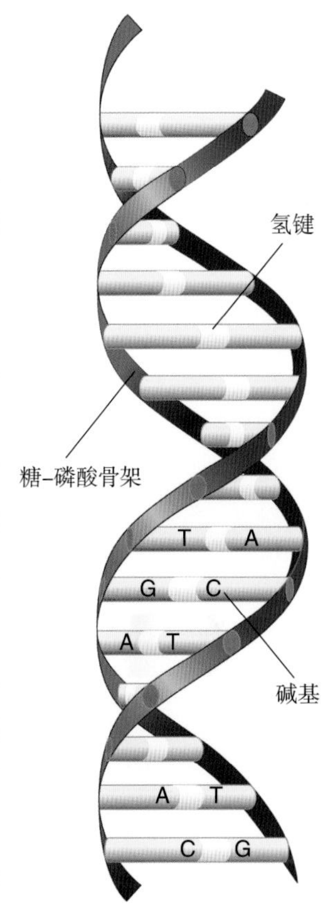

上图：DNA双螺旋结构，基因的基本构成。螺旋结构由糖－磷酸单位组成；分子链则由四种含氮碱基组成，即腺嘌呤（A）、鸟嘌呤（G）、胸腺嘧啶(T)和胞嘧啶（C）。

左图：DNA自动测序仪的测序结果中，每种颜色代表四种含氮碱基中的一种。1869年，DNA（当时称之为核蛋白质）实现了化学分离；1944年，DNA经证实为遗传物质；1953年，实现了DNA结构分析。

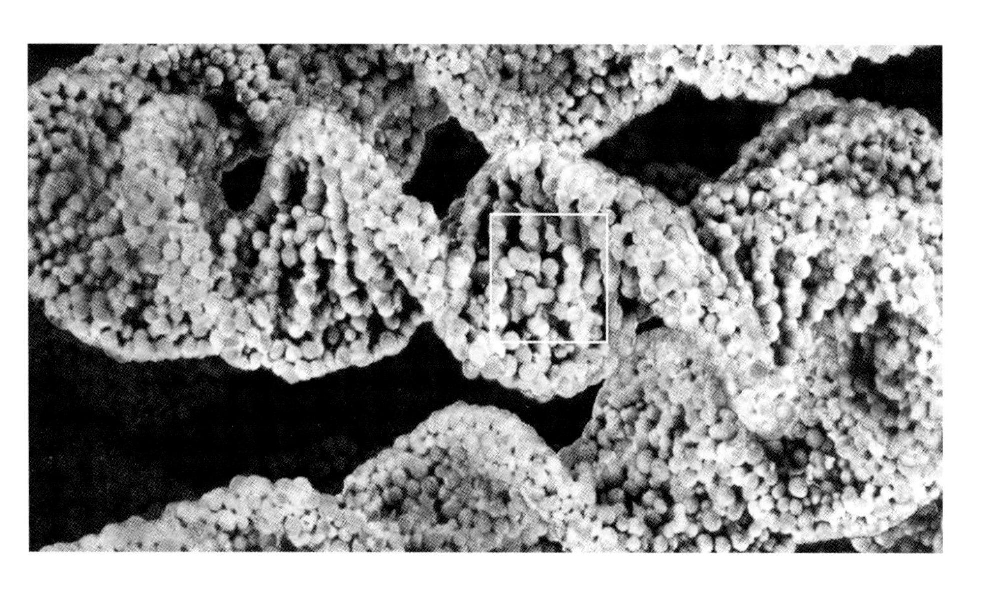

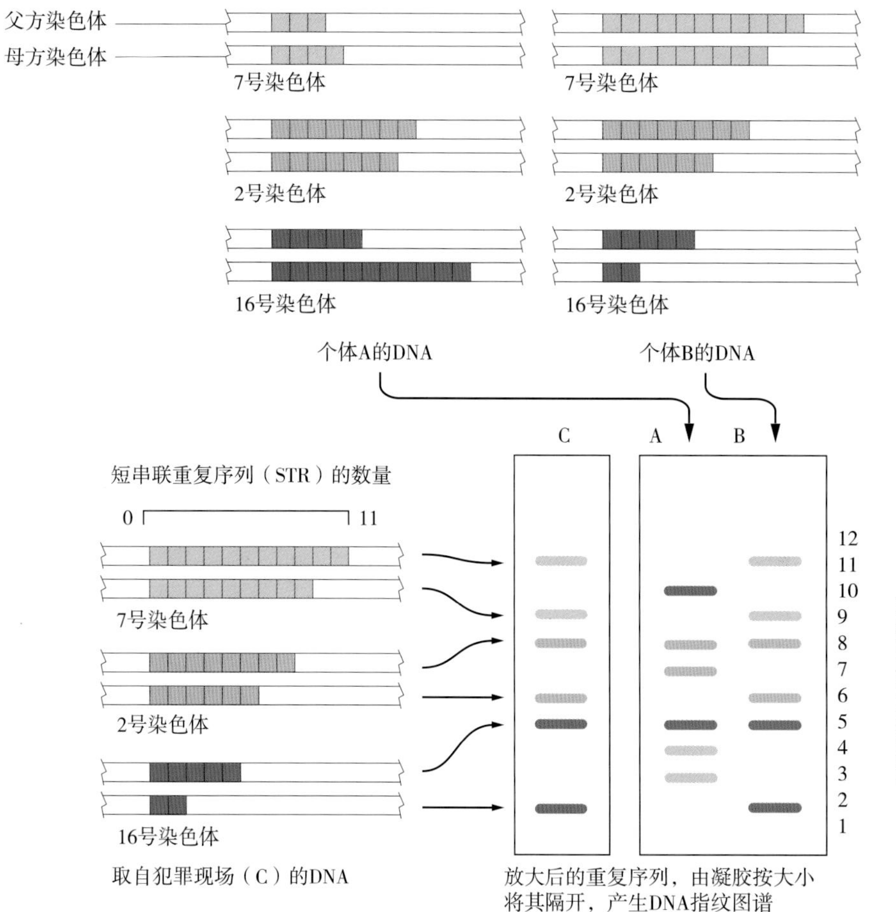

取自犯罪现场（C）的DNA

放大后的重复序列，由凝胶按大小将其隔开，产生DNA指纹图谱

DNA 双螺旋结构的特写。刻度线代表 10 μm（10^{-8} m）。特定生物体的基因组取决于分子链的排列顺序，分子链包括四种不同的碱基，即 A、G、T 和 C（见前页）。在细胞复制期间，两列分子链展开，并且每一链作为一个模板，用于产生一个梯级分子梯全新的复制品。

基因指纹鉴定。在法律纠纷之外，为了对取自犯罪现场的 DNA 和潜在嫌疑人的 DNA 进行匹配，需要比较短串联重复序列（STR）。STR 是两到四个碱基构成的序列，在 DNA 中重现的次数高达 17 次。本图表明，取自犯罪现场 C 的 DNA 中的 STR 与个体 B 的 STR 匹配成功，但与个体 A 的 STR 不能匹配。警方是否应该储存过往嫌疑犯 DNA 样本中的基因数据，以用于将来可能的比对，这还存在着争议。亚历克·杰弗里斯（Alec Jeffreys），一位在 20 世纪 80 年代中期发明 DNA 指纹鉴定的遗传学家，他将这样的存档描述为“对公民自由的严重侵犯”。

血液

威廉·哈维（William Harvey）是国王查理一世（King Charles I）时期的一位医生，他大约在1628年发现了血液循环的现象。哈维认为，血液是“生命的源泉和灵魂的寄居”。通常，人体内有5 L血液（每个人的血液容量取决于身体的重量，其比率约为70 mL/kg）。用基督教圣典的话来说，这些血液的情感意义总是远超其生理机能。

在哈维之前，盛行着古罗马最著名的医生盖伦（Galen）的观点：通过食物的消化所形成的一种沸腾，肝脏在源源不断地产生血液，并输送至全身并渗入心脏。通过测量和计算，哈维证明了这一看法是错误的。他测量了人类、犬以及绵羊的心脏容量。然后他将这一数值与脉搏率相乘。这使得哈维计算了在给定时间内从心脏中传输血液的总量，对于普通人来说，在每半个小时内便有约80磅（36 kg）的血液。虽然哈维的计算并不准确，但是这无疑表明了：心脏的不断跳动驱使比消化后的食物所能提供的更多的血液穿过该器官，或者说，比任何时候所有的静脉包含的血液还要多。因此，血液是不断循环的，而非单纯的补充。

对于血型的了解，则是到了20世纪才得以实现，这让成功的输血变得可能。血型是由免疫学专家卡尔·兰德施泰纳（Karl Landsteiner）和他的两名同事在1900年年初发现的。经鉴定，这四种血型即为我们如今使用的：A型、B型、O型和AB型。O型血的历史最为古老，也是石器时代唯一的血型；A型血出现于公元前25000年—15000年；B型血是在公元前15000年—10000年产生的；而AB型血则是最新的血型，大约有500年到1000年的历史。部分因为这些原因，血型在全世界的分布千差万别。在英国，42%的人都是A型血，10%是B型血，44%是O型血，而AB型血仅占4%。在美国、中美洲和南美洲，大部分人都是O型血。A型血在中欧和东欧比较常见，而在挪威、丹麦、奥地利、亚美尼亚和日本则是最常见的血型。在中国和亚洲的社会中，大约有四分之一的人是B型血。至于最罕见的AB型血，大约有10%的日本人、中国人和巴基斯坦人是这一血型。

血型具有遗传性，其中一种“血型基因”（O型、A型或B型）来自于母亲，另一种则来自于父亲。来自父母的这两种血型基因合在一起，便决定了孩子的血型。因此，可能的基因组合有：OO、AA、AO、BB、BO和AB。不过至关重要的是，基因A和基因B都是“显性”的，而基因O则是“隐性”的，因此，AO组合属于A型血，BO组合为B型血，只有OO组合的情形才是O型血。这解释了为何父母两人都是A型血，而他们的孩子却是O型血，因为父母双方的基因组合都是AO。

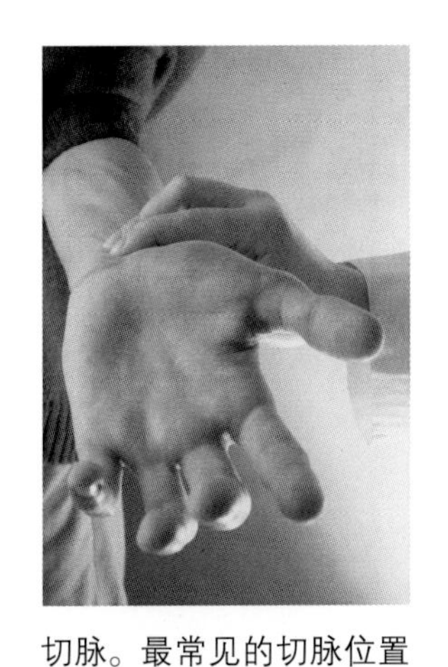

切脉。最常见的切脉位置是位于腕关节大拇指一侧手臂附近的桡动脉。在休息时，健康成年人的脉搏率为每分钟60~70次，不过，对于一流的长距离游泳运动员来说，这一速率可低至每分钟40次，并且最高值为80次。动脉的弹性越差，脉压随着每次心跳就上升得越剧烈。通常，心脏的左心室每分钟泵入5 L血液（人体内所有的血液）到主动脉和动脉之中。随着每一次心跳，动脉血压达到最大值，这一血压值称作收缩压，最小值的时候则称作舒张压。可通过血压计（与水银压力计相连的可充气袖带）和听诊器来测量收缩压和舒张压。因此，血压值为120/80时，表示收缩压为120 mmHg，而舒张压则为80 mmHg。

在血液分类中，Rh因子（Rh阳性或Rh阴性）也是十分重要的。1940年，兰德施泰纳和他的同事将恒河猴的血液注入到了兔子和豚鼠体内，从而发现：人体中产生的抗体会与某些人的红细胞发生反应（Rh阳性），但与其他人的红细胞不发生反应（Rh阴性）。这一原因在于人体细胞中是否存在一种称作为D的抗原，含有D抗原的为Rh阳性，并且对于人体中缺乏D抗原同时是Rh阴性的血液，其中所含的D抗体会攻击含有D抗原的细胞。大部分人都是Rh阳性（在英国，这一比例为83%），因而对于下图中的血袋，相对来说不太常见。

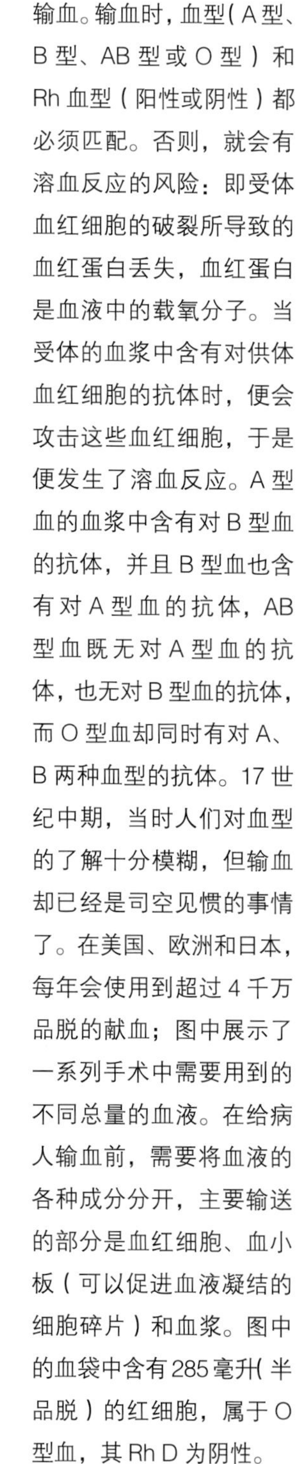
输血。输血时，血型（A型、B型、AB型或O型）和Rh血型（阳性或阴性）都必须匹配。否则，就会有溶血反应的风险：即受体血红细胞的破裂所导致的血红蛋白丢失，血红蛋白是血液中的载氧分子。当受体的血浆中含有对供体血红细胞的抗体时，便会攻击这些血红细胞，于是便发生了溶血反应。A型血的血浆中含有对B型血的抗体，并且B型血也含有对A型血的抗体，AB型血既无对A型血的抗体，也无对B型血的抗体，而O型血却同时有对A、B两种血型的抗体。17世纪中期，当时人们对血型的了解十分模糊，但输血却已经是司空见惯的事情了。在美国、欧洲和日本，每年会使用到超过4千万品脱的献血；图中展示了一系列手术中需要用到的不同总量的血液。在给病人输血前，需要将血液的各种成分分开，主要输送的部分是血红细胞、血小板（可以促进血液凝结的细胞碎片）和血浆。图中的血袋中含有285毫升（半品脱）的红细胞，属于O型血，其Rh D为阴性。

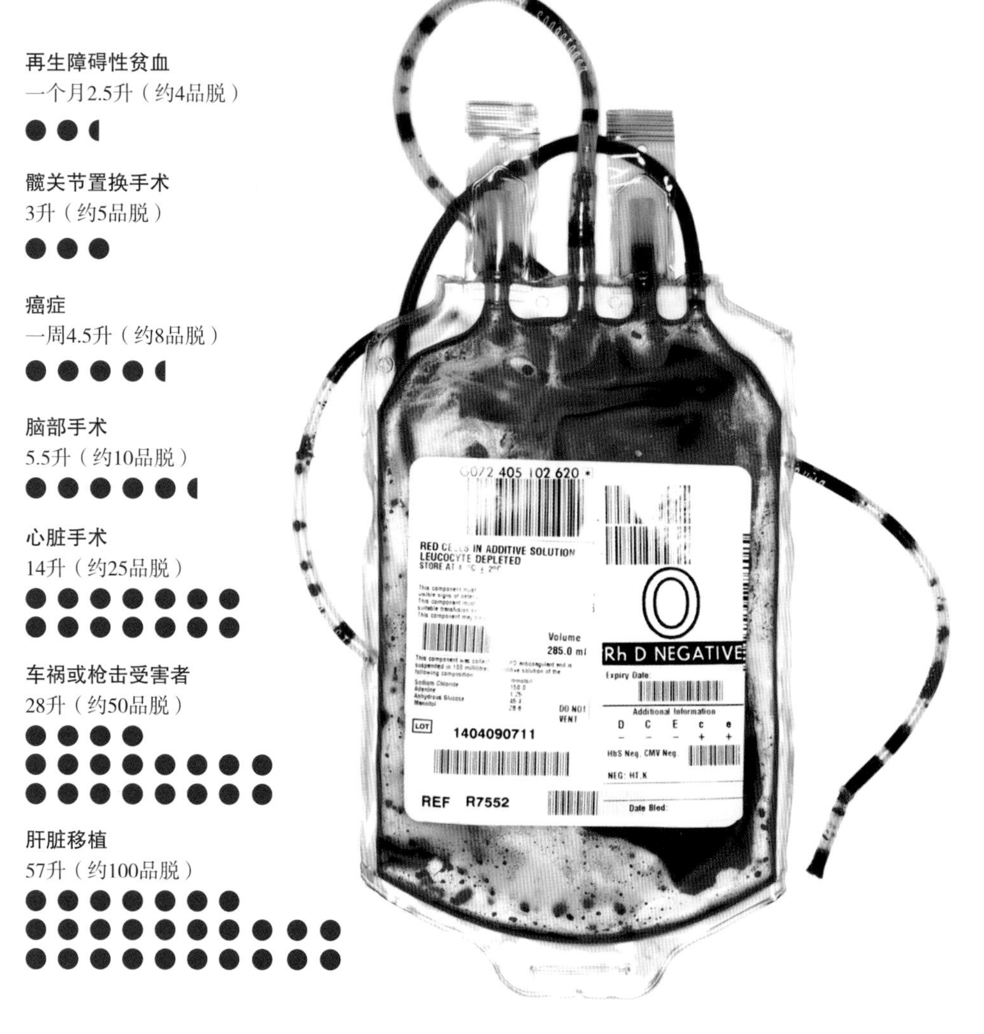

医学扫描

19 世纪的医生通常拒绝在诊断中使用器械。不过在当时，听诊器是可以接受的，因为只有医生才能使用。但像温度计等带有读数功能的装置，或者更糟的是具有写入示踪功能的装置，在专家医学判断中，这对公众信心具有潜在的威胁。“它们代表着一种客观事实的伦理观，而非个人信任的问题，并且在美国和欧洲长期受到大多数医生的质疑”，西奥多·波特在《相信数字》中如此评论道。

在 20 世纪中，除了合成药物，在医学上最大的进步则是新型无创性的仪器技术，它可以生成有关骨骼、组织、器官和人体系统令人惊叹的影像。如今，有五种主要的扫描类型：X 射线、计算机断层扫描（CT）、超声波、核医学以及最新发展而成的磁共振成像（MRI），其中每种都有各自的优缺点。

CT 使用到了大量的 X 射线，从而可以获取一系列称为断层影像的邻近横断面，计算机能从中生成高分辨力、三维的内脏影像，而传统的 X 射线影像则无法做

主要医学影像技术的比较。高亮的部分表明该技术对于人体某一特定区域来说优先使用。

	X 射线	CT	超声波	核成像	MRI
骨骼	仍是最常见的扫描方式，可产生最佳的分辨力	用于更复杂的结构，例如颅骨	很差，超声波不会穿透骨骼	对早期诊断（例如应力性骨折的早期诊断）和全身性骨癌效果较好，尤其是对肿瘤转移的检测	发出微弱的 MRI 信号时对骨骼无效，但对关节却效果极佳，是扫描膝盖的首选，可获取动态信息
大脑和脊髓	限制性使用射线照片	对骨骼的精细结构效果极佳，在软组织疾病上可与 MRI 相提并论	很差，在不进行手术的情况下很难对颅骨透影成像	对退行性疾病和受体部位效果较好	极佳，是中风和神经纤维示踪的首选
胸部	射线照片可胜任常规性肺部筛查	更详细的扫描首选 CT	很差，超声波不能对气室透影成像	对于呼吸和血液流动的功能研究非常有效	很少使用到，MRI 对气室的成像效果不太好
心脏和血液循环	很少使用	带有多层扫描器和 3D 容积采集的 CT 效果极佳，可提供扫描过程中的时间分辨力	极佳，许多情况下的首选技术，如速度（多普勒效应）和结构分析	对血液流动和脂肪酸摄取有用	在使用示踪器扫描血液流动的过程中，采用轮廓清晰、时间分辨率改进后的 MRI 效果极佳
软组织（关节）	射线影像的对比效果很差	效果较好，对于额外的骨骼细节，相对 MRI，CT 是首选	比较合理，虽然骨骼会对超声波形成阻碍	分辨力很差，但能产生功能性信息	极佳，是研究肌肉、肌腱、软骨和关节腔的首选方法
软组织（腹部）	射线影像的效果很差，且需要造影剂	对于许多类型的疾病效果较好，但需要对比，逐渐广泛使用虚拟结肠镜检查	极佳，由于安全性和目前可以用到的 3D 成像，迄今是产科学中的首选	用于肿瘤、肝脏、肾脏、前哨淋巴结等重要的功能性测试，分辨率极差，但在诊断学上具有一定价值	注入各种造影剂之后，可广泛用于肿瘤
舒适性与安全性	射线影像会产生较小的辐射剂量	高剂量	无已知安全风险	管制性的放射性核素，中等剂量	起搏器、植入物等风险，某些幽闭恐惧症
检查时间	很快	中等，例如几秒钟	中等	几分钟或者更多，需等待示踪器分配	很长
空间分辨力	0.1 mm	0.25 mm	1 mm~5 mm	5 mm~15 mm	0.3 mm~1 mm
移动性	可用到较小便携的机器	无	广泛使用的便携机器	发展中的便携设备	虽然尝试改良，但移动性非常有限

到。超声波用到了频率非常高的声波脉冲，并且不会产生已知的安全风险，因此对于未出生的婴儿，超声波是十分理想的成像方式。与X射线不同，在核医学中，通过监控病人所吞下的放射性示踪器，可以显示例如血液和呼吸等循环系统是如何工作的。MRI利用了一种极强的磁场，由于人体许多原子的原子核如同微小的条形磁铁，它们会沿着磁场排成一列，尽管不是非常整齐。在不同的无线电频率下，通过使磁场振荡并对其施加脉冲，MRI扫描器能引起不同的原子核产生共振并吸收能量。当脉冲结束时，共振也会停止，并且原子核会以微弱的MRI信号形式，重新发射能量，通过接收线圈可探测到这一过程。

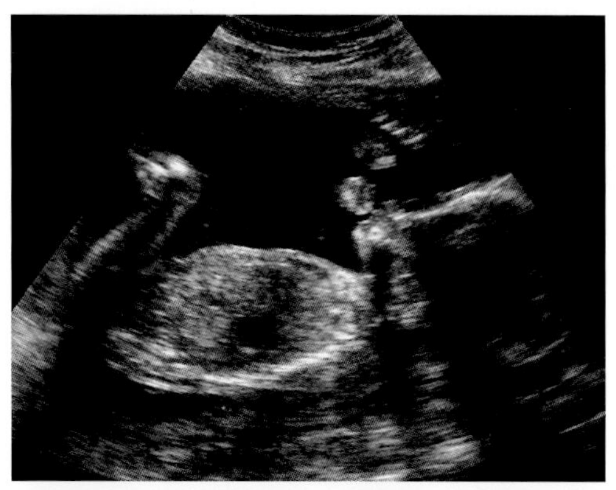

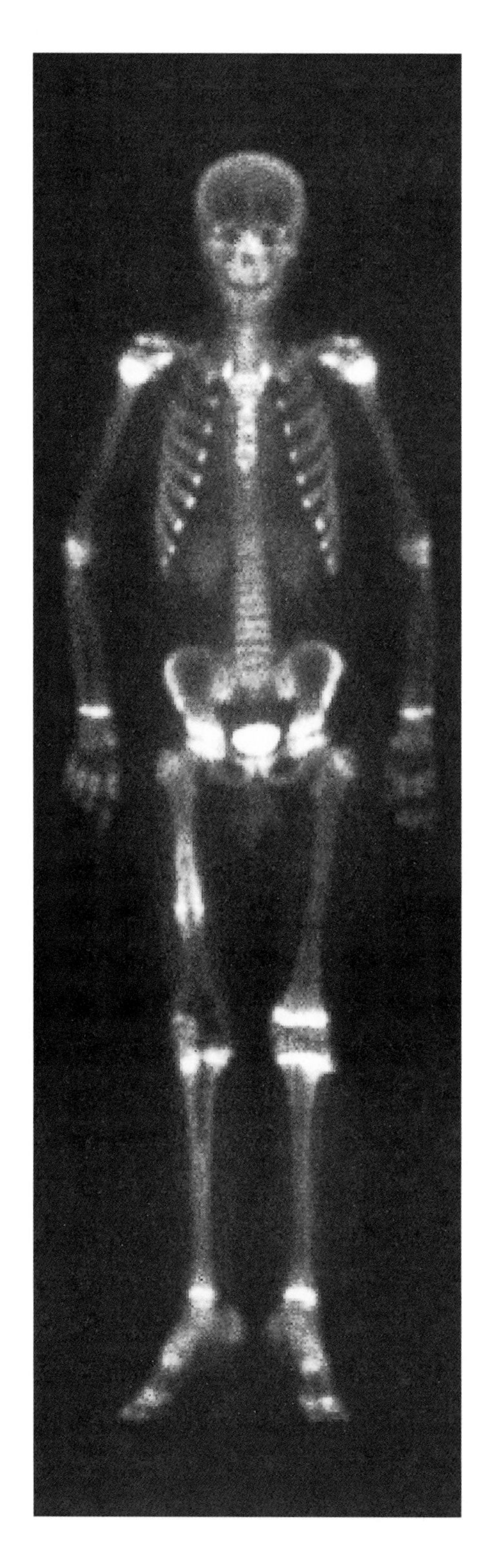

左图：全身扫描图。该图的生成使用了“附于”适当化合物上的放射性示踪剂。图中所示为一位青少年，示踪剂已积累于其骨骼内。快速成长使关节活动明显增加，但有一个膝关节并非如此，其原因在于大腿中的肿瘤。

左上图：超声波扫描所展示的未出生婴儿。这种扫描可以识别心脏、大脑或身体畸形，也可找出胎盘的位置，还能预测婴儿的出生日期。

左下图：MRI扫描展示了大脑和软组织极其清晰的影像。通过辨别含氧和不含氧血红蛋白分子的磁共振，MRI扫描能检测到大脑的活动。血氧水平依赖表明，虽然MRI可以显示出大脑特定部分与特定的行为类型之间存在联系，但是对于血氧水平依赖的MRI信号如何与神经活动关联起来，尚不太清楚。

眼睛与镜片

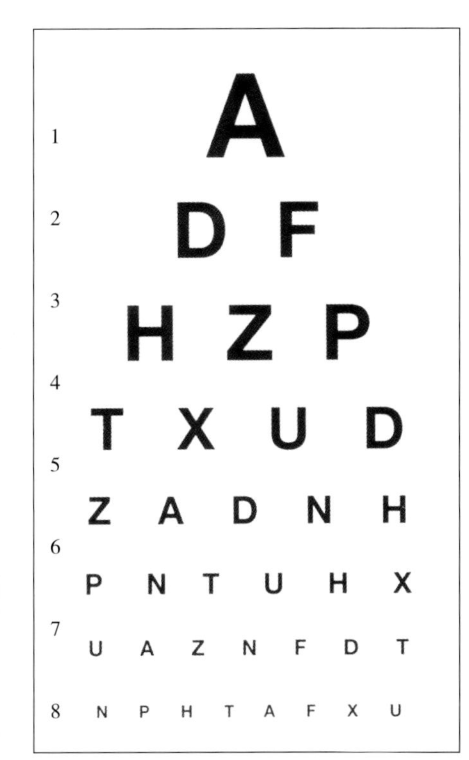

普林尼（Pliny）写道：由于视力不佳，尼禄（Nero）通过透明的绿玉宝石来观看角斗比赛，这样做可以对视力进行矫正；在古代，盛满水的玻璃碗也用作放大镜。但是，直到约1280年，在威尼斯才第一次出现眼镜，那里是玻璃制造的中心。最初，人们对此持有不同的看法。1305年，在比萨（Pisa）的一场布道中，玻璃制造艺术被视为全世界最有用的艺术。但是一位英格兰的牧师宣称："最新发明的光学眼镜是不道德的，因为它歪曲了自然景象，也使得事物出现于不自然和虚假的光线之下。"

到1704年牛顿发表《光学》（*Opticks*）的时候，人们通过经验来理解透镜和棱镜的折射规律，包括其中的聚集和发散现象，这导致在18世纪期间产生了经改良的眼镜、望远镜和显微镜。当时，科学家们虽然并不了解光，但是可以计算光的弯折。

在那时，眼睛与视觉的关系也是一个谜。眼睛是如何使其适应不同距离的物体，而将它们集中在焦点上的呢？眼睛会产生怎样的变形呢？眼睛如何区分不同的颜色？眼睛与心理存在什么样的关系呢？直至1800年左右，托马斯·杨才给出了这些问题的答案，提出了度量和矫正眼睛缺陷实际可行的方式。并且，如今的一些技术仍在解决这些问题，例如激光矫视手术，可用于那些不希望戴眼镜或隐形眼镜的人。同时，在意识经验的许多对立性理论中，也在解决这些问题。正如列奥纳多·达·芬奇意识到："眼睛是心灵的窗户，也正是通过眼睛这一首要方式，大脑才可能最充分和宏大地沉思大自然无限的作品……"

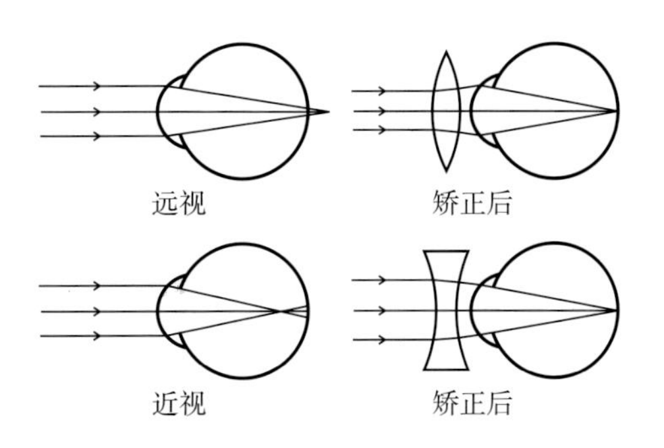

斯内伦视力表（左图）是以赫尔曼·斯内伦（Hermann Snellen）命名的，出现于1862年。此视力表需在6 m外观看，共8行视标。若敏锐度为1，则可以辨认出第7行，这在米制中也称为6/6视力，在美国称作20/20视力。在裸视情况下，空军飞行员必须能看清最后一行，即6/5的视力（敏锐度为1.2）；英国的汽车驾驶员需要有6/10的视力（敏锐度为0.6），即能看清第5行和第6行的水平。粗略地说，一个拥有6/12视力（在美国为20/40）的人，必须在接近6 m的距离才能辨识出字母，而拥有6/6视力的人，在12 m远的地方即可做到。可通过用于远视的凸透镜和用于近视的凹透镜来矫正视力。散光通常需要进一步的透镜矫正，这是由托马斯·杨（上图，1773—1829）发现的。

身体质量指数

身体质量指数（BMI）又称体重指数，已存在相当长一段时间，由阿道夫·凯特勒（Adolphe Quetelet）在1830年—1850年期间发明。但只是在过去这几十年里，BMI才成为从健康角度来看最常见的体重分类方式。许多医生和医疗机构认为，当BMI处于18.5~25这一范围时，体重才是“健康”的。BMI低于18.5，则是“偏瘦”，25~30之间为“偏胖”，超过30则是“肥胖”。

根据这一尺度，在英国，超过一半的成年人属于偏胖，五分之一为肥胖；而在美国，三分之二的人属于偏胖，三分之一为肥胖。从全球来看，在65亿人中，大约有10亿人的BMI高于25。从另一方面来说，作为健康指标，BMI未充分考虑体质的因素。由于肌肉比脂肪重，因而对于健康的运动员来说，尽管他们非常健康，但其BMI通常会比较高。同时，BMI对长得比较高的人也不太有利。

在发达国家，肥胖现象无疑在持续上升。然而，从其健康含义来看，BMI可能不是最有效的指标。从大多数种族的心脏病发作情况来看，腰臀比可能是更好的风险指标。按英国心脏基金会（British Heart Foundation）的推荐，男士的腰臀比上限为1.0，女士则为0.9。

左下图：将体重（单位为kg）除以身高（单位为m）的平方，即可得到BMI的值。比如，体重为75 kg、身高为1.8 m的人，其BMI等于$75/(1.8)^2$，略高于23。BMI的分类标准为：低于18.5，偏瘦；18.5~25，正常；25~30，偏胖；超过30，肥胖。BMI只是有一定参考价值的疾病风险指标，而不是诊断测试。

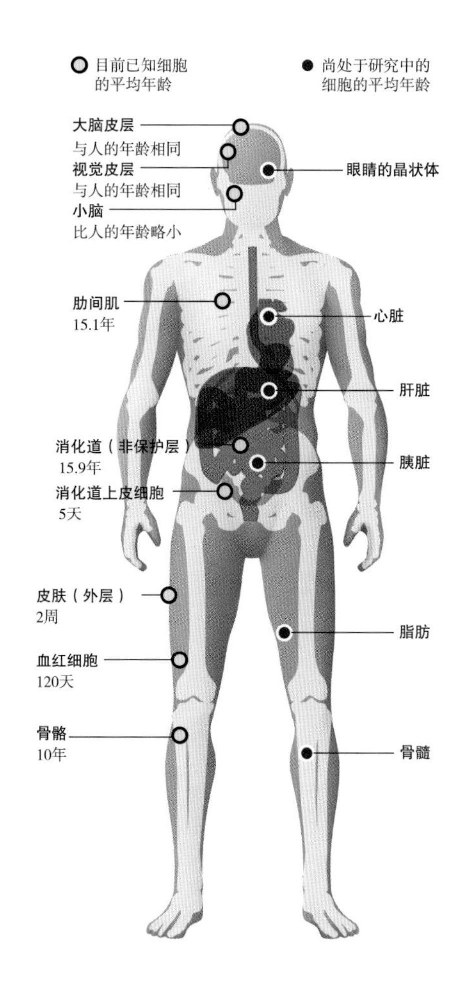

左图：你的真实年龄是多少？为了解体重、健康和死亡率之间的真正联系，科学家们不断探索身体的不同部分是如何衰老并进行自身复制或不复制（具体视情况而定）。本图展示了不同器官和组织中已知细胞的平均年龄。某些部分，例如消化道上皮细胞、皮肤细胞和血红细胞都可以快速更新，但脑细胞的年龄和我们的实际年龄相同，令我们不安的是，脑细胞永远不会更新（已经实验证明）。脂肪的平均年龄是其中一个未解之谜，且目前尚处于研究调查之中。

卡路里和食品添加剂

随着年龄的增长，每单位体重所需的食物热量逐渐减少。对新生儿来说，每千克体重中所需的热量是25岁女士的三倍，10岁的男孩则是65岁老人的两倍。另一方面，由于人类不是活动非常强的生物，每天只需消耗等同于其体重1%~2%的食物。相比而言，蜂鸟或小老鼠每天则必须食用比其体重更多的食物。

为了计算所需的食物热量，首先要计算休息时身体用于新陈代谢所需的能量，即仅仅维持生命状态所需的能量。然后，按照一张列表的指示，例如右表，计算一天之内各种活动所消耗的能量。将这两处计算的能量值相加，其总数即为每天为维持平衡需要来自食物的总热量，即体重既不增加也不减少。

平均来说，人体体重每增加1 kg，每小时新陈代谢所需的热量为1千卡(kcal)。千卡是食物热量的单位，容易与卡路里（大写的C）混淆。在交谈中和某些食品包装上，千卡被不严谨地称为卡路里，1千卡约等于4.2千焦耳。

因而，一个体重为70 kg的人在什么都不做时，每天消耗70×24=1 680 kcal的热量。若整天（16个小时）都在坐着或阅读，则需要额外16×80=1 280 kcal的热量，即每天的总量为2 960 kcal。这一数字略高于为男性推荐的每日食物热量2 500 kcal，而女性的食物推荐热量为2 000 kcal。相比之下，如果每天花16个小时打高尔夫球的话（显然不现实），则总量为6 480 kcal。如花同样的时间给花园挖土，则需要10 000 kcal。这些计算没有考虑到人体为储存和利用能量而在处理食物的过程中所产生的能量损失（约10%），这一现象称为产热效应。不过很明显的是，这些推荐量本身并非令人满意的通用营养建议，还需要通过对特定日常活动的了解来补充。

活动	体重70 kg的成年人每小时消耗的热量（kcal）
静坐	80
扫地	120
打门球	160
开车	192
打乒乓球	200
驾船	200
慢走	220
熨烫衣服	240
慢骑自行车	260
地板打蜡	272
划独木舟或划船	280
打高尔夫球	300
快走	320
跳芭蕾舞	320
冲浪	320
溜冰	360
温和地慢跑	360
打篮球	360
体操	400
爬山	440
打网球	480
慢跑	480
给花园挖土	520
踢足球	560
快骑自行车	672
滑雪下山	700
用力奔跑	800
打壁球	920
快速游泳	1 020
滑雪爬山	1 120

E编码。这里的E是欧洲的简写形式，指的是欧盟对食品添加剂（包括天然维生素）的系统化，适用于许多食品标签上的有限空间。E系统以国际食品法典委员会（Codex Alimentarius committee）确定的国际编码系统（International Numbering System,INS）为基础，该委员会由联合国粮食及农业组织和世界卫生组织于1963年设立。只有欧盟批准的INS添加剂才有E编码。其主要分类包括：E100~199（色素）、E200~299（防腐剂）、E300~399（抗氧化剂和酸度调节剂）、E400~499（增稠剂、稳定剂和乳化剂）、E500~599（pH调节剂和抗凝结剂）和E600~699（增味剂）。例如，抗氧化剂中的抗坏血酸，即维生素C，为E300，增味剂中的味精（MSG）为E621。

酒精含量

在史料中，酒测试员曾为麦芽酒的官方检查员，是专业测量员中最为特别的群体之一。实际上，相对于体面的地方政府官员来说，酒测试员的工作则更像《蒙提·派森的飞行马戏团》（*Monty Python's Flying Circus*）中的角色。当酒馆老板新进一批酒时，便会在二楼窗户之外挂上常春藤枝（因而在英国，常用常春藤枝指代酒馆），于是酒测试员就会受到召唤。通过这样的邀请，他们便会穿着皮短裤或改短后的裤子进入酒馆，这种裤子也是他们测量设备的一部分。将被评估的麦芽酒倒在一个试验台上，当形成一层薄膜之后，一名酒测量员便会坐在薄膜之上。等待一会儿后，他就尝试站起来。如果这很容易完成，酒测量员便会宣布该麦芽酒值一便士的价格，但如果趋向于粘在试验台上时，这种更高比重的麦芽酒就会被判定为更高的价格，即两便士。然后，想必会发生这种情况，酒测量员受邀品尝该麦芽酒，接着离开去洗裤子！

英国对蒸馏酒的传统测试则更为著名。一位税务官会将烈酒样品与少量的火药混合，然后尝试点燃这一混合物。如果该混合物熊熊燃烧，则称之为“超过标准酒精度”；缓慢燃烧对应于100标准酒精度，即为标准状态；若无法点燃，则明显低于标准酒精度。这种测试肯定会出错，同时也不精确，并且后来被使用比重计的比重（密度）测量方式所取代。酒精测量的公制是［以其发明者，即法国化学家约瑟夫－路易－盖－吕萨克（Joseph-Louis Gay-Lussac）命名］根据体积百分比，100标准酒精度等价于57%的酒精度，纯酒精为175标准酒精度，并且大部分白兰地酒约为70标准酒精度，即酒精度为40%，这就是白兰地不会在圣诞布丁上着火的原因。

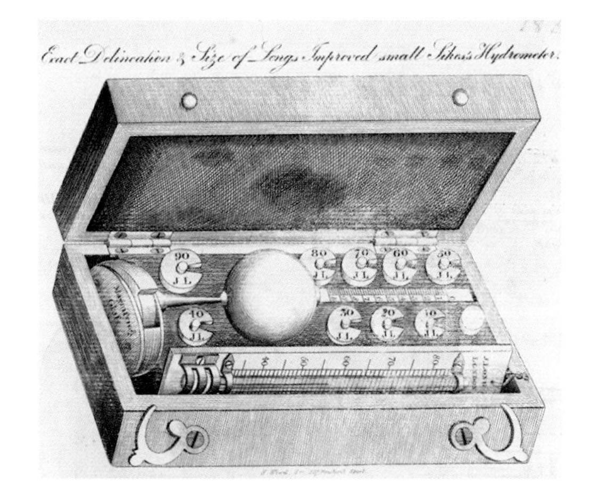

左图和下图：用于测量酒精含量的比重计。1802年，英国消费税局举办了一场比赛，目的是设计出更佳的比重计，胜出者是巴塞洛缪·赛克斯（Bartholomew Sikes）。1816年—1907年，《赛克斯比重计法案》设定了法定标准，赛克斯比重计也一直使用到1980年。其标准配置（左图）为一个漂浮的砝码、十个黄铜砝码及一个水银温度计。在标有刻度的柄部上的零位标志与液面处于同一水平面之前，漂浮在酒精或麦芽汁（下图中间）中的赛克斯比重计一直都会被施加重量。可通过查表将增加的重量转化为标准酒精度，同时也考虑到了温度的影响。

空气质量与花粉量

1952 年，伦敦烟雾事件几乎使得公路和铁路运输中断，并且夺走了约 4 000 人的生命。这样臭名远扬的污染可能在欧洲和美国已成为历史，但是空气污染彻底消失绝无可能，无论是在西方国家，还是在印度和中国的特大城市，例如孟买（Mumbai）和北京。当今的空气还含有其他类型的污染物，其中大多数来源于汽车尾气的排放。相对燃煤和工厂产生的烟雾而言，这些污染物看起来并不那么明显，但是同样具有毒性，也会导致眼睛受到刺激，以及哮喘和支气管等疾病的发作。当然，科学家们如今也能更好地检测这些污染物。

直径小于 10 μm（即 10^{-5} m）的颗粒物尤其令人担忧，它们被称为 PM 10。与更重的颗粒相比，这种微粒会在空气中停留更长的时间，大多数只能通过降水而非重力的作用去除。更重要的是，虽然鼻子和喉咙中的毛发通常可以过滤掉较大的颗粒，但 PM 10 却能被吸入支气管和肺中，PM 2.5 能直接进入肺中。而 PM 1 或更小的 PM 0.1 则是由现代柴油机排放的典型煤烟灰颗粒物，能进入肺泡区域。此外，柴油煤烟灰颗粒还携带了吸附于其表面的致癌性化学物质。

在某些季节，草和树的花粉是导致花粉病的原因，它们的粒径则更大一些，在 15 μm 到 100 μm 之间（PM 15~PM 100）。花粉不会进入肺部，并且会在重力的作用下沉降：在一个密闭的房间里，大部分颗粒会在 25 min 之内沉降。产生问题的花粉来自于各种物种，其繁殖依赖于风的作用，而非昆虫（因此，蜜蜂所依附的花粉并非是导致花粉病的原因）。因而，这些物种必须大量产生花粉，因为其中绝大部分会被浪费掉。仅在 5 h 内，三裂叶豚草就会释放出 80 亿花粉粒。

水平	花粉粒的数量（每立方米空气）
较低	30
中等	30~49
较高	50~149
很高	150 或更多

利用一个狭缝抽吸环境空气和其中的微粒，并让其穿过以设定速率在滚筒上旋转的胶带，然后通过显微镜来数捕捉到的花粉粒数目，于是便可测量花粉浓度。将这一数目转化为每立方米空气中花粉粒的数量，并且可公开宣布花粉浓度为较低、适中、较高和很高的水平。在六月份的英国，从各个方向被风所吹来的花粉会在英格兰中部地区产生作用，通常会超过“最高”水平（150+），达到 1 000 或者更高。

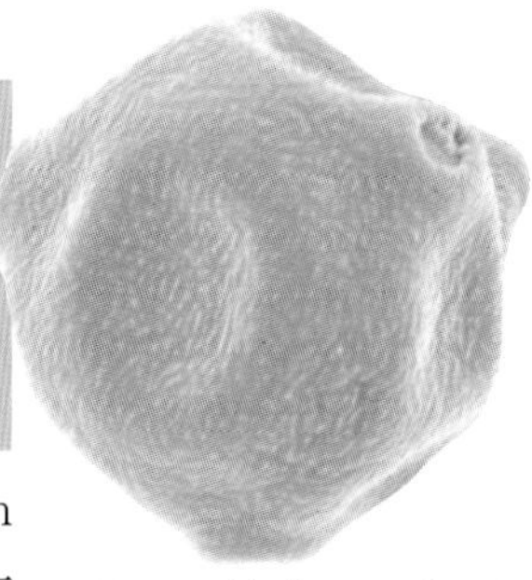

上图：放大 800 倍后的桦树花粉粒。

汉弗里·戴维（Humphry Davy，1778—1829）爵士，化学家，在 1815 年发明了矿用安全灯，即戴维灯。在地下煤矿中，传统矿灯引起的零星甲烷（也称瓦斯）爆炸，会造成巨大的破坏。戴维意识到，在直径小于八分之一英寸的管子中，瓦斯不会爆炸。因此，他的设计（左图）取代了玻璃灯罩，图中的黄铜网制圆筒形灯罩有些足够细小的孔，可以防止任何爆炸。

防晒系数

似乎自古以来，人类就一直存在对太阳的崇拜。古埃及法老声称，他们是太阳神拉（Ra）的子孙。法国国王路易十四称他自己为17世纪的太阳王。柏拉图将认识的最高形式，即永恒的真理比作太阳。而且，诗人罗宾德拉纳特·泰戈尔（Rabindranath Tagore，在孟加拉语中，Rabi的意思即是“太阳”）如此描述冉冉升起的太阳：“让它的光芒将我们这些走在相同朝圣路上的人呈现给彼此吧！”

从医学上来说，我们的身体需要太阳，如果不暴露在紫外线下，便不能合成维生素D，而维生素D对钙的代谢和新骨的形成是必不可少的。一个世纪之前，在西方国家的一些工业城市里，由于缺少阳光，因而导致维生素的缺乏，这造成了大范围的佝偻病，其症状是出现弓形腿。如今，医生建议在早上或傍晚直接暴露于太阳下约15 min，以获得维生素D的最佳生成量。

长时间暴露于紫外线下很快便会晒伤皮肤，而且长期的日光浴（即当前崇拜太阳的形式）可能会导致中暑和皮肤癌。通过晒黑的方式在皮肤中产生黑色素，皮肤白皙的人便可在一定程度上保护自己，但除非使用人为的方式保护皮肤，否则在阳光强烈的室外待上一两个小时后，肯定会感到疼痛，并且最后会晒伤皮肤。

古希腊人使用的橄榄油是已知最早的防晒霜，不过其效果并不算太好。直到20世纪，才出现一些可靠的防护方法。1938年，一位学化学的瑞士学生合成了防晒霜，他之前曾在攀登阿尔卑斯山（Alps）时受到了严重的灼伤。如今仍然存有这种防晒霜的样品，而且试验表明，它们的防晒系数为2。换言之，涂了该防晒霜的人，在晒伤之前，在太阳下所待的时间是未涂抹的人的两倍。在第二次世界大战期间，当许多士兵被太阳晒伤时，一位药剂师生产了一种以石油为基础的较厚的防晒产品，即“红色兽医用矿脂”，类似于凡士林。他将这些矿脂涂于秃顶之上，取得了一定的效果。现代的防晒霜一般通过两种有效成分来发挥作用：一种是由能吸收紫外线的有机化合物（例如二苯甲酮）组成的化学防晒成分，另一种是能反射紫外线的物理防晒成分（例如二氧化钛或氧化锌）。这两种可以单独使用，也可组合使用，但组合使用效果更佳。

市场上能买到的防晒霜，其防晒系数（SPF）范围高达30。这意味着对于12 min后便会晒伤的人，若涂抹了该防晒霜，从理论上来说，就可在太阳直射下待30×12 min，即6 h。想要得到更高SPF的防晒霜以获得“全天性的保护”，则是不现实的。此外，SPF只是一个大概的准则：实际的保护水平取决于使用者的皮肤类型、多久重涂一次防晒霜以及一次涂多少、使用者参与的活动是否容易清除所涂的防晒霜（例如游泳，相反的如日光浴）以及皮肤所吸收的比例。

对太阳的崇拜。古希腊人将橄榄油涂在皮肤上，作为自身对太阳的保护，但直到20世纪，才能化学合成高效的防晒霜。深色皮肤有着对来自太阳光紫外线辐射的天然保护，因为深色皮肤中含有黑色素（melanin，来自希腊语中的“melas”，意为“黑色”）。但是，无论皮肤的颜色有多么深，也无论在皮肤上涂抹防晒霜的SPF值有多高，任何人都不应该在强烈的阳光下暴晒一整天。

医学处方

左图：一位药师正在配制处方。罗伊·波特（Roy Porter）在《对人类最大的益处》（*The Greatest Benefit to Mankind*）中写道："这幅19世纪早期由A. 帕克（A. Park）所绘的漫画传达了公众眼中模糊的药师形象。"注意图中的骷髅标识。药剂师即现代的药师。

对医生手写处方的正式研究发现，其中有百分之五难以辨认，这也许比病人认为的比例更低。不过，病人并没有药剂师（或早期的药师）那么需要处方，药剂师利用处方来配药，而且通常会保留纸质处方用作合法记录。药剂师常常能逐渐适应本地医生开处方的风格，并能辨认他们在处方上的说明。当然，从理论上说，如果医生能利用智能卡或网络将处方以电子化的形式转交给药剂师，那么就应该有可能淘汰掉手写的处方。

无论是纸质还是电子形式，开处方时，医生需要使用尽可能清楚和具有标准缩写的专业语言，以便向药剂师传达关于用药量、用药频率、药物基质（胶囊、药膏、喷剂等）、用药环境（例如能或不能与食物同用）及其他因素等相关的各种信息。科学用药中使用的语言是以中世纪拉丁语为基础的，对于不同的国家、卫生当局和医院，还有许多发展和变化。下表仅包括较常见的术语和缩写。

缩写	拉丁语	含义
a.c.	ante cibum	饭前
ad lib.	ad libitum	随意量
alt. h.	alternis horis	每隔一小时
b.i.d.	bis in die	一天两次
cap., caps.	capsula	胶囊
dieb. alt.	diebus alternis	每隔一天
ex aq.	ex aqua	水中
gr		格令
gtt(s)	gutta(e)	滴
h.s.	hora somni	睡前
IV		静脉注射
M.	misce	混合
m. et n.	mane et nocte	早晨和晚上
N.M.T.		不超过
noct.	nocte	夜里
o.d.	oculus dexter	右眼
omn. noct.	omni nocte	每晚
p.c.	post cibum	饭后
p.r.n.	pro re nata	需要时
pulv.	pulvis	散剂
q	quaque	每
q. 1h	quaque 1 hora	每小时
q.d.	quaque die	每天
q.i.d.	quater in die	一天四次
s.a.	secundum artem	按常规；自行判断
s.o.s.	si opus sit	需要时
syr.	syrupus	糖浆剂
tab.	tabella	片剂
troche	trochiscus	锭剂
ung.	unguentum	软膏
Y.O.		年龄

疾病潜伏期

《牛津英语词典》将“瘴气”（Miasma）定义为“archaic（古代词语），一种具有传染性和毒性的蒸汽”。在1860年路易·巴斯德（Louis Pasteur）的著作发表之前，人们并未开始接受细菌是导致疾病的原因，他们普遍认为瘴气（污秽的臭气）具有传染性。令人惊讶的是，1910年，弗洛伦斯·南丁格尔（Florence Nightingale）在死前仍然坚持这一过时的观点，她写道：“假设存在某些类似于真菌小孢子的病菌，通过依附在衣服和商品之上，它们可以被控制住并传送至任何距离的地方……那么，就会有与这一学说相关的无穷无尽的谬论。”

即便如此，在黑死病（Black Death）之后，隔离（在中世纪法语中的意思是“为期40天的时间”）的实行开始于14世纪下半叶的欧洲。假设是40天，对于在船上或陌生人身上出现疾病症状的时间也是足够的。如今，我们知道，大部分疾病的潜伏期都是相当短暂的。

疾病大致潜伏期

霍乱	1~3天
流感	1~4天
猩红热	1~4天
普通感冒	2~5天
重症急性呼吸综合症（Sars）	长达10天
脊髓灰质炎	7~14天
麻疹	9~12天
天花	7~17天
全身性破伤风	7~21天
水痘	14~16天
流行性腮腺炎	14~18天
风疹（德国麻疹）	14~21天
狂犬病	2~6周
梅毒	2~70天
变异型克雅氏病（vCJD）	长达50年（估计）

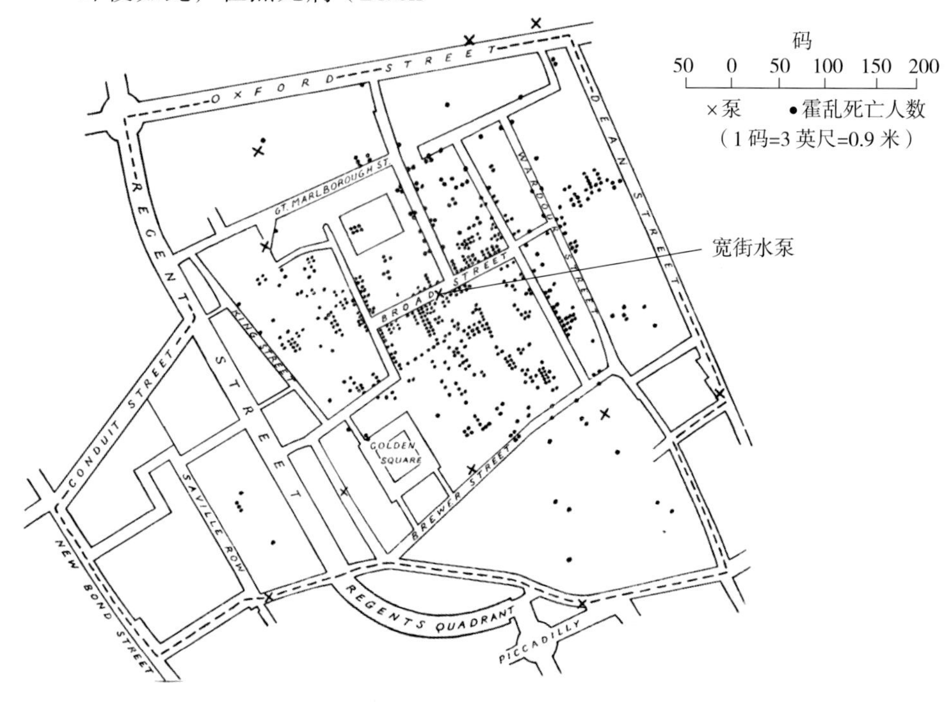

上图和左下图：约翰·斯诺（John Snow，1813—1858）及其在1854年所绘制的伦敦中部苏活区（Soho）霍乱病人死亡地图，这开启了流行病科学的发展。斯诺是一位积极进取的麻醉师，他对病人死亡的情况进行了极其详尽的研究调查，在一幅苏活区地图上标记出了遇难者住过的地方，并发现了这样一种分布格局：死亡的病人聚集于宽街（Broad Street）的水泵附近。在斯诺的请求下，水泵手柄被移除了，霍乱也就得到了缓解。实际上，霍乱疫情早就已减弱，但斯诺的行动拯救了更多的生命。从长远来看，斯诺的理念则更加重要，即霍乱是经水传播而非瘴气。经证明，这一理念是准确的，当调查泵井时，发现该泵井已被附近的污水坑污染了，而且一位霍乱感染者的尿布被冲到了该污水坑中。

疼痛

在疼痛史上，汉弗里·戴维在1800年发明了麻醉，并建议将之使用于牙科和外科手术之中，但是在此之后，有一或两代的外科医生却忽视了麻醉这一方法。“当在19世纪40年代引入三氯甲烷时，人们强烈地指责它是不道德的，因为三氯甲烷可以减轻疼痛”，《牛津人体指南》（*The Oxford Companion to the Body*）中提到，“人们并不认为疼痛是一种身体上的机能障碍，而将之视为宇宙的一部分”。

第一种贴上“止痛药”标签的药物在市场上出售是在1853年，尽管现代世界也有疼痛，但是实际上很难去想象那个镇痛药出现之前的世界。在20世纪60年代，当时我还是一个孩子，有时牙医不通过注射镇痛药直接在我的牙齿上打磨；如今我欣然接受医生提出的注射镇痛药。作为一个成年人，我的身体对疼痛是否真的变得更加敏感起来？或者，是否是科学的进步使我认为生活就应该是无痛的呢？

在全科医生看来，疼痛无疑是最常见的症状。不过，疼痛很难度量，因为它的主观性太强了。在很长一段时间里，医生错误地认为疼痛只是因为受伤而产生的自我保护机制，用力撞伤肘部的剧痛提醒你不要再次让肘部受到猛撞了。但是我们知道，受伤时可能常常不会出现疼痛，而且疼痛的产生也不意味着受伤。正如心理学家罗纳德·梅尔扎克（Ronald Melzack）和帕特里克·沃尔（Patrick Wall）在《疼痛的挑战》（*The Challenge of Pain*）中写道：“为何疼痛和受伤不总是相关联呢？”

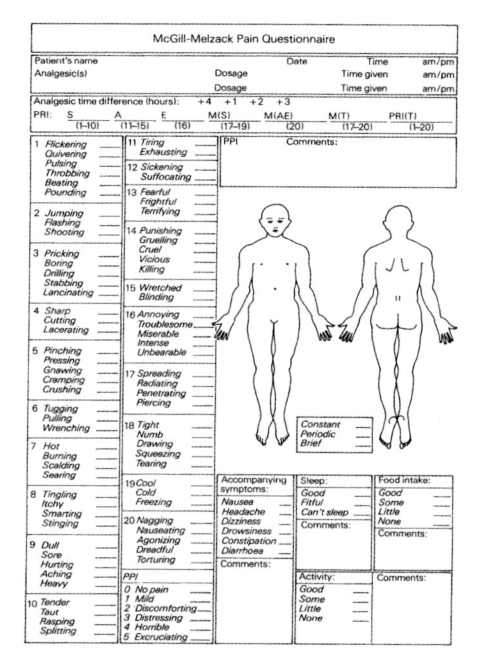
McGill-Melzack Pain Questionnaire
Patient's name Date Time am/pm
Analgesic(s) Dosage Time given am/pm
Dosage Time given am/pm
Analgesic time difference (hours): +4 +1 +2 +3
PRI: S (1-10) A (11-15) E (16) M(S) (17-19) M(AE) (20) M(T) (17-20) PRI(T) (1-20)

1 Flickering, Quivering, Pulsing, Throbbing, Beating, Pounding
2 Jumping, Flashing, Shooting
3 Pricking, Boring, Drilling, Stabbing, Lancinating
4 Sharp, Cutting, Lacerating
5 Pinching, Pressing, Gnawing, Cramping, Crushing
6 Tugging, Pulling, Wrenching
7 Hot, Burning, Scalding, Searing
8 Tingling, Itchy, Smarting, Stinging
9 Dull, Sore, Hurting, Aching, Heavy
10 Tender, Taut, Rasping, Splitting
11 Tiring, Exhausting
12 Sickening, Suffocating
13 Fearful, Frightful, Terrifying
14 Punishing, Gruelling, Cruel, Vicious, Killing
15 Wretched, Blinding
16 Annoying, Troublesome, Miserable, Intense, Unbearable
17 Spreading, Radiating, Penetrating, Piercing
18 Tight, Numb, Drawing, Squeezing, Tearing
19 Cool, Cold, Freezing
20 Nagging, Nauseating, Agonizing, Dreadful, Torturing
PPI: 0 No pain, 1 Mild, 2 Discomforting, 3 Distressing, 4 Horrible, 5 Excruciating
PPI Comments:
Constant, Periodic, Brief
Accompanying symptoms: Nausea, Headache, Dizziness, Drowsiness, Constipation, Diarrhoea
Comments:
Sleep: Good, Fitful, Can't sleep
Comments:
Food intake: Good, Some, Little, None
Comments:
Activity: Good, Some, Little, None
Comments:

使用适用于麻醉药品研究的问卷（如上），医生让患者通过20组不同的词汇来描述他们所感到的疼痛。在一组内，每个单词都给出了一个等级值，所有等级值的和即为“疼痛评级指数”（PRI），同时也补充了“现时疼痛强度”（PPI），其尺度从0（“无痛”）到5（“极度疼痛”）。当向那些有八分之一综合症状（其范围从非晚期癌症到牙痛）的人提供问卷时，统计分析表明：“每种类型的疼痛都有特定的性质，可通过一组具有差异性的词汇来描述它们”（梅尔扎克及沃尔），例如，“跳痛”可用于描述牙痛，而“痉挛样痛”可用于描述分娩疼痛。PRI的范围从41（手指/脚趾切除术）到26（非晚期癌症），再至16（平常的扭伤）。

麦吉尔·梅尔扎克（McGill-Melzack）疼痛问卷表。虽然疼痛是十分强烈的主观感受，但是在某种程度上通过对患者的仔细询问，可以客观地度量疼痛（见文中更为全面的说明）。

压力因子

可能除了物理学和工程学以及植物科学外，其他领域没有获得广泛认可的压力测量方法。因此，对于量化人类压力的所有尝试，必须以谨慎和怀疑的态度来对待。

首先，压力不同于疼痛：除了受虐狂，没人欢迎疼痛。不过，一种对某一个人来说有压力的活动或处境，对于另一个人来说可以是愉快的，同时令其感觉放松，想一想考试、演讲以及诸如攀岩这类体育活动的例子。对某些人来说，挑战使其生活更有意义，但其他人却想逃离。举一个平常的例子，曾经有几年的时间，我在伦敦骑自行车上下班，而且我很喜欢这样的方式，因为它给我带来了便利、锻炼和节省开销。虽然由于某些机动车驾驶者、其他骑自行车的人和行人的行为，我会偶尔勃然大怒，但我知道，许多人会发现经常骑行在大都市也是极具压力的。

其次，谁是压力的裁决人？是那些报道受到压力的人还是某些诸如医生或心理学家那样的“公平”专家呢？如果一位员工感觉到了压力，但是雇主却找不到压力的合理原因，那么究竟谁是对的呢？

第三，科学的压力测量方法是否必然比意见或态度调查更有效呢？通过仪器可以十分轻易地测量出例如脉搏率、腺体分泌物和大脑活动这样的生理指标，但是这些指标可能与心理压力并没有明显的联系。诚然，测谎仪判别实话与谎言的错误记录就太多了（见第 195~196 页）。

究竟如何有效地比较和量化截然不同的压力类型呢？例如身患重病、生孩子和搬家这些类型，更不用说地震和战争这样的灾难。那么，如果同时出现不同的压力，又如何量化呢？比如，担心顽皮的孩子与配偶发生争执。造成压力的原因的先后顺序会妨碍到对其所进行的科学性测量。

丧偶	100
离婚	73
分居	65
被判入狱	63
近亲离世	63
人身伤害或疾病	53
结婚、订婚或同居	50
失业	47
婚姻和解	45
退休	45
家人健康上的变化	44
怀孕	44
性障碍	39
婴儿出生	39
财务状况上的变化	38
知心朋友离世	37
换一个不同的工作	36
取得大笔抵押或贷款	31
工作上的晋升或降职	29
孩子离家出走	29
与姻亲不和	29
取得杰出的个人成就	28
配偶开始或停止工作	26
学校或大学生活的开始或结束	26
与老板不和	23
工作时长或环境的改变	20
搬家	20
学校或大学的变化	20
休闲娱乐的变化	19
社交活动的变化	18
睡眠习惯的变化	16
饮食习惯的变化，例如节食	15
假期	13
圣诞节	12
轻微的违法行为	11

（精神）压力因子。虽然人的精神压力难以定义，但心理学家、保健专家、雇主、杂志与报刊编辑，实际上还有我们所有人都尝试去度量它。这样做的目的是研究以一种有意义的方式努力去给压力排列等级。这种独特的 0~100 排名只是一位专家的评估，而且不应该对其过于重视，同时这一排名也并不完整。我们怎么可能列出包罗万象的压力种类呢？

纺织品与托格值

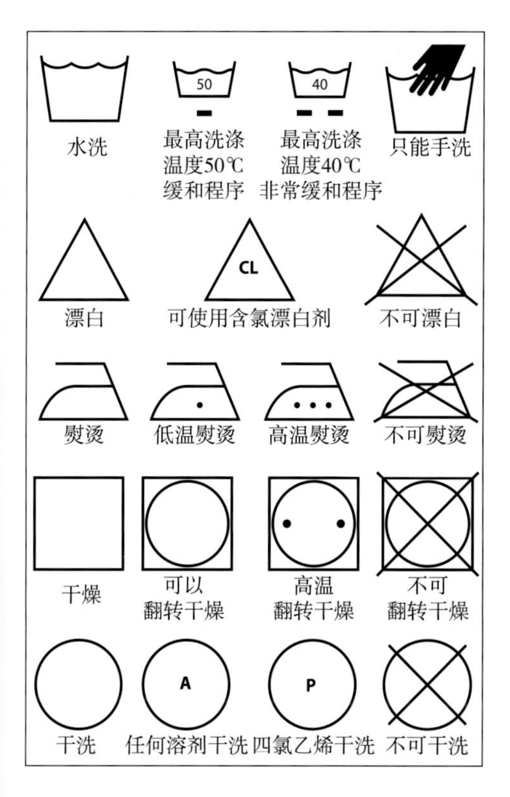

衣服上的标签，除了说明尺码（英制、公制或其他体系，取决于购买国家）和面料含量外，还给出了洗涤说明。洗涤说明有时用文字，但主要是用国际纺织品维护标签规范的符号。如上图所示，最左侧的基本符号，代表五种操作：水洗（洗涤盆）、漂白（三角形）、熨烫（熨斗）、干燥（正方形）和干洗（圆形）。在这些符号中可加入更加具体的说明：用于表示洗涤温度的摄氏度数字和表示洗涤程序的单杠；用于表示含氯漂白剂和不同干洗化学品的字母；以及表示熨烫和干燥温度的圆点。图中的交叉符号表示禁止该操作。较少见的普通正方形符号（未展示）表示“悬挂滴干”“悬挂晾干”和“平摊晾干”。

大部分羽绒被标签上的规格即为“托格值”。这一热阻单位的范围通常为：4.5~15。托格值越高，则热阻就越大，羽绒被的保暖性就更好。托格值与羽绒被的厚度大致成正比，更确切地说是和羽绒被中密封的空气量成正比，而与填充的类型无关（静止的空气是一种极好的绝缘体，通常提供了99%的填充体积）。托格值为4.5表示初夏使用，托格值为15（超级温暖+）在带有中央供暖系统的房子里是没有用处的。

“托格”（Tog）来自于日常英语中的俚语，用于服装业。为了方便曼彻斯特锡莱研究所（Shirley Institute）纺织工人的工作，这一单位发明于20世纪40年代，并在60年代公开推广。从科学上来说，热阻的定义是穿过绝缘体的温降除以通过的热流，因此其国际单位制单位为开尔文除以瓦特每立方米，比如男士西装的托格值为0.1。在这一情况下，托格值定义为国际单位制中数值的10倍。托格尺度是线性的形式，而非对数，因而托格值为15的羽绒被，其热阻是托格值为1的毛毯的15倍（毛毯的托格值大多过于相似，所以需要在标签上有效规定）。

羽绒被的托格值是利用托格表测量的。将样品置于电热板设备上，该设备可通过热电偶来量测出温降和加热器电源输入的热流。

服装	托格值
衬衫衣料	0.7
内衣	0.2~0.4
保暖内衣	0,4~0.8
西装料	1.0
毛衣	1.0
毛毯	1.0~2.0
羽绒被	4.5~15

上表：各种服装的托格值。

左图和上图：国际纺织品维护标签规范（The International Textile Care Labelling Code）。

第十章　社会

老彼得·勃鲁盖尔（Pieter Bruege the Elder）于1560年所画的《节制》（*Temperance*），反量角距。在画的中央位置，她的头部有一个弹簧驱动的钟，脚下有一片风车叶片，其中一只手拿着一副眼镜，另一

日历

所有工作日历，不论是古代的巴比伦历、朱利安历或玛雅历，还是我们当今时代的格列高利历、犹太历或穆斯林历，都基于地球相对太阳的运动或月球绕地球的运动，或基于这两类运动结合。通过监测季节更替、月相和地球转动，分别确定年、月和日。因此，这些日历必须对应三大不便的事实：太阴月为 29.5 天，而非 30 天；太阳年正好接近 365.25 天，而非 360 天；1 个太阳年有 12.4 个太阴月，而非 12 个月。地球和月球的运动不能提供我们所感知的时间段，如天、月和年之间的整数比。

因此，采用闰年（也即一年多出一天所在的年份）保持日历与太阳年同步。在可追溯至公元前 46 年尤利乌斯·恺撒（Julius Caesar）大帝时期的朱利安（“老式”）日历中，第 4 年通常为闰年。平均每年是（365+365+365+366）天之和的四分之一，等于 365.25 天。但是，由于太阳年实际上为 365.242 2 天，朱利安历因此逐步累积了太多天，并落后于太阳年。

1582 年，教皇格列高利十三世（Pope Gregory XⅢ）提出历法改革并提出“新历”，并缩减 10 天；在信奉天主教的欧洲，将 1582 年 10 月 4 号之后的那天定为 10 月 15 日。在此之后，为防止今后仍然落后于太阳年，就必须定期缩减闰日。格列高利规定，百年纪年中（如 1600、1700 等），仅那些能被 400 整除的年份才可视为闰年。因此，1600 年为闰年，1700 年、1800 年和 1900 年不属于闰年，而 2000 年又是闰年，这样每 400 年，便可减少 3 个闰日。例如在 2000 个历年中，便可从正常的 500 个闰日（每四年有一个闰日）中减去 15 个闰日，剩下 485 个闰日。再把 485 加到 2000 个历年的 730 000 天（2000 × 365），便得出 2000 个历年共有 730 485 天，也即平均每年有 365.242 5 天，这样就只比太阳年多出误差可以忽略不计的 0.000 3 天。

在反对天主教的英格兰和威尔士（殖民时期

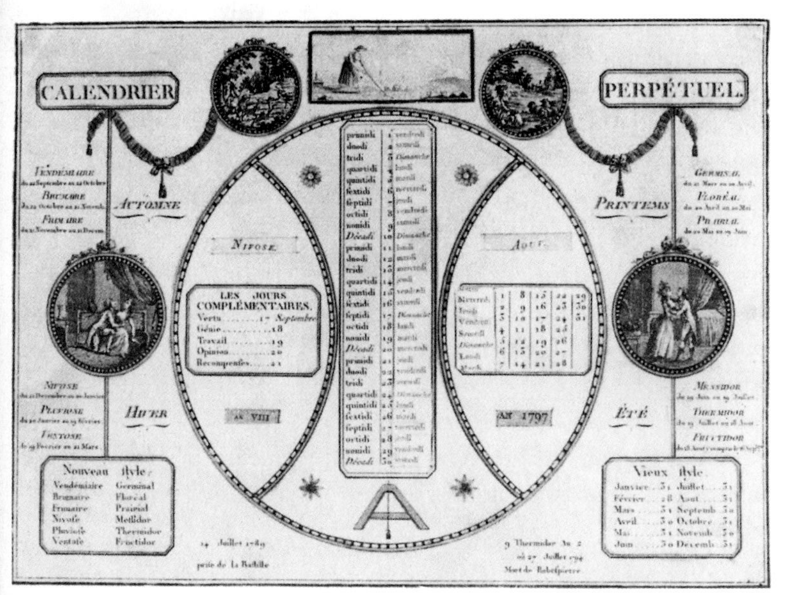

法国具有革命性的万年历。事实上，万年历仅仅在法国持续使用了 13 年——于 1793 年 10 月引入法国，第 2 年开始推行，第 14 年因拿破仑颁令规定从 1806 年 1 月 1 日开始被废除。由于新日历规定一周 10 天，不但在法国普遍不受欢迎，而且拿破仑期望教皇授予这个制度合法性，但天主教却希望恢复礼拜日和圣徒节。当时，日历的月份由诗人和兼剧作家法布尔·德格朗丁（Fabre d'Eglantine，1794 年被斩首）负责命名，且一年有 12 个月，每月 30 天，传统上 365 天为一个历年，因此余下的 5 天便定为节日。

September hath xix Days this Year. 1752

Firſt Quarter, *Saturday* the 15th, at 1 aftern.
Full Moon, *Saturday* the 23d, at 1 aftern.
Laſt Quarter, *Saturday* the 30th, at 2 aftern.

1	f	Giles Abbot	5	38	6	22	ſecret	□ ♃ ☿	5
2	g	London Burrt	5	40	6	20	memb.	Wind,	6

ACcording to an Act of Parliament paſſed in the 24th Year of his Majeſty's Reign, and in the Year of our Lord 1751, the Old Style ceaſes here, and the New takes place; and conſequently the next Day, which in the Old Account would have been the 3d, is now to be called the 14th; ſo that all the intermediate nominal Days from the 2d to the 14th are omitted, or rather annihilated this Year; and the Month contains no more than 19 Days, as the Title at the Head expreſſes.

14	e	Holy Croſs	5	42	6	2[illegible]	thighs	and ſtor-	7
15	f	Day decreas'd		45		2[illegible]	hips	my Wea-	8
16	g	4 hours		46		18	knees	ther.	☽
17	A	15 S. aft. Tri.		48		1[illegible]	and	Fair and	10
18	b	Day br. 3. 45		50		14	hams	ſeaſonab.	11
19	c	Clo. ſlow 6 m.		52		12	'egs	☌ ☉ ♂	12
20	d	Ember Week		54		10	ancles	☌ ♀ ☿	13
21	e	St. Matthew,		56		8	feet	Rain and	14
22	f			56		6	toes	Windy.	15
23	g	Eq. D. & N.	5	58		4	head	☌ ☉ ♂	●
24	A	16 S. aft. Tri	6	0		2	ind		17
25	b	Day dec. 4, 34		2	6	c	face	□ ♃ ♀	18
26	c	S. Cyprian		4	5	58	neck	☌ ☉ ☿	19
27	d	Holy Rood		6		54	throat.	Inclin. to	20
28	e	Clo. ſlow 9 m.		8		5[illegible]	arms	☌ ♂ ☿	21
29	f	St. Michael		10		5[illegible]	ſhould.	wet, with	22
30	g	St. Jerom		12		4[illegible]	breaſt	Thunder.	☾

上图：威廉·霍加斯1755年所画的《选举娱乐》(*An Election Entertainment*，局部)。一个受伤的人脚踩地上的海报，标题为“还我们11天”——指历法改革。

左图：1752年的英国年历解释了朱利安旧历至格列高利新历的变化。当年9月仅有19(XIX)天。

的美国)，由于直到1752年才采用格列高利历，所以必须减去11天，也即1752年9月2日之后就变为9月14日。1752年之前的日期亦必须考虑到这一变化。

人们普遍认为英国人因反对天主教制度施行，反对1752年日历变化致使他们“失去”11天而发动暴乱。但是，收集“日历暴动”的可靠证据的历史学家罗伯特·波尔(Robert Poole)却发现，尽管英国人对日历改革引起熟悉的节日尤其是圣诞节节奏变化颇有不满，但并未因此发动暴乱。“当时的大部分人都按照节日和纪念日，而不是用日历日期衡量日期；日记使用仍然主要限于士绅、商人和专业人士。”人们首次意识到日历变化是在教堂公布12月14日为圣诞节。唯一明确表示人们对“失去”11天不满的似乎是威廉·霍加斯(William Hogarth)1755年讽刺画——《选举娱乐》。该画展示了一名受伤的辉格党男士，从一名保守党成员夺取的一则题为“还我们11天”的海报。然而，这幅画并未提及任何日历暴动，而仅提及1754年牛津郡的激烈选举，而历法改革仅是其中次要部分。相比之下，1752年的年历却对“失去”的11天作出了详细解释。

时区

1884年创建了格林威治标准时间，从格林威治本初子午线（其现在形式见右图）到太平洋180度的官方国际时区和国际日期变更线也正式建立。跨越日期变更线向东旅行的旅客必须回拨手表一整天，向西旅行的旅客却必须调快手表一天——这样儒勒·凡尔纳（Jules Verne）小说《八十天环游地球》（*Around the World in Eighty Days*）中东渡者斐利亚·福克（Phileas Fogg）便能免于在其著名赌局中失败。对于考虑到国家决策，时区界限和日期变更线均不规则（见地图）。一些大国，如印度和中国，在整个国家推行单一时间，而另外一些国家并非如此：俄罗斯就有11个时区。

伦敦建筑师威廉·威利特（William Willett）在20世纪早期第一个提出夏令时/日光节约时制。他认为，人们应将时钟拨快一小时，赶上春夏两季清晨的阳光。战时经济让夏令时在1916年便被采用，首先在德国和奥匈帝国实行，然后是英国，英国夏令时（BST）自1922年实施。根据欧盟协议，夏令时从三月最后一个周日格林威治标准时间GMT的凌晨1时开始，到十月最后一个周日的相同时间结束。绝大部分其他国家均有自己的日光节约时制，但美国属于例外，例如，亚利桑那州、印第安纳州、夏威夷州因跨越时区线，不使用夏令时制。

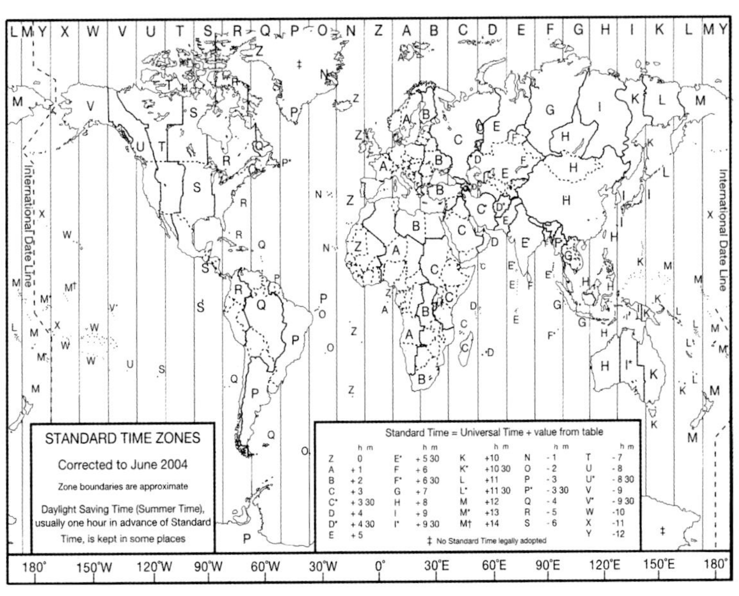

邮政编码

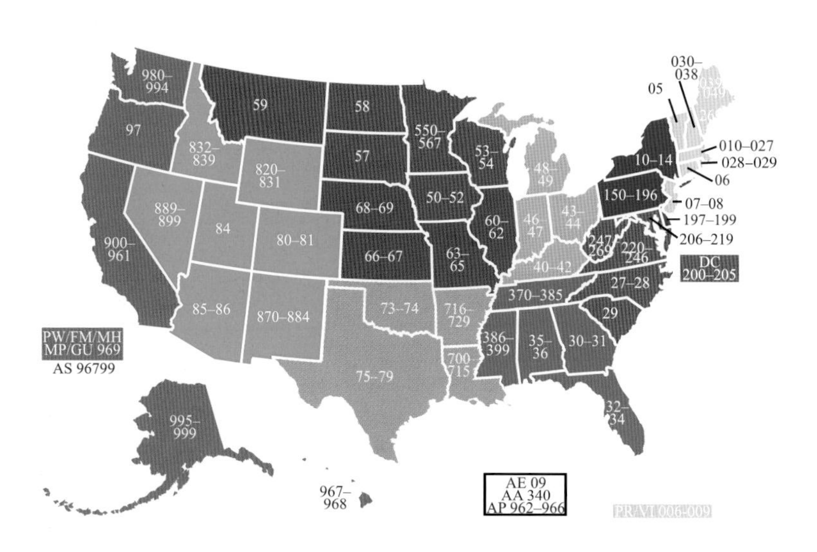

邮政区和邮政编码看似中性，但却具有经济、社会和文化意义。以美国为例，邮政编码 90210［加州比弗利山庄（Beverly Hills, California）］和 02138［马萨诸塞州剑桥（Cambridge, Massachusetts）］却因好莱坞电影和哈佛大学享有声望。《国家地理》（*National Geographic*）杂志甚至为具有特别邮政编码的社区开设月度专刊。

1941 年，德国短暂采用邮政编码，但邮政编码是在英国首先确定下来。罗兰·希尔（Rowland Hill）根据指南针将伦敦市分为 EC（东伦敦市中心）、WC（西伦敦市中心）、NW（西北伦敦）、N（北伦敦）、NE（东北伦敦）、E（东伦敦）、SE（东南伦敦）、S（南伦敦）、SW（西南伦敦）和 W（西伦敦）十个区后，伦敦于 1857 年—1858 年采用邮政区编号。1866 年，测量师、小说家安东尼·特罗洛普（Anthony Trollope）发表报告后，NE 与 E 区合并，S 分为 SE 和 SW 区。

1917 年战争期间，为协助女性分拣员代替男性工作，特增加一个序列号来标识为伦敦自治市，如 NI 代表伊斯灵顿（Islington），SW6 代表富勒姆（Fulham）。从 1959 年到 20 世纪 70 年代早期，随着邮件分拣的机械化，最终发展为当今的邮政编码。原理如邮政编码 PO1 3AX 所示。其中，PO1 为向外代码，表示邮域 PO（英国有 121 个）和邮区 1（一个邮域约 20 个邮区）；3AX 为内向代码，指邮政部门 3（一个邮政部门内约 300 个地址）及其中的 AX 单元（每个单元约 15 个地址）。虽然，有诸多例外（包括伦敦的邮政编码），但英国邮政编码的第一 / 第二个字母通常对应其描述的位置，如 PO 代表朴次茅斯（Portsmouth）。

邮政编码区。1963 年，美国开始使用 5 位数邮政编码，并视其为地区改进计划的一部分。邮政编码中的第一位数（0~9）代表州的分组（见地图），第二和第三位代表一组内州的一个地区或大城市，第四和第五位代表更为具体的区域，例如小镇或城市地区。因此，就纽约市而言，斯塔顿岛（Staten Island）和布朗克斯（Bronx）的邮政编码分别为 10300~10399 和 10400~10499。在新英格兰、波多黎各和美属维尔京群岛，最小的邮政编码以 0 开始，而加利福尼亚、夏威夷和阿拉斯加州的邮编数字最大。华盛顿哥伦比亚特区以内和周围的美国政府机构，不论具体位置，其邮政编码都以 20200 和 20599 开始。由于这一邮政编码系统存在诸多不足，美国自 1983 年起便开始采用 9 位数邮政编码——“Zip+4”或“附加邮编”（相比之下，欧洲大陆则倾向于采用代表地区和亚区的 4 位或 5 位邮政编码系统，只是有时加个代表国家的前缀，如 D 代表德国）。

民意调查

民意调查、市场调研、社会调查都是政治家、商业机构和学者们的惯用伎俩。事实上，正如历史学家西奥多·波特在《相信数字》中所写：“研究投票行为，通过选举投票可以从市场调研变为政治学。”然而，不足之处在于他们的结论易于受到公然挑战。

调查/调研的第一大难点就是收集数据时消耗的时间和金钱，尤其是进行国际性调查/调研时，因此时有出现采样数量不足的情况。第二，由于问题措辞和问题顺序不同，不同人对逻辑上等同问题的答案各异，所以受众反应难以标准化。第三，调查对象可能夸大或撒谎。芝加哥大学全国民意研究中心（National Opinion Research Center）近期对美国人所作的一项调查显示，24%~30%的调查对象称他们至少每周都去教堂，但研究人员发现调查对象总体来说夸大了70%。问题越敏感，调查对象越可能撒谎掩饰。

专业民意调查机构的研究与个人利益无关，相比之下，学者却试图通过积极鼓励人们用自己的话回应，而非采用古板“勾选框”法解决上述第二和第三个难点。不过，方法越高深，不仅提问者和应答者更需时间，而且应答也难以比较。即使如此，学术态度调查仍趣味盎然，这点毋庸置疑——看看下面的世界幸福地图便知。

网络世界的发展可能会使民意调查机构的调查成本降低，但可靠性极有可能不如以往。2000年美国总统选举，佛罗里达州选民选票因“悬空票”惨败后，电子投票大肆兴起，但至今尚未解决电子投票引起的争议。电子投票系统方面的学术权威丽贝卡·麦古利（Rebecca Mercuri）说道：“要想拥有公平、民主的选举，就必须要有公开透明的验票方法，并能确认计票无误。”丽贝卡和很多人都深信，确保公平的唯一方式是采用电子投票机，在投票之时打印出一张选票复印件，这样便于选民在投票之前审查，也便于候选人票数相当时官员可以重新计票。

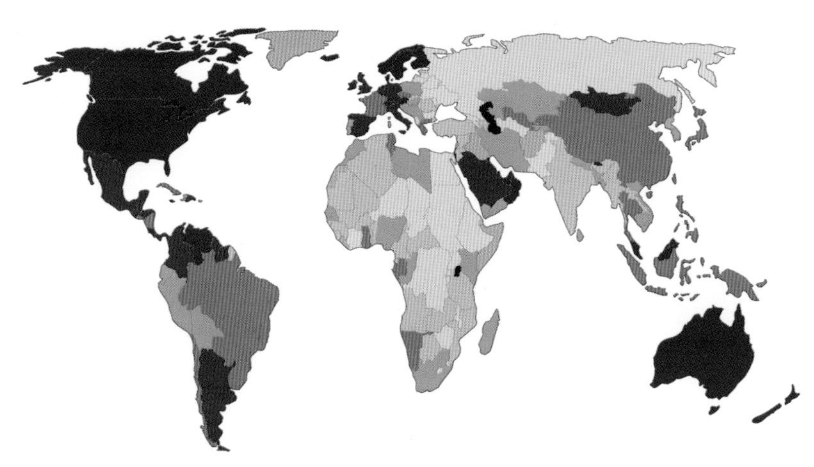

下图：2006年世界幸福地图。该图为世界范围内100多项研究的分析结果，共问卷了80 000人，且包括来自联合国教科文组织（UNESCO）、中央情报局（CIA）、新经济基金会（New Economics Foundation）、世界卫生组织、范荷文数据库（Veenhoven Database）、拉丁美洲动态调查（Latinbarometer）、非洲动态调查（Afrobarometer）以及联合国人类发展报告（UNHDR）的资料。汇编者、社会心理学家阿德里安·怀特（Adrian White）发现，幸福与健康之间存在很强的正相关性，其次与财富和教育密切相关。斯堪的纳维亚半岛居民幸福感最强——丹麦排名第1位，美国领先于德国、英国和法国而排名第23位。亚洲国家排名有点出乎意料，其中中国排名第82位、日本第90位、印度第125位。

人口普查

人口普查本质上具有政治意义，并经常引起争议。例如，大卫王（King David）命令“以色列和犹太人需按军官计数”。9 个月又 20 天后，普查报告称，以色列有 800 000 名，犹太有 500 000 名“能够拿起武器的壮士”。之后，大卫觉得人口普查有罪，并祈求上帝惩罚。他可在两者中选择：饿死、被敌人屠杀或瘟疫，两者各持续 3 个月。大卫王最终选择瘟疫，70 000 人因此丧命。直到 18 世纪，议会甚至还有引用《圣经》先例，反对英国进行人口普查的计划。

第一项真正统计分析的理由便是应对瘟疫。英格兰于 16 世纪在瘟疫期间，编出统计既定时间内死亡人数的所谓“死亡周报表”。1603 年瘟疫过后，死亡周报表便定期发布，即使并未爆发瘟疫。1662 年，商人约翰·格朗特（John Graunt）通过分析死亡周报表并基于以下假设（每年洗礼的人口约等于出生率；16~40 岁的妇女平均两年生育一次；每个家庭平均有 8 口人：母亲、父亲、3 个孩子、3 个仆人或房客），首次预测伦敦人口约为 384 000。

如今，印度政府采用备受争议的“足迹普查”统计老虎数量：森林管理员一周或两周巡视国家公园一次来找寻掌印。2005 年发现，某一自然保护区内并无老虎，但统计的却是 16 只 ~18 只。由此掀起的抗议浪潮迫使政府除足迹计数外，还采用基于远程触发相机的抽样法来统计老虎数量。

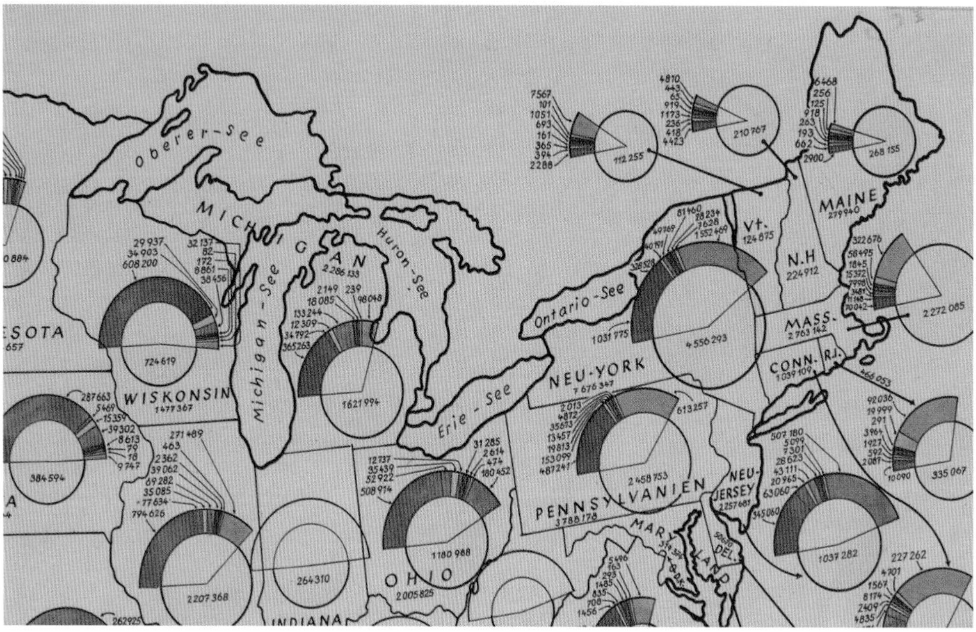

1940 年美国纳粹“人口普查”图。该图展示了德国政府基于 1930 年美国官方人口普查对美国人口所作的秘密分析。图中各圆圈按血统单独展示了一州中白色人种的移民人口；德国、奥地利、荷兰和比利时血统均包含于红色部分。纳粹基金当时均流向这些人口，期望利用他们的忠诚给美国政府施压，让美国不参与欧洲战争。在纳粹看来，威斯康星州比马萨诸塞州更具希望。彼得·巴伯（Peter Barber）在《地图册》（*The Map Book*）中写道：“这一运动影响之大，能制约罗斯福总统（参战）。”美国直到 1941 年年末才加入欧洲战争。

ID、真相及谎言

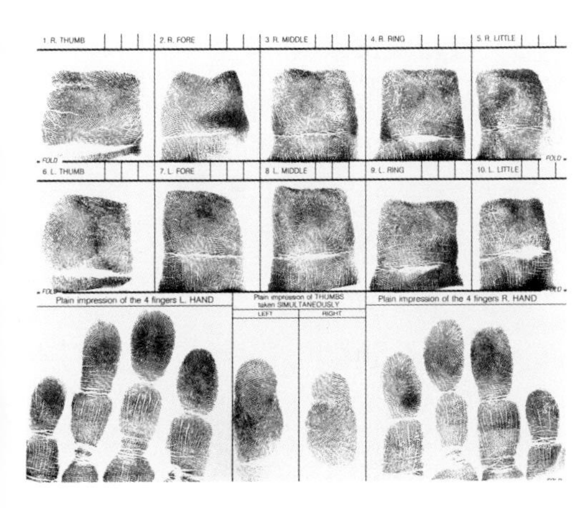

自文明诞生以来，如何鉴定一个人的身份就是一个永恒的话题。印章可能被盗、签名可以作假、图片可以伪造、计算机密码可能被黑客入侵。这就需要一个生物识别指示器：个人独有的、不能移动的、易于测量的身体特征。在上个世纪，指纹就已充当了这个角色。

早在1684年，皇家学会杂志就已注意到指纹的独特性。19世纪早期，英国一名雕刻家就用指纹在其所写的鸟类书籍上“签名”。但是直到19世纪最后十年，指纹才成为一种流行的合法身份的证明方式，在殖民地孟加拉而非欧洲适用。推广原因正如查达克·申古达（Chandak Sengoopta）在其早期指纹历史介绍《拉吉的印记》（*Imprint of the Raj*）中所写：“由于每个个体可能会购买土地、领取养老金或签订某种合同而引发的需要识别每个个体身份的殖民地问题规模庞大。”行政官威廉·赫歇尔是提出将指纹应用于身份识别的第一人；而伦敦科学家弗朗西斯·高尔顿则对指纹进行了分类，首先分为3大类：弓形、斗形、螺旋形；警察局局长爱德华·亨利（Edward Henry）通过比对犯罪现场所采指纹与所采的已知罪犯指纹，首先在孟加拉，然后又在伦敦应用了指纹技术。

但是，指纹识别究竟有多可靠？我们又多大程度上确定匹配正确？令人奇怪的是，一个世纪以来，竟没人为设立误差率而操心。1999年的一次案件后，法官要求美国联邦调查局（FBI）对指纹比对准确度进行调查。调查报告称，错误比对的概率几乎为零，但美国国家生物计量测试中心（US National Biometric Test Center）主管以臆测为由拒绝接受了这一调查结果。从目前的多种证据上看，指纹虽是一种极为有用的识别方法，但其说服力达不到法庭通常选择接受的程度。

在不久的将来，生物计量学将取代指纹，成为日常生活的一部分。DNA指纹鉴定已经实现（见第171~172页），虹膜识别紧随其后，例如从银行自动柜员机取款、登录计算机、进入一栋大楼或通过机场的出入境管制。人眼虹膜具有独有的色素沉淀模式，既不能造假，也不会改变（不像面部），并且可以扫入系统，实现数字

19世纪末期首位对指纹进行分类的科学家弗朗西斯·高尔顿爵士（Sir Francis Galton，1822—1911）。1897年，他的方法首次应用，作为关键证据，辨明孟加拉一名杀人嫌犯的身份。下图所示为凶杀案发生的房间发现的指纹与警方卷宗所示指纹匹配。不过，近期研究发现，指纹证据在极少的情况下也不可靠。

化。一种特别的虹膜模式可以转换为一种独特识别数码，再让照像机链接到数据库从而对人进行识别。

不过，测谎器或测谎仪的发展历程提醒人们，引入新的生物识别法必须慎之又慎。测谎仪已经出现数十载，且一直深受美国政府青睐，但是心理学家却对测谎仪发挥的作用莫衷一是。测谎仪最初用于测量人的呼吸、血压和皮肤电反应（这种方式的原理是，询问中，手掌中汗液变化会改变皮肤的电导率）。如今，又引入磁共振脑部扫描，再次提高了期望度。理论上，所有这些测量都可能会发现，无辜者在回答受控的问题时（例如，你曾经是否为摆脱麻烦而撒谎？）大脑活动增加。但是，当无辜者在回答与控告直接相关的问题时，却并非如此。后者的问题本应扰乱真正罪犯并据此发现其身体和大脑活动的增加。

自 1976 年以来，科学期刊上发表的有关测谎仪的四项研究均不支持该理论。无辜者几乎与有罪之人一样可能“撒谎”。大脑活动可能存在一些与撒谎相关的微妙变化，而相关数据却仅能在汇集之后才有意义，而非应用于个人之时。美国心理学教授戴维·吕肯（David Lykken）视测谎测试为“对诚实之人的强烈偏见”，并警告说：“测谎仪神话与计算机神秘性的结合已经催生出危及美国情报发现并残害诚实之人的神话后代。”

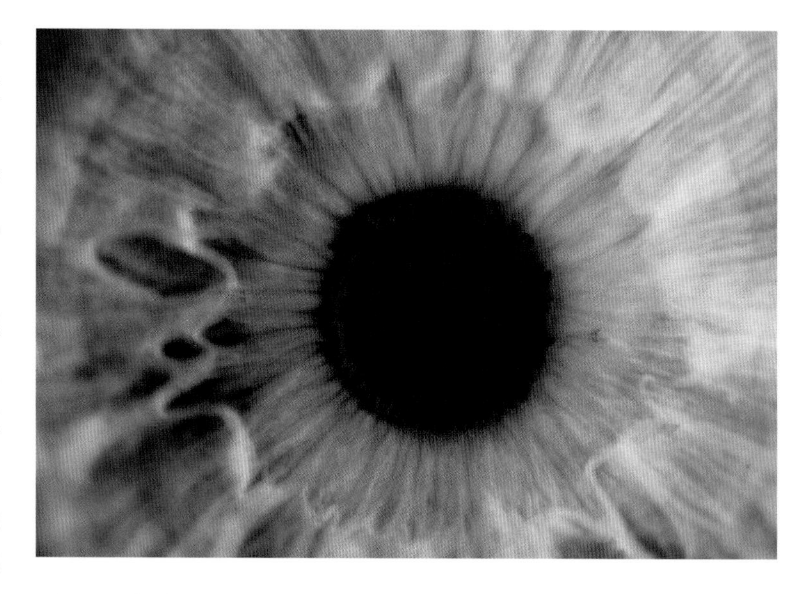

上图：人眼虹膜——21 世纪的“指纹”？但虹膜识别存在严重缺陷：不少人眼睑下垂、斜视、弱视、瞳孔较大，这会干扰计算机识别。此外，还有一种无虹膜症的罕见情况，75 000 人中约有 1 人无虹膜。而且，每个人的虹膜图像是如何随时间变化呢？

种族

爱因斯坦于1919年闻名世界后，他收到来自犹太信仰德国公民中心协会（Central Association of German Citizens of the Jewish Faith）的援助请求。爱因斯坦回复道：“我既不是德国公民，身上也找不到任何所谓的‘犹太信仰’，但是，我是一名犹太人并乐于做犹太人，即使我并不认为他们是上帝的选民。”由此可知，没有任何宗教信仰的爱因斯坦喜欢称犹太人为他的“部落同伴”。他甚至意识到部落和种族的现实，但同时奋勇攻击种族主义。

种族研究在其成长期被玷污。通过测量种族面部，人类学家试图定义生物、智力和文化之间以种族为基础的相关性。这就通过遗传学的发展催生出一种观点，认为通过使不适人群绝育可以改良种族的优生学。为此，斯堪的纳维亚半岛、加拿大和美国部分地区的绝育优生政策一直持续到20世纪70年代。

因此，当《科学美国人》杂志在2003年提及种族时，其编辑谨慎地问道：“种族存在吗?”他们快速答道：“如果种族被定义为基因离散群体，则不存在种族。不过，研究者可以利用遗传信息，划分出不同的人群，这具有重要的医学意义。”

近期一些关于种族的证据来自人类基因组测序。迈克尔·巴姆沙德（Michael Bamshad）对出生于撒哈拉以南非洲、亚洲和欧洲的565名人员的基因组成进行了研究，并解释说：“遗传学家依赖DNA，尤其是DNA组成部分——碱基对中的微小变化或多态性，来判定不同人群间的关联程度。这些DNA多态绝大部分并不出现在基因内（基因是编码信息用于制造蛋白质的DNA片段）……因此这些常见的变异是中性的，也就是说，它们不会直接影响特定的生物特征。不过，少数多态却存在于基因内，它们可能导致个体间的差异，并导致遗传疾病。”

其中一类多态阿鲁（Alu），在代代相传中亘古不变。如果两个人的基因组中同一位置出现相同阿鲁序列，则两人必定有共同祖先，并属于关联群体。从他们的基因样本中移除所有识别标签（起源地和自报的种族）后，巴姆沙德及其同事仅分析了阿鲁多态性，并发现4个不同组。但恢复识别标签后却发现，其中2个组完全来自撒哈拉以南非洲地区［1个组几乎全部为姆巴提俾格米人（Mbuti Pygmies）］，另外2个组分别来自欧洲和东亚。60个阿鲁多态足以匹配个人和起源大陆，且准确度达90%；若要准确度达100%，则需100个。

当然，常见多态就是如此。当考虑一个人的整个基因组时，很明显，同一种族不同个体之间，就如不同种族的人员之间一样，会大有不同。

下页图：人种机器（The Human Race Machine）。人种是否肤浅？下页插图所示图像系美国艺术家南希·博雅（Nancy Burson）根据一名白人女性照片创作，通过增减各种种族特性，展现该名女性在具备另一种族特性时的面貌。坐在人种机器前，个人能绘制自己的面部特征，选择等效“种族”便可反映出新面貌。南希·博雅坚决指出：“世上只存在一个‘种族’——人类…没有种族基因。”

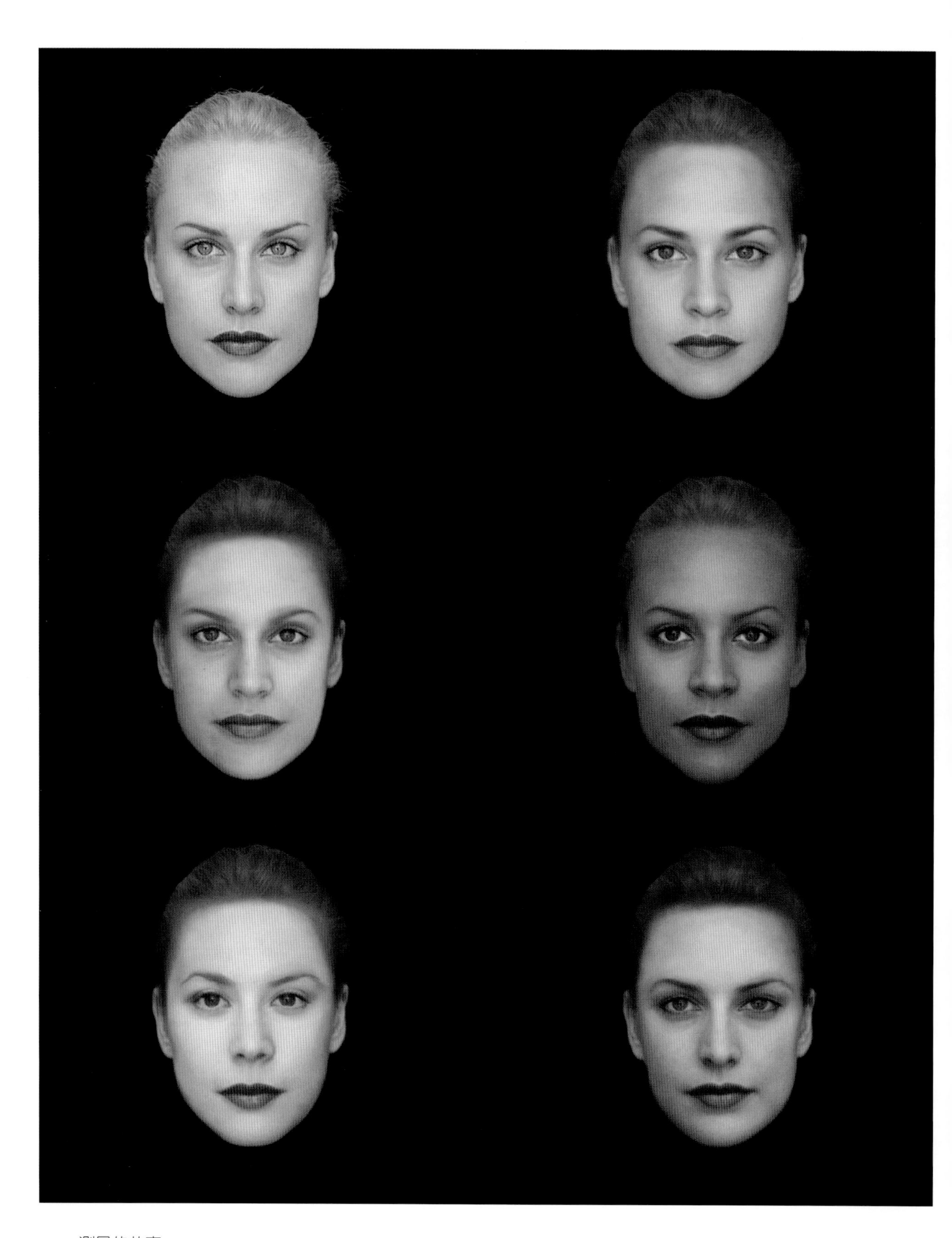

军衔

当代英国陆军军官军衔肩章。1 为陆军元帅；2 为将军；3 为中将；4 为少将；5 为准将；6 为上校；7 为中校；8 为少校；9 为上尉；10 为中尉；11 为少尉（陆军元帅军衔现已搁置）。

古埃及军队和古希腊军队在公元前两千年便设军衔，但古罗马才是第一个将军衔正规化的国家。从公元前 1 世纪早期起，古罗马一个军团通常有 6000 名男性，且听命于副将，一名副将直接领导 6 名军团指挥官。一个军团通常分为 10 个步兵队，每个步兵队分为 6 个百夫团（一个百夫团实际上由 60 名至 160 名军团士兵组成）；一个百夫团再细分为 10 个十人队。一个百夫团听命于一名百夫长，百夫长由下级军官协助。

当代英语国家的军衔衍生自文艺复兴时期的雇佣兵头衔（如下士、中士、上尉和将军）和拿破仑战争时代的上校、中尉、少校和元帅以及第二次世界大战时期的特殊军衔，如雷达技术官。

绝大部分陆海空三军分为持有政府委任状的军官（将军、上校等）、非政府委任的军官（中士、下士、士官及其他）以及无指挥权的军衔（列兵、水兵、空军士兵、海员等）。所有武装部队均采用一定形式的军衔，意识形态实验期间除外，就像 1918 年—1935 年的苏联红军、1965 年—1988 年的中国人民解放军及 1966 年—1991 年的阿尔巴尼亚军，但最终都在遇到管理困难后恢复军衔。

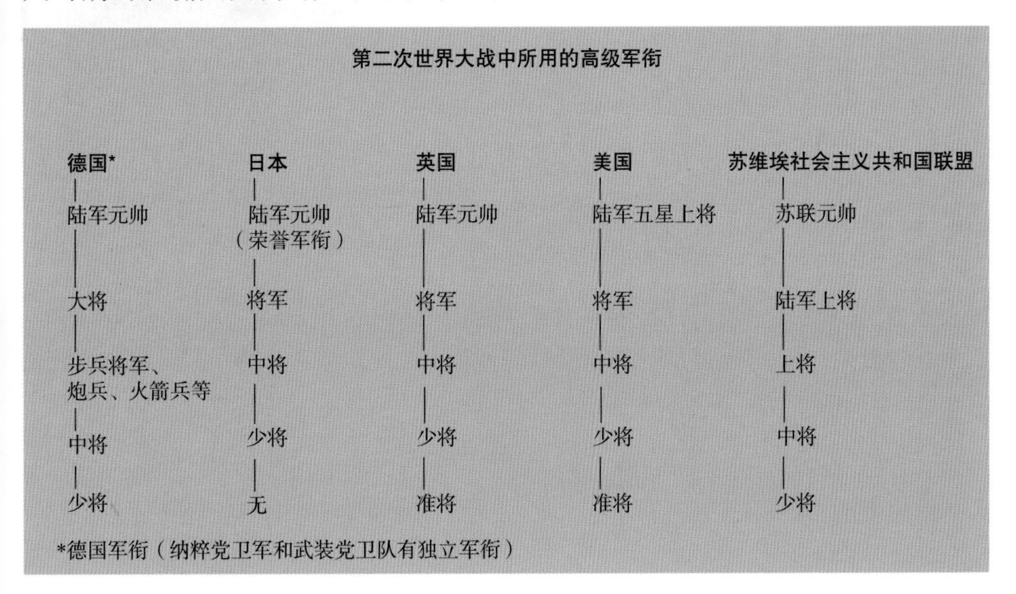

第二次世界大战中所用的高级军衔

德国*	日本	英国	美国	苏维埃社会主义共和国联盟
陆军元帅	陆军元帅（荣誉军衔）	陆军元帅	陆军五星上将	苏联元帅
大将	将军	将军	将军	陆军上将
步兵将军、炮兵、火箭兵等	中将	中将	中将	上将
中将	少将	少将	少将	中将
少将	无	准将	准将	少将

*德国军衔（纳粹党卫军和武装党卫队有独立军衔）

枪支口径

拿破仑军队的法国士兵将埃及象形文字纪念碑碑文中，环绕并标识皇家名的环形物称为弹药筒。因为，在他们看来，环形物极像法国的弹药筒的形状。弹药筒直径在法国称为“口径”(calibre)，并且“口径”一词也被引入英语。“口径”一词的早期派生用法源自意大利语中的“calibro”或西班牙语中的“calibre”，而“calibro”和“calibre”都来自阿拉伯语的“qalib”，意思是“模具”，并且最终源自希腊词“kalapous”，意思是鞋匠的鞋楦。既然枪筒曾经是在半圆形铁毡上用铁打造成型，这些说法也就不难理解了。

过去，大型枪支 / 火炮的口径通常根据射弹的重量予以标注，而非射弹的外径或枪管的内径。所以，一台大炮可能会标注为“12 磅”“16 磅”等。

类似的概念仍沿用在猎枪口径的定义上，即“膛径”(美国称“铅径”)。一杆 12 膛径或 12 铅径的猎枪最初是指该枪所发铅弹重 12 磅。这意味着，16 膛径的猎枪，尽管口径号数高，但射程更小，且与 12 膛径的猎枪相比，口径也更小。也就是口径号数越小，膛径或口径越大。如今，由于猎枪子弹不再为球形，膛径与子弹重量之间的直接关系也就不再适用，且猎枪口径也像上述其他枪一样予以标注。

其他猎枪、手枪和左轮手枪以英寸标注口径，例如 0.22 英寸口径的枪，在英国通常称为“二二”英寸枪，在美国称为“二十二”英寸枪；不过在欧洲大陆却以毫米标注。自 1949 年北大西洋公约组织（NATO）成立后，几乎所有西方国家的武装部队均以毫米作为标注枪支口径的标准单位。不过，大口径枪支有时仍同时采用英寸和毫米标注，例如“4 英寸迫击炮”。

严格地讲，口径并不是这些枪的枪管内径，因为它们通常为“来复枪”，也即其内有一个螺旋凹槽扣住并旋转子弹，确保稳定性。因此，枪管的横截面就像由凹槽和所谓“槽脊”组成。也就是说，口径由槽脊间枪管的较小内径表示。

膛径	英寸	毫米
8	0.835~0.860	21.2~21.8
10	0.775~0.793	19.6~20.1
12	0.729~0.740	18.5~18.8
16	0.662~0.669	16.8~17.0
18	0.637	16.2
20	0.615	15.6
24	0.579	14.7
28	0.550	14.0
32	0.526	13.4

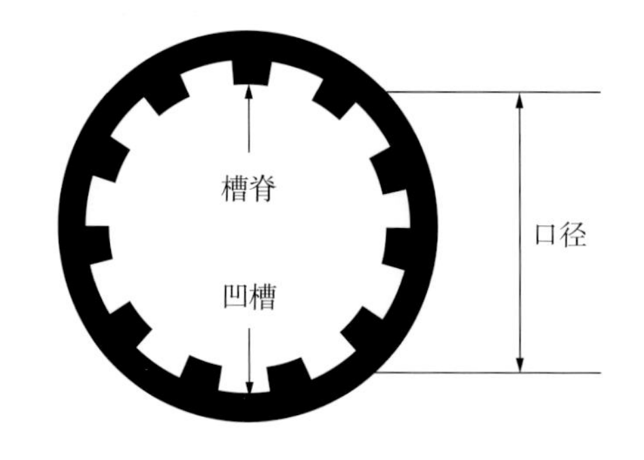

上图：来自美国波士顿的革命领袖保罗·里维尔（Paul Revere）制成的大炮炮弹青铜测径器。

上图：“马格南 44 型”转轮手枪，史密斯威森（Smith & Wesson）公司制造。电影《肮脏的哈里》（*Dirty Harry*）中男主角硬汉警察便使用此枪，口径 0.44 英寸。

经济学

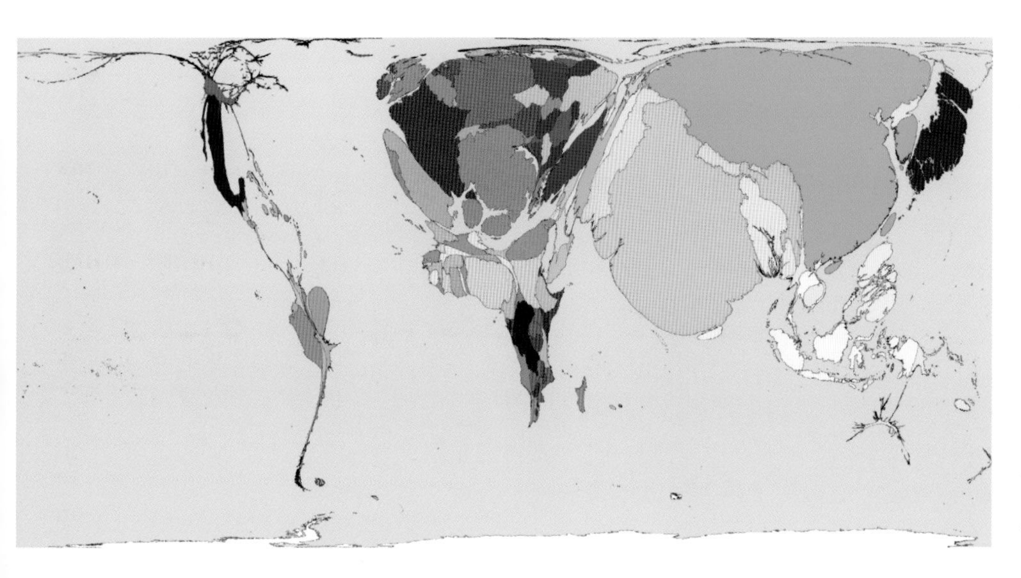

公元1500年世界财富图。该地图中，各国公元1500年的面积与其国内生产总值（GDP）成正比，这种生产总值以按公元1990年价格计算的购买力平价美元计算，购买力平价1美元（PPP US$1）在各国的购买力相同。GDP是指一个国家在一年内所生产出的全部最终产品和劳务的价值。它不包括用于生产这些产品的原材料的价值以及来自国外的净收入（国民生产总值GNP包括国外的收入）。如果用每个国家在公元1500年的人口去除当时的GDP，就会发现意大利（几乎毫不夸张）的人均财富值最高，为1100美元，之后依次是英国714美元、印度550美元、埃及475美元。北美洲和澳大利亚数据极少。绘图者采用米歇尔·贾斯特勒（Michael Gastner）和马克·纽曼（Mark Newman）所发明的算法，绘制了诸多张图，本图即为其中一幅。

商业和经济领域充斥着各种表示财富的数字，如工资、公司股票和股价、联合国人类发展指数以及国民生产总值。经济学的目标是成为定量科学，于是时常受到商业现实的破坏。

科学家虽然经常相互竞争，但却对他们发表的观点和结论深信不疑；商人不得不相互比拼，但对公司报告却持怀疑态度。为让观测数据与自然规律一致，科学界需要艺术与判断；为让财务数据与人类法律与期望协调，商业界亦需艺术与判断。西奥多·波特在《相信数字》中提醒人们："监管机构……只需明确阐述某个微妙之处就可区分英雄企业家精神和贪污犯罪。"

纽约道琼斯工业平均指数和伦敦金融时报100种股票指数（FT-SE或富时100指数，Financial Times Stock Exchange 100）可能是大家最为熟悉的经济指标。1897年，道琼斯指数首次出现自查尔斯·道（Charles Dow）和爱德华·琼斯（Edward Jones）创建的财经新闻社，表示每日12种股票总价除以12所得的算术平均值。1928年起，最常用的道琼斯指数一直为30种工业股（约占市场总量的25%）价格的日平均值，其作用在于适时调整，进而补偿股票分割、股票替换和显著红利变化。1935年，采用100种股价指数（FT-SE 100）取代之前的30种股价指数（FT 30）。FT-SE 100基于伦敦证券交易所上市的100家最大的（每季度评审）工业和商业公司的市场资本总值。FT-SE 100自1984年1月3日起编制并公布，为一项加权平均值并根据基本指数（定为1 000）计算得出。

彩票与赌博

亿万富翁、板球赞助商凯瑞·派克（Kerry Packer）是一名病态赌徒，他曾在拉斯维加斯赌场一次输掉几百万美元。尽管外界对其挥霍无度的生活方式批评不断，但派克却至死不改，并称："我父亲是赌徒，我是赌徒。每一个有所创造的人都是赌徒。"

赌博比金钱的历史还久远。从历史上看，尽管贵族和下层社会比中产阶级更好赌，但赌博却吸引着所有人。在1720年的南海泡沫事件（South Sea Bubble）中，国王乔治一世和艾萨克·牛顿爵士都参与了赌博，且都输了。小人物们参与些临时的赌局，一名不知名的投机商人甚至打出广告"一家从事具有巨大优势事业的公司，但无人知晓那是什么"。在开设办事处5小时后，这名投机商人卖出了1000股，每股定价2英镑。之后，"这名足以称得上对自己投机非常满意的哲学家"却关门连夜逃亡大陆。"如果不是大量可信证人所陈述的事实，真不可能相信竟然会有人被这样的伎俩所骗。"查尔斯·麦基（Charles Mackay）在他的著作《非同寻常的大众幻想与全民癫狂》（*Extraordinary Popular Delusions and the Madness of Crowds*）中写道。

意大利内科医师、数学家、占星家和赌徒吉罗拉莫·卡尔达诺，第一个将概率计算系统化并于1525年发表《游戏机遇的学说》（*Liber de Ludo Aleae*, *Book on Games of Chance*）。一个世纪后，布莱士·帕斯卡和法国数学家皮埃尔·德·费马（Pierre de Fermat）在卡尔达诺基础上创立了概率论。

但无疑的是，大部分赌徒尤其是那些痴迷全国性彩票大奖的人，都相信运气，即使中奖几率仅为数百万分之一。16世纪，彩票在欧洲快速发展并通过教皇批准。此事从1572年的巴黎彩票便知——中奖彩票写有"上帝选择了您"，而未中奖彩票写有"上帝安慰您"。因此，彩票销售收入成为国家财政收入的主要来源。伦敦的供水设施、威斯敏斯特大桥和大英博物馆的建设经费都来自彩票基金。1826年—1994年期间，当国家彩票不再受青睐时，彩票基金又开始对英国很多慈善、教育和艺术活动具有重要意义。美国联邦储备委员会（US Federal Reserve）主席艾伦·格林斯潘（Alan Greenspan）在2000年网络泡沫时说道："几百年来，彩票提供商早就知道，彩票能让人为百万分之一的中奖几率买单，而非为这种机会的价值付款。换言之，人们在为非常大的回报买单。"

上图：第一个计算出赌博概率的吉罗拉莫·卡尔达诺（Geronimo Cardano，1501—1576）。他把赌博，包括他自己赌博，视为一种需要治疗的瘾病。他的建议是："赌博的最大优势在于根本不赌博。"

下图：欧洲最大彩票奖是称为"大胖子"（El Gordo）的西班牙国家彩票——圣诞彩票。2004年，来自孛特（Sort）小镇（在本土语言中是指"幸运"）的一名男士中得此奖。

体育与比赛

想到体育，足球、板球或网球等体育运动立即浮现在脑海。想到比赛，象棋、桥牌或拼字游戏等静态和脑力运动便出现在眼前。然而，足球、板球和网球经常以体育比赛广为人知，但象棋、桥牌或拼字游戏却并非如此。不论属于体育还是比赛，这些项目都具有竞争性，都要求遵守规则，且遵守规则是关键度量形式之一。体育与比赛之间的传统区别，已经因一项活动是否有成文规则可依、是否以团体或个人名义参与、是否在户外或规定地点或围蔽处所开展等标准，变得混乱无序，因此两词经常互换使用。

直觉告诉人们，自早期社会便存在体育与比赛，存在原因和现代体育与比赛存在原因相同：即促进社交、强身健体、增长才智、展示实力和相互娱乐。不过，考古证据发现，直到公元前第三个千年的早期才明确存在竞技体育与比赛，当时美索不达米亚楔形文字板已包含有关摔跤或拳击（也有既定规则）的简短记载。

奥林匹克运动会传统的确立日期为公元前776年，现代复兴日期为1896年。早期唯一有记录的赛事是斯塔德（Stade）比赛短跑，即所谓的约200 m（或奥林匹克原体育场一圈长度）赛跑，由伊利斯（Elis）的科诺布斯（Koroibos）最终夺冠。随着进一步发展，古代比赛进一步发展为开始包括更长距离跑步比赛、摔跤、拳击、自由搏击、五项全能（为期四天）。

复兴运动保留了古希腊运动中发现的美学要素。但是，随着科学革命的爆发，美学逐渐让位给量化，虽然在当今花样滑冰、跳水和体操中美学仍占一席之地。体育器材不

左下图：《掷铁饼者》（*The Discobolus*）雕像。雕像展现了一名掷铁饼运动员在掷出铁饼的刹那间。虽然高1.55 m的雕像早已被视为古希腊崇尚运动的象征，但其姿势在当今却被视为一种极无效率的掷铁饼方式——正如现代掷铁饼运动员苏克比尔·辛格（Sukhbir Singh，上图）在2004年南亚联盟运动会上所示。该雕像是大理石制成的罗马复制品，原作为希腊雕刻家米隆（Myron）于公元前460年—450年雕刻的青铜像，1781年发现于罗马，因年代久远原作早已遗失。现在的仅是罗马制成的大理石复制品。原版雕像很可能旨在纪念第5世纪希腊主要赛事之一——五项全能的冠军。

断改善，运动员成绩的测量能力也不断提升。新型比赛，如篮球，借助这些变化被有意识的发明。于是，体育记录概念应运而生。而该词本身，系指无与伦比的量化成果，并可追溯至19世纪末期中的英语。因此，体育记录已经有2个世纪的历史。

如今，只要提及运动，就离不开测量，只不过测量形式各异，有比赛时间、进球数、游泳池大小或标枪距离。胜负差异有时仅为百分之一秒，这就要求采用计算机进行测量。作为澳大利亚政府组织——国家标准委员会（National Standards Commission）说道：“也许我们都太狂热，但是很少有比比赛结果尚无定论更令人沮丧的事。”

棋牌游戏和纸牌。棋牌游戏的历史比纸牌久远。（左图）萨蒂亚吉特·雷伊（Satyajit Ray）1977年电影《棋手》（*Chess Players*）中所示的国际象棋。国际象棋发明于公元第一个千年的印度。之后通过波斯引入欧洲，为让游戏速度更快，欧洲对规则略做变更。自12世纪，欧洲便存在（上图）乔治·德·拉·图尔（Georges de la Tour）于1620年—1640年左右所画《玩牌的作弊者》（*The Card Sharp*）中所示的纸牌。赌博和作弊总是如影随形。画中，这位男士将梅花A藏在腰带后。影片中，一名棋手移进一次，另一名棋手移出一格。与纸牌玩家不同的是，棋手下棋不是为赢钱，而是纯粹出于对下棋的热爱。

集合名词

动物群和事物组的名称让许多人晕头转向，连《牛津英语词典》对该课题都设有专用网页链接。牛按“herds”（群）、苍蝇按“swarms”（群）、破布按“bundles”（捆），那么熊、狐狸和女士又按什么？1486年，《圣艾尔班斯之书》（*Book of St Albans*）称，严格地讲这些集合词比语法知识能更好地区分“绅士与非绅士”。例如，“我们说‘a congregacyon of people’（人）、‘ahoost of men’（男人）、‘a felyshyppynge of yeomen’（仆人）和‘a bevy of ladyes’（女士）；但是我们必须说‘a herde of deer’（鹿）、‘swannys’‘cranys’或‘wrenys’‘a sege of herons’（苍鹭）或‘bytourys’[bitterns]【麻鸦】、‘a muster of pecockes’（孔雀）、‘a watche of nyghtyngales’‘a flyghte of doves’（鸽子）、‘a claterynge of choughes’（红嘴山鸦）、‘a pryde of lyons’（狮子）、‘a slewthe of beers’[bears]【熊】、‘a gagle of geys’‘a skulke of foxes’（狐狸）、‘a sculle of frerys’[friars]【修道士】、‘a pontificalitye of prestys’[priests]【牧师】以及‘a superfluyte of nonnes’[nuns]【修女】”，其中最后三个可能语含讽刺。

本表中的名词选自布鲁尔的《成语寓言大辞典》（*Brewer's Dictionary of Phrase and Fable*）第17版，并根据《牛津英语词典》反复核对。其中很多名词均为常见用法，一些很少使用，一些（例如一行欢歌飞腾的云雀）已经恢复使用。所幸的是，它们的起源通常比较明晰，名词表达集合的关键特征；但其他的令人不解，例如猫，《成语寓言大辞典》和《牛津英语词典》网页链接均推荐使用“clowder”（一群），但一群并未出现在《简明牛津英语词典》（*Shorter Oxford English Dictionary*）中，并且并不常用。事实上，以群集合的猫听起来就怪怪的。

天使	a host（一群）
箭	a sheaf（一捆）
獾	a cete（一群）
熊	a sloth（一群）
钟	a peal（一组）
野猪	a sounder（一群）
车	a fleet（一队）
牛	a drove, a herd（一群）
猫	a clowder（一群）
鸡	a brood（一窝）
红嘴山鸦	a chattering（一群）
乌鸦	a murder（一群）
幼仔	a litter（一群）
海豚	a school（一群）
蛋	a clutch（一次产的或孵的）
鼬	a business, a fesnying（一群）
雀	a charm 或 chirm（一群）
狐狸	a skulk（一群）
鹅	a skein（飞行中的一群）； a gaggle（地上的一群）
女孩	a bevy（一群）
松鸡	a covey（一群）
鸥	a colony（一群）
野兔	a huske（一群）
苍鹭	a siege（一群）
小猫	a kindle（一窝）
工人	a gang（一群）
云雀	an exaltation（一群）
狮子	a pride（一群）
地方法官	a bench（一群）
母马	a stud（一群）
鼹鼠	a labour（一群）
猴子	a troop（一群）
骡	a barren（一群）
夜莺	a watch（一群）
洋葱	a rope, a string（一串）
猫头鹰	a parliament（一群）
孔雀	a muster（一群）
大乌鸦	an unkindness（一群）
白嘴鸦	a building, a clamour（一群）
帆	a suit（一副）
野蛮人	a horde（一群）
鹬	a wisp（一群）
椋鸟	a murmuration（一群）
星星	a cluster, a constellation（一群）
水鸭	a spring（一群）
鲸	a school, a gam, a pod（一群）
狼	a pack, a rout, a herd（一群）

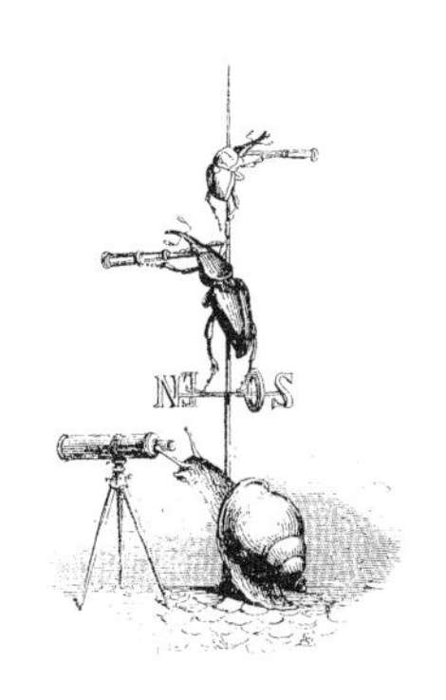

“一群显赫的天文学家”（A galaxy of astronomers），摘自詹姆斯·利普顿（James Lipton）有关集合名词的一本著作《一行欢歌飞腾的云雀》（*An Exaltation of Larks*）。

万物之尺

2500年前哲学家普罗塔哥拉说道：“人是万物之尺。”当代科学家、科幻作家艾萨克·阿西莫夫（Isaac Asimov）说：“我们必须谨记是测量为人，而非人为测量。”

当看到哈勃太空望远镜观测的可见世界最远边缘处，空间中所点缀的广阔、未知星系图像，例如第74页所示图像，我们很难同意普罗塔哥拉和阿西莫夫等思想家的观点。哈勃观测的图像如何不让我们感觉，人类几乎不是测量任何事物的尺度？当然，我们只是一个完全不同、看似无限宇宙中的一小撮微不足道的物质。然而，人类的大脑能够通过数十亿光年、黑洞和宇宙大爆炸等概念作出惊人的无形计算，发明复杂程度令人称奇的技术，并用这些技术绘出哈勃图像。记得引言中曾介绍，阿基米德通过想象在宇宙中填砂，在《数沙者》中估算出宇宙的大小。从某种程度上，人心比空间‘那里’的客观宇宙或各原子核内部更让人琢磨不透。正如《2001：太空漫游》导演斯坦利·库布里克（Stanley Kubrick）评价电影编剧亚瑟·查理斯·克拉克所说：“人类总想试图了解那些实际上根本无法了解的事物，而亚瑟总算捕捉到部分毫无希望但又令人钦佩的人类欲望。”

当阿尔伯特·爱因斯坦于1930年遇到作家、艺术家、音乐家、哲学家、诺贝尔奖得主罗宾德拉纳特·泰戈尔时，他俩就普罗塔哥拉和阿西莫夫所阐述的问题有过多次趣味盎然、见解深刻的谈话，但观点各异。其中一次谈话的内容发表于《纽约时报》并附有爱因斯坦和泰戈尔的照片，谈话标题《数学家和神秘主义者相遇曼哈顿》风趣幽默。爱因斯坦说：“有关宇宙本质问题，存在两种不同观点：世界与人类有关且为一体；世界与人类因素无关且为现实……”，但他明确表明他本人相信第二种观点。泰戈尔回答说：“世界是人类的世界，世界的科学观点也是人类的科学观点。因此，离开人类的世界是不存在的。因为它是一个相对世界，而它的真实性取决于人类的意识。”由此可知，泰戈尔相信关于宇宙的第一种观点。

当然，普罗塔哥拉的阐述本身便分为从崇高哲学到世俗商业的多个层次。在公元前第5世纪的希腊或在此之前的数千年，现实主义者便根据人体部位，如手指、脚、手臂等测量世界。在之后几个世纪的罗马帝国时期或中世纪，根据人体部位测量尺寸仍占主导地位，测量单位主要为英里、英亩、蒲式耳和磅。直到17世纪科学思维方式的出现，19世纪对准确度提出要求，测量才越来越基于自然而非人类。西奥多·波特在《相信数字》中写道：“大约两个世纪以来，定量准确度已被视为实验科学的核

对页图：月球测量。月球表面的原始足迹由1969年阿波罗11号（Apollo 11）任务登月第二人巴兹·奥尔德林（Buzz Aldrin）的靴子所留。鉴于绵绵不断的微陨石雨也需下上一千万年，才能搅动月球土壤最上面的半英寸，所以留下的足迹不会受到扰动。除非如天文学家帕特里克·摩尔所评论的“它被带至月球博物馆”。我们甚至可以想象，如果作为一个物种的人类足够鲁莽，以至最后一个人从地球上灭绝。但足迹将会像化石一样得以长久保存。

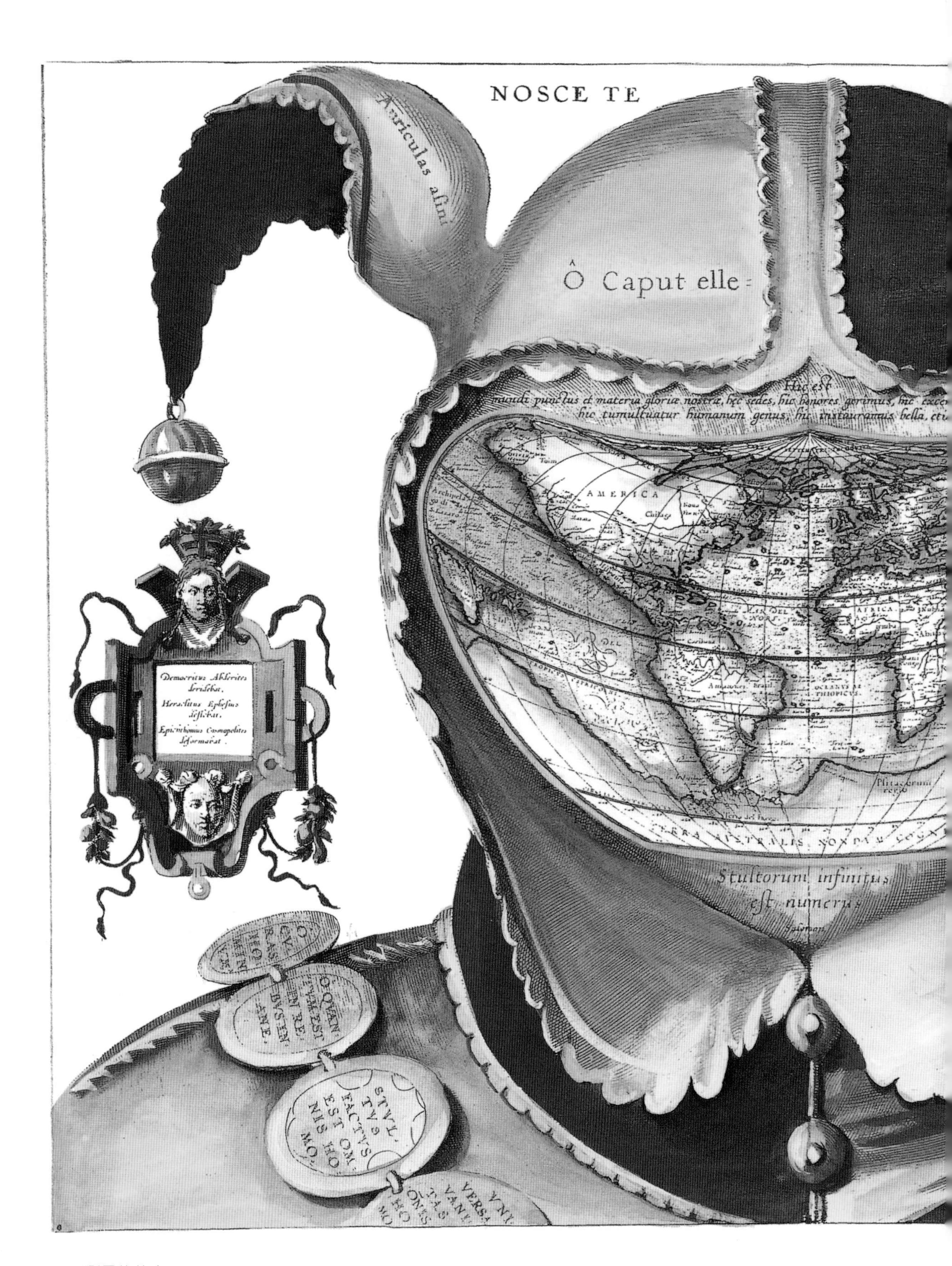
NOSCE TE
Auriculas asini
Ô Caput elle-
Hic est
mundi punctus et materia gloriæ nostræ, hic sedes, hic honores gerimus, hic exerc
hic tumultuatur humanum genus, hic instauramus bella, eti
AMERICA
Stultorum infinitus
est numerus
Democritus Abderites
deridebat,
Heraclitus Ephesius
deflebat,
Epichthonius Cosmopolites
deformabat.
STVLTVS FACTVS EST OMNIS HOMO.

《傻瓜帽世界地图》（*Fool' s Cap World*），约 1590 年。彼得·惠特菲尔德（Peter Whitfield）在《世界映像：20 个世纪的世界地图集》（*The Image of the World: 20 Centuries of World Maps*）中写道："这一令人震惊和不安的图像是制图历史的谜团之一。""艺术家、出版日期和地点均未知，绘画意图亦仅可猜测。"艺术家仅在左图上给出一个拉丁文化名："Epichthonius Cosmopolites"（大意是"凡夫俗子"）。由于地图的地理极像 16 世纪 80 年代亚伯拉罕·奥特柳斯（Abraham Ortelius）的世界地图，并且有一处参考罗伯特·伯顿（Robert Burton）《忧郁的剖析》（*Anatomy of Melancholy*，1621）中的图像，这一图像载明了暂定日期 1590 年，也即傻瓜人物有重要角色的莎士比亚早期戏剧时期。那么图的寓意为何？"它的中心视觉隐喻是人类愚蠢的普遍性。"但是，进一步讲，解释显然是可能的，尤其是在 21 世纪当务之急"全球环境灾难"方面。在人与测量中，该图像在视觉上与普罗塔哥拉的模糊语句："人是万物之尺"一致——虽语含讽刺。

心，准确度已被视为勤奋、能力和客观的标志。”其中关键词是客观：越独立于人，测量越科学。

但奇怪，有时甚至引人发笑的事实是，科学家出于对科学客观性的尊重，实际上都是科学与测量的激情个性化者。更不用说诺贝尔奖这项科学界最伟大的荣誉颁给了科学定律，例如波义耳定律；或测量单位，如以人名命名的瓦特。国际单位制七大基本单位中，A 和 K 分别以科学家安培和开尔文命名。其他导出单位中，以科学家命名更占主导，例如赫兹（频率单位）、牛顿（力单位）、帕斯卡（压力单位）、焦耳（能量单位）、伏特（电位单位）、欧姆（电阻单位）、法拉（电容单位）、瓦特（功率单位）、贝可勒尔（放射性活度单位）、摄氏度（摄氏温度单位）等。

新单位的引入自然引发争议。一方面是因为科学家不想让现有国际单位制日趋复杂，另一方面是因为公开所用名称涉及声望，但不是每个人都同意某人当之无愧。20 世纪 20 年代，德国物理界提出一种新的频率单位（也即之后所称的每秒周数），要求以海因里希·赫兹命名。德国知名物理化学家瓦尔特·能斯特（Walther Nernst）却尖刻地说：“我认为没必要引入新名称，要是这样的话也可以把‘1 L/s’称为‘1 福斯塔夫’（Falstaff，莎士比亚作品中的喜剧人物）！”此外，剑桥大学的部分学生也开玩笑地提出，以他们其中一位曾在 31 岁便获得诺贝尔奖的讲师、传奇理论物理学家 P. A. M. 狄拉克（P. A. M. Dirac）命名一种新单位。狄拉克是出了名的沉默寡言，因此将“狄拉克”命名为演讲期间流行沉默的单位。亚瑟·克莱恩在《测量的世界》中准确定义道：“就像电阻测量的是响应电动势的电流阻力，狄拉克所暗含的是不愿意说话，除非有说话的必要。”

既然测量是科学之根，那么科学家对单位命名的热情也就不难理解。为此，值得再提芝加哥大学社会科学大楼上开尔文男爵的著名评论：“实现测量并能用数量表述，才算真知；不能测量又不能用数量表述，说明学识浅薄、知之不够。”但是，我们并不能据此认为，能够测量，便应测量，或测量具有内在价值，是因为测量准确。

美国医生威廉·比恩（William Bean）的研究众说纷纭、智者见智，有人认为它崇高，有人认为它世俗，甚至荒谬。通过在角质层上面填充一根水平线并记录水平线朝拇指尖的生长情况，这位医生测量了他的拇指指甲从他 32 岁起每天的生长情况。研究结果发表于一篇题为《指甲生长记：35 年观察期》（*Nail growth: 35 years of observation*）的科学论文上。论文主要结论是，不管比恩身在何处，其指甲均以相同稳定速度（约为 0.1 毫米 / 天）生长。

这项毫无意义的研究（如果花费不大）极易引发世人嘲笑，近几年亦是如此。1991年科学界为“不能或不应该被重复的”科学发现设立搞笑诺贝尔奖。这个年度奖项便旨在奖励那些“乍看起来让人发笑，但是随后发人深省”的研究工作。或许，搞笑诺贝尔奖会略微削弱人们对真正有价值科学研究的尊重，但整体上它们都是治疗测量热的一剂良药。我们嘲笑搞笑诺贝尔奖的根本原因是因为我们意识到，测量已经不仅仅在科学界，而是在现代世界无处不在。会计师、咨询顾问和经济学家的数字让公司备受煎熬；多选题、期刊影响因子、比赛成绩表正在扼杀教育；民意调查、焦点小组，甚至测谎仪已广为政府机构所用。审计社会，以数字游戏和豆计数，威胁要扼杀它旨在测量的一切活动。测量中的平庸、盲从和浪费只会滋生统计、目标和金钱中没有人情味的信仰，短暂极力容忍之后，被测者和测量员都因冷冰冰的数字而士气低落。可叹的是，在很多组织和机构中，人类并非像阿西莫夫所称的那样“测量为人，而非人为测量”，而是反其道而行之。

因此，普罗塔哥拉的话还有位于哲学与世俗之间的第三层意思。或许，我们可以将其改述为“人性是万物之尺”。

令人称奇的是这些古希腊人至今仍然发人深省。虽然本书中所讲的测量的故事表明，人类在科学方面已经远超古希腊，但心理学、经济学、政治学却不然。倘若我们欢迎现代世界，那么除拥抱大自然的实验性观察、准确度的必然性和越发神奇的技术发展外，我们别无选择。科学发展之前，人是万物之尺。但如今，人与测量对我来说更像忠诚但固执婚姻关系中的长期合作伙伴。人加测量等于科学，但面临的挑战是如何让这一等式平衡。

延伸阅读

本章并非学术书目清单，而是与本书各章直接相关的书籍和文章摘选。因此，其中仅包括本质上与测量相关的书籍。所给出的日期通常为英文版首次出版日期，除非另外注明。网上参考虽不包括，但本人特此推荐 www.wikipedia.org、国家物理实验室网站 www.npl.co.uk、尤其是 NPL“测量初学者指南”（Beginner's guides to measurement）及其新闻通讯“Metromnia”。此外，期刊《计量学》、《自然》及《科学》，杂志《地理》（*Geographical*）、《新科学家》、《物理世界》及《科学美国人》也是现代测量方法的重要参考源。历史和传记信息的卓越参考源为《哈金森科技传记辞典》2000 年第三版的第 1 和第 2 卷［顾问罗伊·波特和玛丽莲·奥格尔维（Marilyn Ogilvie）编辑］。

简介 / 一般参考著作

Darton, Mike and John Clark, *The Dent Dictionary of Measurement*, 1994

Hebra, Alex, *Measure for Measure: The Story of Imperial, Metric, and Other Units*, 2003

Klein, H. Arthur, *The World of Measurements: Masterpieces, Mysteries, and Muddles of Metrology*, 1974

Kula, Witold, *Measures and Men*, 1986

Morrison, Philip and Phyllis Morrison and The Office of Charles and Ray Eames, *Powers of Ten: About the Relative Size of Things in the Universe*, 1982

Nature, 'Small scale', 27 Apr. 2006; 1092 (on the zepto-world)

Porter, Theodore M., *Trust in Numbers: The Pursuit of Objectivity in Science and Public Life*, 1995

Robinson, Andrew, *The Last Man Who Knew Everything: Thomas Young*, 2006

Tufte, Edward R., *The Visual Display of Quantitative Information*, 1983

Young, Thomas, 'On weights and measures', in *Miscellaneous Works of the Late Thomas Young*, (George Peacock, ed.), vol. 2, 2003

米制的由来

Alder, Ken, *The Measure of All Things: The Seven-Year Odyssey That Transformed the World*, 2002

Barber, Peter, ed.. *The Map Book*, 2005

Berthon, Simon and Andrew Robinson, *The Shape of the World: The Mapping and Discovery of the Earth*, 1989

Danson, Edwin, *Weighing the World: The Quest to Measure the Earth*, 2006

Gillispie, Charles Coulston, *Science and Polity in France: The Revolutionary and Napoleonic Years*, 2004

Sobel, Dava and William J. H. Andrewes, *The Illustrated Longitude*, 1998

UK Metric Association, *A Very British Mess*, 2004 and *Metric Signs Ahead*, 2006 (reports)

Westfall, Richard S., *The Life of Isaac Newton*, 1993

Wilford, John Noble, *The Mapmakers: The Story of the Great Pioneers in Cartography from Antiquity to the Space Age*, 1981

Zupko, Ronald Edward, *Revolution in Measurement: Western European Weights and Measures since the Age of Science*, 1990

数字与数学

Barrow, John D., *The Infinite Book: A Short Guide to the Boundless, Timeless and Endless*, 2005

Cohen, I. B., *The Triumph of Numbers: How Counting Shaped Modern Life*, 2005

Dantzig, Tobias, *Number: The Language of Science*, new edn, 2006

Dilke, O. A. W, *Mathematics and Measurement*, 1987

Einstein, Albert, 'Geometry and experience' and 'On the method of theoretical physics', in Einstein, *Ideas and Opinions*, 1954

Hodgkin, Luke, *A History of Mathematics: From Mesopotamia to Modernity*, 2005

Livio, Mario, *The Golden Ratio: The Story of Phi, the World's Most Astonishing Number*, 2003

Mandelbrot, Benoit B., *The Fractal Geometry of Nature*, rev. edn, 1983

— 'Fractals as a morphology of the amorphous', in Bill Hirst, *Fractal Landscapes from the Real World*, 1994

Quilter, Jeffrey and Gary Urton, *Narrative Threads: Accounting and Recounting in Andean Khipu*, 2002

Seife, Charles, Zero: *The Biography of a Dangerous Idea*, 2000

Stoll, Cliff, 'When slide rules ruled', *Scientific American*, May 2006

Taylor, Richard P., 'Order in Pollock's chaos', . *Scientific American*, Dec. 2002

Wigner, Eugene, 'The unreasonable effectiveness of mathematics in the natural sciences', *Communications in Pure and Applied Mathematics*, Feb. 1960

常用单位

Abbott, Alison, 'Rebuilding the past', *Nature*, 16 Dec. 2004: 794-95 (on the elephant water clock)

Battersby, Stephen, 'The lady who sold time', *New Scientist*, 25 Feb. 2006: 52-53 (on Ruth Belville)

Berriman, A. E., *Historical Metrology: A New Analysis of the Archaeological and the Historical Evidence Relating to Weights and Measures*, 1953

Chapman, Allan, *Dividing the Circle: The Development of Critical Angular Measurement in Astronomy* 1500-1850, 2nd edn, 1995

Collins, Paul, 'The sweet sound of profit', *New Scientist*, 20 May 2006: 54-55 (on cash registers)

Connor, R. D., *The Weights and Measures of England*, 1987

Goetzmann, William N. and K. Geert Rouwenhorst, eds. *The Origins of Value: The Financial Innovations that Created Modern Capital Markets*, 2005

Holford-Stevens, Leofranc, *The History of Time: A Very Short Introduction*, 2005

Kenoyer, Jonathan Mark, *Ancient Cities of the Indus Valley Civilization*, 1998

Prerau, David, *Saving the Daylight: Why We Put the Clocks Forward*, 2005

Richardson, W.F., *Numbering and Measuring in the Classical World*, rev. edn, 2004

Shaw, Ian and Paul Nicholson, *British Museum Dictionary of Ancient Egypt*, 1995

仪器与技术

Ackland, Len, 'Radiation: how safe is safe?', *New Scientist*, 15 May 1993: 34-37

Anderson, Katherine, *Predicting the Weather: Victorians and the Science of Meteorology*, 2005

Chang, Hasok, *Inventing Temperature: Measurement and Scientific Progress*, 2004

Gilmozzi, Roberto, 'Giant telescopes of the future', *Scientific American*, May 2006

Hecht, Jeff, *Beam: The Race to Make the Laser*, 2005

Hogan, Jenny, 'Focus on the living'. *Nature*, 2 Mar. 2006: 14-15 (on the atomic force microscope)

Horsfall, Alton and Nick Wright, 'Sensing the extreme', *Physics World*, May 2006 (on high-temperature measurement)

Magnello, Eileen, *A Century of Measurernent: An Illustrated History of the National Physical Laboratory*, 2000

Musher, Daniel M., Edward A. Dominguez and Ariel Bar-Sela, 'Edward Seguin and the social power of thermomety', *New England Journal of Medicine*, 8 Jan. 1987: 115-17

Nellist, Peter, 'Seeing with electrons'. *Physics World*, Nov. 2005 (on microscopes)

Peplow, Mark, 'Counting the dead'. *Nature*, 20 Apr. 2006: 982-83 (on Chernobyl)

原子

Ancey, Christophe and Steve Cochard, 'Understanding avalanches', *Physics World*, July 2006

Atkins, P. W, *The 2nd Law: Energy, Chaos, and Form*, 1984

— *The Periodic Kingdom: A Journey into the Land of the Chemical Elements*, 1995

Ball, Philip, *The Elements: A Very Short Introduction*, 2002

Bowman, Sheridan, *Radiocarbon Dating*, 1990

Einstein, Albert, *Relativity: The Special and the General Theory*, Routledge Classics edn, 2001

Einstein, Albert and Leopold Infeld, *The Evolution of Physics*, 1938

Lovelock, James, *Homage to Gaia: The Life of an Independent Scientist*, 2000

Rigden, John S., *Einstein 1905: The Standard of Greatness*, 2005

Robinson, Andrew, *Einstein: A Hundred Years of Relativity*, 2005

Robinson, Ian, 'Redefining the kilogram'. *Physics World*, May 2004

Rothemund, Paul W. K., 'Folding DNA to create

nanoscale shapes and patterns', *Nature*, 16 Mar. 2006: 297-302
Smith, Lloyd M., 'The manifold faces of DNA', *Nature*, 16 Mar. 2006: 283-84
Sykes, Christopher, *No Ordinary Genius: The Illustrated Richard Feynman*, 1994

地球

Amodeo, Christian, 'Eyes in the skies', *Geographical*, Feb. 2003
Bluestein, Howard B., *Tornado Alley: Monster Storms of the Great Plains*, 1999
Choi, Charles, 'Volcanic sniffing', *Scientific American*, Nov. 2004
Dwyer, Joseph R., 'A bolt out of the blue'. *Scientific American*, May 2005
Emanuel, Kerry, *The History and Science of Hurricanes*, 2005
Fara, Patricia, *Fatal Attraction: Magnetic Mysteries of the Enlightenment*, 2005
Flindt, Rainer, *Amazing Numbers in Biology*, 2006
Gradstein, Felix, James Ogg and Alan Smith, eds, *A Geologic Time Scale 2004*, 2004
Hough, Susan Elizabeth, *Richter's Scale: Measure of an Earthquake: Measure of a Man*, 2007
Jackson, Patrick Wyse, *The Chronologers, Quest: The Search for the Age of the Earth*, 2006
Keay, John, *The Great Arc: The Dramatic Tale of How India Was Mapped and Everest Was Named*, 2000
Lawson, Simon, 'Spotting a fake', *Physics World*, June 2006 (on diamonds)
Lopes, Rosaly, *The Volcano Adventure Guide*, 2005
Nouvian, Claire, *The Deep: The Extraordinary Creatures of the Abyss*, 2007
Pavord, Anna, *The Naming of Names: The Search for Order in the World of Plants*, 2005
Pretor-Pinney, Gavin, *The Cloudspotter's Guide*, 2006
Robinson, Andrew, *Earthshock: Hurricanes, Volcanoes, Earthquakes, Tornadoes and Other Forces of Nature*, rev. edn, 2002
Rudwick, Martin J. S., *Bursting the Limits of Time: The Reconstruction of Geohistory in the Age of Revolution*, 2005
Scarpa, Roberto, 'Predicting volcanic eruptions', *Science*, 27 July 2001: 615-16
Schmincke, Hans-Ulrich, *Volcanism*, 2004
Schrope, Mark, 'The bolt catchers'. *Nature*, 9 Sept. 2004: 120-21 (on lightning)
Titov, Vasily *et al*, 'The global reach of the 26 December 2004 Sumatra tsunami', *Science*, 23 Sept. 2005: 2045-48
Wilson, Edward O., *In Search of Nature*, 1996
Ziebart, Marek, 'The story of height'. *Geographical*, Aug. 2003
Zijlstra, Albert, 'The last word'. *New Scientist*, 8 Nov. 2003 (on clouds)

宇宙

Barrow, John D. and John K. Webb, 'Inconstant constants', *Scientific American*, June 2005
Bonnell, Jerry T. and Robert J. Nemiroff, *Astronomy: 365 Days*, 2006
Chandler, David L., 'It's time to go back'. *New Scientist*, i Apr. 2006: 32-37 (on science on the Moon)
Christensen, Lars Lindberg and Bob Fosbury, *Hubble: IS Years of Discovery*, 2006
Davies, Paul, *The Goldilocks Enigma: Why is the Universe Just Right for Life?*, 2006
Einstein, Albert, 'Johannes Kepler', in Einstein, *Ideas and Opinions*, 1954
Hill, Steele and Michael Carlowicz, *The Sun*, 2006
Hinshaw, Gary, 'WMAP data put cosmic inflation to the test'. *Physics World*, May 2006
Holman, Gordon D., 'The mysterious origins of solar flares'. *Scientific American*, Apr. 2006
Light, Michael, *Full Moon*, 2006
Lovett, Laura, Joan Horvath and Jeff Cuzzi, *Saturn: A New View*, 2006
Moore, Patrick, *Patrick Moore on the Moon*, 2001
Nature, 'Neglected neighbour', 13 Apr. 2006: 846 (editorial on Venus versus Mars)
Peplow, Mark, 'Comec chasers get mineral shock'. *Nature*, 16 Mar. 2006: 260
Singh, Simon, *Big Bang*, 2004
Weinberg, Steven, *Dreams of a Final Theory: The Search for the Fundamental Laws of Nature*, 1993

思想

Ball, Philip, 'Index aims for fair ranking of scientists', *Nature*, 18 Aug. 2005: 900 (on the h-index)
— 'Prestige is factored into journal rankings'. *Nature*, 16 Feb. 2006; 770-71
DeFrancis, John, *Visible Speech: The Diverse Oneness of Writing Systems*, 1989
Domino, George and Marla L. Domino, *Psychological Testing: An Introduction*, 2nd edn, 2006
Gould, Stephen Jay, *The Mismeasure of Man*, rev. edn, 1996
Howard, David, 'Staying in tune with physics', *Physics World*, Apr. 2006 (on singing)
Lenman, Robin, ed., *The Oxford Companion to the Photograph*, 2005
Loxley, Simon, *Type: The Secret History of Letters*, 2004
Mitchell, Michael and Susan Wightman, *Book Typography: A Designer's Manual*, 2005
Nature, 'Not-so-deep impact', 23 June 2005: 1003-04 (editorial on impact factors)
Naughton, John, *A Brief History of the Future: The Origins of the Internet*, 1999
Petroski, Henry, *The Evolution of Useful Things*, 1992
Pinker, Steven, *The Language Instinct: The New Science of Language and Mind*, 1994
Robbins Landon, H. C., *Mozart: The Golden Years*, 1989
Robinson, Andrew, *The Man Who Deciphered Linear B: The Story of Michael Ventris*, 2002
— *Lost Languages: The Enigma of the World's Undeciphered Scripts*, 2002
— *The Story of Writing: Alphabets, Hieroglyphs and Pictograms*, 2nd edn, 2007
Shaw, P. *et al*, 'Intellectual ability and cortical development in children and adolescents', *Nature*, 30 Mar. 2006: 676-79
Taylor, Arlene G., *Wynar's Introduction to Cataloging and Classification*, 9th edn, 2000
White, John, *Intelligence, Destiny and Education: The Ideological Roots of Intelligence Testing*, 2006

人体

Blakemore, Colin and Sheila Jennett, eds, *The Oxford Companion to the Body*, 2001
Bond, Shirley, *Home Measures: The Essential Reference Guide to Sizes and Measurements for Home, Office and Kitchen*, 1996
Gibbs, W. Wayt, 'Obesity an overblown epidemic?', *Scientific American*, June 2005
Goodson, Boyd, 'Mobilizing magnetic resonance', *Physics World*, May 2006
Gosline, Anna, 'Will DNA profiling fuel prejudice?' *New Scientist*, 9 Apr. 2005: 12-13
Hempel, Sandra, *The Medical Detective: John Snow and the Mystery of Cholera*, 2006
Kemp, Martin, *Leonardo da Vinci: The Marvellous Works of Nature and Man*, 2006
Melzack, Ronald and Patrick D. Wall, *The Challenge of Pain*, 2nd edn, 1996
Nature, 'Coping with complexity', 25 May 2006: 383-4 (editorial on the nature of the gene)
Naylor, G. R. S., 'A simple togmeter for measuring the warmth of continental quilts', 1994 (report at www.tft.csiro.au)
Pain, Stephanie, 'Davy's dark side'. *New Scientist*, 3 Sept. 2005: 48-49
Pope, Jean, *Medical Physics: Imaging*, 1999
Porter, Roy, *The Greatest Benefit to Mankind: A Medical History of Mankind from Antiquity to the Present*, 1997
Shapin, Steven, 'Eat and run: why we're so fat', *New Yorker*, 16 Jan. 2006: 76-82
Vince, Gaia, 'The many ages of man', *New Scientist*, 17 June 2006: 50-53
Watson, James D., *DNA: The Secret of Life*, 2003
Westphal, Sylvia Pagan, 'Red alert', *New Scientist*, 23 July 2005: 33-6 (on blood)

社会

Atherton, Mike, *Gambling: A Story of Triumph and Disaster*, 2006
Bamshad, Michael J. and Steve E. Olson, 'Does race exist?', *Scientific American*, *Dec*. 2003
Check, Erica, 'The tiger's retreat'. *Nature*, 22 June 2006: 927-30
Cole, Simon A., 'Misplaced convictions', *New Scientist*, 18 Mar. 2006: 23 (on fingerprint evidence)

图片来源

Davies, Simon, 'Iris recognition', *New Scientist*, 20/27 Dec. 2004: 34 (letter)
Doyle, Rodger, 'Calculus of happiness', *Scientific American*, Nov. 2002
— 'Religion in America, *Scientific Awerican*, Feb. 2003
Grossman, Wendy M., 'Ballot breakdown', *Scientific American*, Feb. 2004 (on electronic voting)
Jerome, Fred and Rodger Taylor, *Einstein on Race and Racism*, 2005
Kevles, Daniel J., 'Grounds for breeding', *Times Literary Supplement*, 2 Jan. 1998 (on eugenics)
Lipton, James, *An Exaltation of Larks*, 3rd edn, 1991
Lykken, David, 'Nothing like the truth', *New Scientist*, 14 Aug. 2004: 17 (on lie detectors)
Mackay, Charles, *Extraordinary Popular Delusions and the Madness of Crowds*, 1841
Miller, Shaun and Jared Diamond, 'A New World of differences', *Nature*, 25 May 2006: 411-12 (on GDP)
Pearson, Helen, 'Lure of lie detectors spooks ethicists'. *Nature*, 22 June 2006: 918-19
Poole, Robert, 'Making up for lost time', *History Today*, Dec. 1999
Randerson, James and Andy Goughian, 'Forensic evidence stands accused', *New Scientist*, 31 Jan. 2004; 6-7
Raper, J. F., D. W. Rhind and J. W. Shepherd, *Postcodes: The New Geogaphy*, 1992
Sengoopta, Chandak, *Imprint of the Raj: How Fingerprinting was Born in Colonial India*, 2003

万物之尺

Clarke, Arthur C., *Greetings, Carbon-Based Bipeds!: Collected Essays 1934-1998*, 1999
Robinson, Andrew and Dipankar Home, 'Tagore and Einstein', appendix to Krishna Dutta and Andrew Robinson, eds, *Selected Letters of Rabindranath Tagore*, 1997
Whitfield, Peter, *The Image of the World: 20 Centuries of World Maps*, 1994

a= 上图，b= 下图，l= 左图，r= 右图，c= 中间图

AIP Emilio Segre Visual Archives/Ferdinand Ellerman 62a, 71c; AIP Emilio Segre Visual Archives/Hale Observatories 148a; Antikythera Mechanism Research Project 131a; Art Archive/Egyptian Museum, Turin/Dagli Orti 2b; Ashmolean Museum, Oxford 45; Peter Atkins, *The Periodic Kingdom*, London, 1995 83r; Anthony Aylomamitis 240; Simon Berthon and Andrew Robinson, *The Shape of the World*, London, 1989, 15, 17bl, 131; Bettmann Newsphotos 120; Bildarchiv Preussischer Kulturbesitz, Berlin 117; Bodleian Library, University of Oxford (Douce A.618 (16), 190l; Bridgeman Art Library/Private Collection 29b; British Library, London 3b, 16b, 19a, 46l, 102, 103b, 143l; British Museum, London Ⅱ~Ⅲ, X, 26, 29a, 42b, 47, 152, 186; Nancy Burson 198; Benjamin Butterworth, *The Growth of Industrial Art*, Washington D.C., 1892 164a; California Institute of Technology 99b; Camera Press/Gamma/Lenhof-Rey 91; CERN, Geneva 76a, 76b; Allan Chapman, *Dividing The Circle*, Chichester, 1995 49, 50a; CSIRO, Australia 90l; R. D. Connor, *The Weights and Measures of England*, London, 1987 54a; Corbis/Historical Picture Archives 46b; Corbis/Bettmann 67ar, 80l, 156a, /NASA 134; Tobias Dantzig, *Number*, New York, 2006 27a; Table of scripts after John DeFrancis, *Visible Speech*, Honolulu, 1989 154; Delambre, *Base* 2, pl. VII, photo Roman Stansberry 22bl; Alexandra Dell i Niella 176al; Derriford Hospital, Plymouth 176r; O. A. W. Dilke, *Mathematics and Measurement*, London, 1987 16a, 48a; E. Dunkin, *The Midnight Sky*, London, 1869 (Astr.8178.3) 17al, / *The Midnight Sky*, London, 1891 62b; Albert Einstein Archive, The Hebrew University of Jerusalem 131b; Empics/Associated Press 119a; Empics/Ifremer, A. Fifis 129r; *Encyclopaedia Britannica* 156b; ESA-P. Carril 110a; M. C. Escher, *Circle Limit III*© 2006 The M. C. Escher Company-Holland. All rights reserved. www.mcescher.com 39; ESO/Rainer Schödel (MPE) et al., NAOS-CONICA 146; Flickr/Herman Yau 25b; Flickr/Jon Delorey 32b; Flickr/Cameron Booth 36a; Flickr/Kim Smith 54bl; Fllickr/Brian Aslak Gylte 66a; Flickr/ Betsy Enslin 85a; Fliclcr/Elizabeth West 85b; Flickr/Rodd Halstead 86bl; Flickr/Stuart Worrall 97a; Flickr/Sarah Jane Rhee Danyluk (www.sarahjanerhee.com) 161bl; Flickr/ Álvaro Ibáñez (Microsiervos.com) 202b; Steve Fricker/Folio Art.com 196b; Getty Images 145b; Getty Images/Hulton Archive 38br; Getty Images/Tim Flach 96r; Getty Images/Robert Clare 195al; Getty Images/AFP 203a; GFZ Postdam PR 20a; Nemai Ghosh 204b; William N. Goetzmann and K. Geert Rouwenhorst, *The Origins of Value*, New York, 2005 53; Gordon Gould 71b; *The Graphic*, 8 Aug. 1885 72a; Sonia Halliday Photographs 43I; Anthony Haythornthwaite 107; Sandra Hempel, *The Medical Detective*, London, 2006 186r; E. R. Henry, *Classification and Uses of Finger Prints*, London, 1901-1922 195b; Leofranc Holford-Strevens, *The History of Time*, Oxford, 2005 55, 57r, 191b; Steele Hill and Michael Carlowicz, *The Sun*, New York, 2006 © Vic Winter/ICSTARS Astronomy 142bl; R. Hooke, *Animadversions*, London, 1674, Tabula la 50b; David Howard, Department of Electronics, University of York 167; G. Hulbe, *Einwanderer erster und zweiter generation aus Mittel-und Westeuropa*, Stuttgart and Hamburg, 1940 194; *Illustration*, 16 May 1874, engraver H. Dutheil, photo Roman Stansberry 24l; Institut Bruno Comby, Houilles, France 84; Japan Meteorological Agency 109a; Karpeles Museum, Santa Barbara, photo David Karpeles 23bl; W. M. Keck Observatory/Sarah Anderson 61b; Martin Kemp, *Seen/Unseen*, Oxford, 2006 163a; © J. M. Kenoyer, courtesy Dept. of Archaeology and Museums, Govt, of Pakistan 2a; Landesamt für Denkmalpflege und Archäologie Sachsen-Anhalt, photo Juraj Lipták 3a; Simon Lawson, Diamond Trading Company 127a, 127b; Library of Congress, Washington D.C. 12; James Lipton, *An Exaltation of Larks: The Ultimate Edition*, New York, 1991 © Kedakai Lipton 205; The Master and Fellows of Magdalene College, Cambridge 158c; Dennis Mammana/Skycapes 141; E. J. Marey, *La Méthode Graphique*, Paris, 1885 7; C. R. Markham, *Memoir of the India Survey*, London, c. 1870 103a;
© Alexander Marshack, *The Roots of Civilization*, Mount Kisco, New York, 1991 27r; Roland Melzack and Patrick D. Wall, *The Challenge of Pain*, London, 1996 185; Metric Association UK 25a, 97b; Peter Michaud (Gemini Obsenrvatory), AURA, NSF, 144a; M. L. Design 68bl, 68br, 114; Jeff Moore (jeff@jmal.co.uk) 6a (TomTom equipment), 37b, 165b; Philip and Phyllis Morrison and the Office of Charles and Ray Eames, *Powers of Ten*, New York, 1982 I, 143r, 172a, 200ar; Musée de Laon 22br; Musée des Arts et Méetiers-CNAM, Paris, photo CNAM 22a; Musée du Louvre, Paris 27b, 34a; Musée National du Château, Malmaison 23br; Museum Boerhaave, Leiden 135a; Museum of the History of Science, Oxford VI; Muslim Heritage.com 57l; NASA 125, 162; NASA/ESA/S. Beckwith (STScI) and The HUDF Team 74; NASA/C. Mayhew and R. Simmon (GSFC) NOAA/NGDC, DMSP 88; NASA/Kennedy Space Center 94; NASA/GSFC, MODIS 100; NASA/University of Iowa 105; NASA/ (JPL) / ESA/Italian Space Agency 136a, J. Clarke (Boston University) and Z. Levay (STScI), ESA 136b; NASA/GFC 138al, 138ac, 138ar; NASA/Malin Space Science Systems, MGS, JPL 138b; NASA/K. Gordon (University of Arizona), JPL-Caltech 144b, Stardust Team, JPL 145a; NASA/WMAP Science Team 149a and 149b; National Gallery of Art, Washington DC 28c; National Institute of Standards and Technolog, Gaithersburg, Maryland 73; National Library of Scotland 43r; National Maritime Museum, London 17ar, 18a, 18b, 101, 191a;

National Physical Laboratory, Teddington 58, 65b, 72b, 79a, 79b, 90r, 95; National Physical Laboratory, Teddington/Andrew Hanson 93l, 93r; National Portrait Gallery, London 20br; Natural History Museum, London 68al; NCAR, Boulder, Colorado 110bl, 110br; Howard Bluestein, University of Oklahoma, NCAR, Boulder, Colorado 110a; Victor Neiderhoffer 28l; Charles S. Neumann 108; NOAA, Frank Marks 109b; NRC Institute for National Measurement Standards (NRC-INMS) 89a; Oak Ridge National Laboratory, Tennessee 64l, 64ar, 64b; G. Palatino, *Libro Niwvo*, c. 1540 157a; A. Park, *An Apothecary with a Pestle and Mortar to Make up a Prescription, engraving* 183a; Samuel Pepys, *Memoires Reldting to the State of the Royal Navy*, London, 1690 158a; Photothègue des Musées de la Ville de Paris. Photo Svartz 23al, Photo: Chevalier 189; Rex Features/SNAP 200br; Andrew Robinson, Einstein, New York, 2005 132r; Paul W. K. Rothemund 99a; Royal Naval College, Greenwich 67br; Royal Society, London 169a; Hans-Ulrich Schmincke 126l, 126r; Science & Society Picture Library/Science Museum 4, 48bl, 65a, 67I, 180a, 180b, 192b; Science & Society Picture Library/University Museum of Archaeology & Ethnology, Cambridge, Massachusetts 41; Science Photo Library (SPL) 63b; SPL/Sovereign, ISM 6b, 150; SPL/Gregory Sams 38a; SPL/American Institute of Physics 69b; SPL/National Solar Observatory 70; SPL/Andrew Syred 83l; SPL/Peter Menzel 112l; SPL/BSIP, PIKO 173; SPL/John Cole 182; SPL/Kevin Curtis 174; SPL/Geoff Tompkinson 176bl; SPL/Eye of Science 181a; SPL/Martin Dohrn 196a; SPL/NASA 206; Science Museum, London 44b, 87; Schloss Ambras, Austria 61a; Screwfix 165c; Scripps Institute of Oceanography/UCSD 113a; Chandak Sengoopta, *Imprint of the Raj*, London, 2003 195ar; Dava Sobel and William J. H. Andrewes, *The Illustrated Longitude*, New York, 1998 20bl; SOHO/NASA/ESA 142al, 142ar, 142cl. 142cr; Swedish Royal Academy of Sciences. Photo Georgios Athanasiadis 22ar; Swedish Telescope Institute for Solar Physics 139b; Richard P. Taylor 38bl; Marie Tharp, 118; Vasily Titov (Vasily.Titov@noaa.gov) first published in *Science*, 23 Sept. 2005 122; Tom Tom (screen) 6a; Edward R. Tufte, *The Visual Display of Quantitative Information*, Cheshire, Connecticut, 1983 184b; Utrecht University Museum, Institute of History and Foundations of Science, courtesy Rob van Gent, Tiemen Cocquyt and Carl Koppeschaar 135b; University of Arizona, Tree Ring Research Laboratory 116a; University of Cambridge Library 115; University of Cambridge Library/negative 7857 from RGO.118 56; University of Oklahoma Libraries/History of Science Collections 139a; University of Utrecht 208~209; US Federal Government 169b; Vatican Museums, Rome 203b; Jean Vertut 40; James D. Watson with Andrew Berry, *DNA*, London, 2003 © Wellcome Photo Library/The Sanger Centre 172b; Adrian White, University of Leicester 193; Peter Whitfield, *The Image of the World*, London, 1994 19b; wikipedia.org 63a, 78a, 128; wikipedia.org/Library of Congress, Washington, D.C. 147; www.worldmapper.org © 2006 SASI Group (Universityof Sheffield) and Mark Newman (University of Michigan) 201; Yale University Library, Babylonian Collection NBC 7309 51.

出版方对以下在图表和插图制作过程中提供参考和信息的来源方表示感谢：*New Scientist* 10, 81, 137, 174l, 178l and 178r; Ken Alder, *The Measure of All Things*, London, 2002 21; R. D. Connor, *The Weights and Measures of England*, London, 1987 24al; Charles Seife, *Zero: The Biography of a Dangerous Idea*, London, 2000 33; National Physical Laboratory 59a, 59b, 93lr, 104b; J. Smith and N. A. Beresford, *Chernobyl Catastrophe and Consequences*, Chichester, 2005 69a; Peter Atkins, *The Periodic Kingdom*, London, 1995 83; wikipedia.org 85, 159, 165a, 193; Alex Hebra, *Measure for Measure*, Baltimore, 2003 89b, 92 (both); Gavin Pretor-Pinney, *The Cloudspotter's Guide*, London, 2006 107; Felix M. Gradstein, James G. Ogg and Alan G. Smith, *A Geological Time Scale*, Cambridge, 2004 115, 116b; Bruce A. Bolt, *Earthquakes*, New York, 1999 121 (both); Rosaly M. C. Lopes, *The Volcano Adventure Guide*, Cambridge, 2005 123a and 129b; Rainer Flindt, *Amazing Numbers in Biology*, Heidelberg, 2006 129l and 129c; Patrick Moore, *Patrick Moore on the Moon*, London, 2001 133; John Naughton, *A Brief History of the Future*, London, 2000 163b; Jean Pope, *Medical Physics Imaging*, Oxford, 1999 175; Shirley Bond, *Home Measures*, London, 1996 186.

封面

背景：Robert Hooke, *Animadversions*, tabula la, London, 1674.

封一（从上到下）：Cuneiform map, Babylonia. 600 BC. British Museum, London; Cubit measuring rod, Egypt. Art Archive Egyptian Museum, Turin/Dagli Orti; Pocket Barometer, 19th century, produced by Adie, Pall Mall, London; Bronze Age sky disk of Nebra, Germany, perhaps 1600 BC. Landesamt f| r Denkmalpflege und Archaeologie Sachsen-Anhalt. Photo Juraj Lipták.

封底（从上到下）：Satellite image of Hurricane Andrew, 24 August 1992. National Hurricane Center, Florida, USA; Henry de Segur Lauve, scale and valet stand, model no. 6341, c. 1960, produced by Fairbanks, Morse and Co., Chicago. Illinois, USA. The Liliane and David M. Stewart Program for Modern Design. Gift of Eric Brill. Photo Denis Farley.

索引

插图、示意图和表格用斜体页码表示。